精品课程新形态教材
21世纪应用型人才培养“十四五”规划教材
“双创”型人才培养优秀教材

大学生心理素质训练

修订版

主　编⊙黄群瑛
副主编　许慧芳　黄金标　李红云　农秀丽
吴先勇　刘莉汀君　梁天珍　梁建强

湖南师范大学出版社
·长沙·

图书在版编目（CIP）数据

大学生心理素质训练／黄群瑛主编.—长沙：湖南师范大学出版社，2011.6（2024.1重印）

ISBN 978-7-5648-0530-2

Ⅰ.①大… Ⅱ.①黄… Ⅲ.①大学生-心理卫生-健康教育 Ⅳ.①B844.2

中国版本图书馆CIP数据核字（2011）第109618号

大学生心理素质训练

DAXUESHENG XINLI SUZHI XUNLIAN

黄群瑛 主编

◇全程策划：王　强
◇组稿编辑：杨美荣
◇责任编辑：胡晓军
◇责任校对：杨海云
◇出版发行：湖南师范大学出版社
地址/长沙市岳麓山　邮编/410081
电话/0731- 88872751
网址/https：//press. hunnu. edu. cn
◇经　　销：全国新华书店
◇印　　刷：涿州汇美亿浓印刷有限公司

◇开　　本：787mm×1092mm　1/16
◇印　　张：14.75
◇字　　数：450千字
◇版　　次：2011年6月第1版
◇印　　次：2024年1月第4次印刷
◇书　　号：ISBN 978-7-5648-0530-2
◇定　　价：34.00元

（教学资料包索取电话：刘老师13269653338）

序

怀着异常激动的心情为《大学生心理素质训练》主审并写序。

多年来，在广西高校大学生心理健康教育指导委员会的大力支持和关怀下，广西高校大学生的心理健康教育工作蓬勃发展。《大学生心理素质训练》来源于广西科技师范学院心理健康教育与研究中心长期的课题研究与教学实践，经过多年的艰辛探索，建构了一套适合高校使用、既具有教育实效又生动活泼的教学模式。在与广东外语艺术职业学院、广西民族师范学院、梧州学院、桂林医学院、百色学院、桂林航天工业学院、桂林电子科技大学信息科技学院、北海职业学院、广西职业技术学院、广西经济管理干部学院、广西生态工程职业技术学院、广西建设职业技术学院、柳州职业技术学院、广西工业职业技术学院、柳州铁道职业技术学院等兄弟院校的联手研讨过程中，2008 年孕育了第一版《大学生心理素质训练》教材。十年的教学实践，取得了显著的效果，2009 年广西科技师范学院的《大学生心理素质训练》课程被评为广西高校自治区级精品课程，2011 年《大学生心理素质训练》教材获得广西高等学校优秀教材二等奖、2017 年获得广西高等教育自治区级教学成果奖。

在党和国家的关心下，经过心理健康教育工作者 20 多年的艰苦奋斗，大学生心理健康教育工作犹如星星之火，如今燎原于全国大地，直至祖国的南疆。我们坚持开展符合高校学生实际心理状况的教学与研究，抱着饥渴的学习欲望，投奔先进发达地区，接受德国、美国、北京、南京、武汉、香港等地教授、专家和培训师的传授与指教。我们注重将理论知识溶于实践，从个别心理咨询起步，迈向团体咨询。在实践中，我们体验到，无论是个别心理咨询还是团体咨询，毕竟都属于“补救式”心理健康教育，作为学校里的全员心理健康教育，应该把工作的立足点放在“发展式”心理健康教育上，在更多大学生还未出现心理问题的时候，帮助他们拥有更积极的心态，促进他们的心理朝着良性方向发展。要达到全面提高学生心理素质这一目标，最佳方式就是给全体学生开设心理健康教育课程。但是，目前我国高等学校使用的心理健康教材比较理论化和学科化，不太适应非心理专业的学生学习心理知识和提高心理素质的需要。为全体学生开设心理健康教育课，目的是为了帮助学生提高自身心理素质，能够解决自身关于心理健康的问题，而不是为了成为心理学理论专家。我们急需一本适合高校学生心理健康教育与训练的教材，因此，我们决定自力更生，集百家之长，将国内外专家的理论与我们的实践经验相结合，尝试走一条“本土化”的道路。

《大学生心理素质训练》在迫切的呼唤中应运而生，体例设计具有以下 7 个特点：

一是教材内容有利于知行紧密结合。本教材的体例设计注重理论与实践相结合，每个单元都要求学生在学习理论知识之后，立即投入实践运用，通过“学、想、说、做、思”等多个环节，突破了传统的单纯理论知识灌输的教学模式，实现了教材内容知行紧密结合的目标。

二是通俗易懂有利于理论知识传授。本教材将深奥的心理学知识变得通俗易懂，收集了大量的个案，通过“学学心理知识，读读心理故事”环节，突破了学科化纯理论灌输致使学生难以接受的弊端，实现了心理健康知识科普化，保持学生高昂的学习兴趣的效果。

三是心理活动有利于师生在课堂中的自然互动。教材中安排的各种心理活动，均在老师的指导下进行。通过“做做心理游戏”环节，突破了老师与学生台上台下面对面的传统教学方式，实现了课堂上师生溶为一体的自然互动。

四是学练结合有利于个体心理体验。自然班级的集体课一般由几十个学生组成，为了保证教学效果，每个训练环节中都安排学生自己“体会心理历程”，通过个人体验，触动内心，突破了集体课针对性不强的弊端，实现了的教学内容的渗透性和个体性。

五是交流感受有利于拉近心理距离。教材在每项训练中都安排了一定的时间让学生“谈谈成长经历，交流心理感受”，拉近了老师与学生、学生与学生之间的心理距离，突破了传统的老师“满堂灌”学生“被填鸭”的弊端，实现了个体体验，集体分享，相互启发，团队进步。

六是课后训练有利于促进自我成长。“课后自我心理训练”环节，是学生个体消化知识和自我发展的重要环节，该环节中操作性的自我心理训练，突破了传统的学生为应付老师完成作业的弊端，实现了学生课后自我反思，自我纠正，自我行动，自我成长。

七是上课环境有利于学生心理放松。本教材的使用既可以是席地而坐的空地，也可以是配备适当设施（活动课桌椅、多媒体设备、铺放木地板或者地板胶）的教室。学生既可席地而坐，又可以围小圈相互倾诉、围大圈共同分享。突破了传统教室固定桌椅不便交流的弊端，实现了教学氛围宽松，学生心理放松的和谐环境。

本教材将原劳动和社会保障部推荐的以工作任务为导向的教育训练方法及项目教学法引入心理健康教育训练，指导学生在心理训练项目的实践过程中，掌握心理健康的知识，体验心理健康训练的乐趣，提高维护心理健康的技能，培养心理健康的意识，树立心理健康的思维，养成维护心理健康的习惯。

从本教材的适用性角度来看，实现了三个转变：一是从教师教学用书向师生共同用书转变，二是从单纯理论知识向理论与实践相结合转变，三从心理学科教育向心理健康应用训练转变。具有如此三个转变的特色，强化了教材的实践性、实训性、开放性和互动性，很适合于高校心理健康教育教学使用。

根据三年多来的使用和实践，我们总结了经验，对心理知识和训练项目做了一些适当的更新并再版。《大学生心理素质训练》既是全体编者团队对高校学生身心发展规律和特点的研讨结晶，也是对高校大学生心理健康教育课程教学模式的开发成果。《大学生心理素质训练》像一株破土而出的木棉树，在南疆的土地上茁壮成长，为全国高校的心理健康教育之林增添一道南国风情的风采。

广东外语艺术职业学院　韦筱青教授

前言

大学阶段是青年学生个性形成的关键时期，也是其个性心理转折的关键时期。近年来，校园悲剧时有发生，大学生的健康成长和心理健康教育问题已经成为人们关注的问题。如何培养青年学子的健康心态，是当前高等教育需要履行的最为重要最为迫切的职责和义务，也是我们的高等教育过程能够给予当代大学生的最好礼物。

党的二十大报告中提出“推进文化自信自强，铸就社会主义文化新辉煌”，优秀的企业文化将随着社会变革进行企业文化建设和变革，在担负新的文化使命、进行新的文化创造、实现新的文化进步中，创建更为优秀的企业文化，促进企业持续健康和高质量发展。

近年来，轰轰烈烈的大学生心理健康教育活动在全国高校纷纷兴起，各高校开展心理健康教育活动的形式多种多样，有讲座、选修课、培训班等等。经过多年的教学与实践的总结，我们认识到：一方面，不管采用哪种教育方法，要真正了解教育效果，还是需要通过实践才能够检验。另一方面，在大学生心理健康教育的实践中，我们深感有严重心理问题的学生毕竟是少数，而拓展大学生的心灵，开发大学生智力潜力，培养他们健康的心理素质更为重要，这也是预防大学生心理问题发生的有效途径。基于这样的考虑，广西科技师范学院课题组于2005年申报了广西十一五规划高等教育教学改革工程立项项目“《大学生心理素质训练》课程的实施与研究”、新世纪广西高校教育教学改革工程项目《大学生心理健康教育课程建设研究》并获得批准。

前苏联心理学家A·H·列昂节夫强调：“活动是心理的发端，是人的心理产生的最重要的因素”。我们在教学实践中，发现通过活动对学生进行心理健康教育是能够收到极好效果的手段。根据大学生集体生活和班级授课的特点，运用团体动力学的理论，在团体的情境下，借助团体的力量和各种心理辅导的技术，针对大学新生在初入大学阶段普遍存在环境适应、自我认知、人际交往、应对挫折、情绪调控、个性完善、学会学习、爱情认知和价值观等方面突出的心理问题设计了许多生动、有效的活动项目进行训练。每个具体训练项目都有“任务”、“做做心理游戏、体会心理历程”、“谈谈成长经历，交流心理感受”、“学学心理知识，读读心理故事”、“课后自我心理训练”5个部分组成。每个训练项目目的明确，突出以人育人、以心育心、师生互动、共同成长，突出以学生为主、活动为主、优化为主，突出践行与体验。

本教材在编写过程中，还充分吸收了原劳动和社会保障部推荐的以工作任务为导向的教育训练方法及项目教学法。师生通过共同实施一个完整的项目而进行的教学活动，将某一教学课题的理论知识和实际技能结合起来，学生有独立制定计划并实施的机会，要求学生运用新学习的知识、技能，解决过去从未遇到过的实际问题。学习结束时，师生共同评价项目工作成果。在项目教学中，学习过程成为一个人人参与的创造实践活动，学生通过参加心理健康训练项目教学小组，参与实际心理健康训练活动，不但可以提高心理健康水平，同时也可以获得在实际生活中与他人协作的能力。

几年的教学实践证明，通过让大学生动口、动手、动脚、动身、动心、动脑的体验式教学，能够使心理健康教育在轰轰烈烈之后获得实实在在的效果。从训练课堂上学生的表现，我们能感受到学生心理成长的喜悦；从学生课后的心得体会中，我们能了解到运用这样的教学法和授课方式使他们对心理健康基础知识的掌握、运用及实际解决问题的能力有了较大的提高；从课程结束后对学生的调查中，我们得知通过心理素质训练，帮助大学生在认识活动、情感活动、意志活动和个性等方面形成了一种稳定的心理活动的品质，良好心理品质的形成为几年的大学生活、甚至毕业后走上社会获得更多的幸福感、愉快感、自信心和责任心打下了扎实的心理基础。

本教材的设计是对高等学校传统教学方法的一种突破，是对高等学校教师教学观念的根本性更新；既是对教师知识与能力的考验，也是对大学生学习方法和学习能力的新要求。本教材符合教育部关于《普通高等学校学生心理健康教育课程教学基本要求》（教思政厅〔2011〕5号）文件精神。

我们衷心感谢所有关心和支持本教材编写和出版的参编院校领导和老师；衷心感谢中国科学院心理研究所博士生导师王极盛、清华大学樊富珉、香港城市大学岳晓东、香港专业效能管理学院李中莹等教授和培训师对参编作者的培养和培训；衷心感谢我们所有参考文献的作者，是你们的辛勤劳动给予我们智慧和启发。

尽管我们在《大学生心理素质训练》教材的编写方面做了许多努力，但由于水平有限，还存在很多不足之处，恳请各相关兄弟院校和读者在使用本教材的过程中继续给予关注，并将意见及时反馈我们，以便下次修订时完善。

编　者

目　录

第一单元　心理健康综述

本单元学习任务

1. 认识、领会健康与心理健康的概念。
2. 认识、领会大学生心理健康的标准。
3. 认识、了解大学生常见的心理问题及症状。
4. 培养积极的心态，初步掌握心理健康维护的策略和方法。

★ 场地

团体活动室或者可以席地而坐的空地。

★ 设备

播放音像的多媒体工具。

★ 人数

60 人左右。

训练一　认识、领会健康与心理健康

※任务

认识、领会健康与心理健康的概念及大学生心理健康的标准。

做做心理游戏，体会心理历程

活动项目：大学生心理健康观念调查。

活动目的：通过活动引导学生了解、关注有关健康与心理健康的概念，同时通过调查初步把握在校大学生对健康与心理健康的认知状况。

活动方法：

1. 将全班同学分成若干个小组，每组 8～10 人。

2. 讨论：什么是健康？什么是心理健康？心理健康的标准是什么？大学生常见的心理问题和心理疾病有哪些？怎样维护自身的心理健康？大学生需要有关心理健康方面的帮助吗？如果需要，那么需要什么样的帮助？

活动背景音乐：《高山流水》。

谈谈成长经历，交流心理感受

1. 谈谈自己过去对健康及心理健康的认识，再谈谈现在的感受，同时与同学们探讨心理健康对大学生成长有什么重要意义。

2. 每个小组自编一份大学生心理健康观念及需求调查问卷，分别在全校不同专业的同学中进行抽样调查，并分析调查结果，写出调查报告，了解分析当前大学生具有怎样的心理健康观念和需求。

学学心理知识，读读心理故事

一、什么是健康

早在 1948 年，世界卫生组织就给出了关于健康的新的定义：健康不仅仅是没有疾病或虚弱现象，而且是一种生理上、心理上和社会适应上的良好状态。这一定义标志着人类对健康的理解已从生理的、个体的理解发展到心理的、社会的理解。

在上述认识的基础上，世界卫生组织又具体规定了健康的 10 条标准：①有充沛的精力，能从容不迫地应付日常生活和工作的压力而不感到过分紧张；②态度积极，乐于承担责任，不论事情大小都不挑剔；③善于休息，睡眠良好；④能适应外界环境的各种变化，应变能力强；⑤能够抵抗一般性的感冒和传染病；⑥体重得当，身材匀称，站立时头、肩、臂的位置协调；⑦反应敏锐，眼睛明亮，眼睑无炎症；⑧牙齿清洁、无空洞、无病菌、无出血现象，齿龈颜色正常；⑨头发有光泽，无头屑；⑩肌肉和皮肤富于弹性，走路轻松自然。

1998 年，世界卫生组织又对健康问题作出了进一步解释：健康应包括身体健康、心理健康、良好的社会适应能力和道德健康。有关学者也提出了具有现代意义的新的健康观：健康应是能对抗紧张，经得住压抑和挫折，积极安排自己的各种生活及活动，智慧、情感和躯体能融为一体，物质生活和精神生活充满生机，且富有文明的意义。

在 21 世纪的今天，随着生活和工作节奏的不断加快，人们对健康的涵含有了更进一步的思考。最新科学研究发现，现代社会中 60% 的人都处于一种亚健康状态——第三状态。现代人更多的共同体验是：我们没有疾病，但似乎又不健康。焦虑感、罪恶感、烦倦感、无聊感、无助感、无用感，这些感受是现代人陷于第三状态的信号。

最近，世界卫生组织又提出了三个新指标和关于身心健康的八条标准。三个指标是指：新概念，即从满足物质需要向满足精神需要发展；新原则，即从经验养生向科学养生方向发展；新目标，即从追求生存质量目标向追求生活质量目标转化。八条标准是：快食、快睡、快便、快语、快行、良好的个性、良好的处世技巧以及良好的人际关系。

二、心理健康的概念

为了更好地把握心理健康的概念,我们先来了解一下什么是人的心理。说到心理,人们总会觉得它挺神秘,其实心理状况是人类最常见的精神现象之一,心理现象是人脑的机能,是人脑对客观事物的能动反映。

心理现象由心理过程和个性心理两大部分组成。心理过程即人们心理活动的过程,具体包括认识过程、情绪情感过程和意志过程。认识过程是人脑对客观事物本质的反映过程,包括感觉、知觉、记忆、思维及注意等。人们在认识客观事物的过程中,总会持有一定的态度和倾向,产生某种主观体验,如喜、怒、哀、乐、爱、憎、惧等,这些对客观事物的态度体验过程就是情绪情感过程。人们在认识世界、改造世界的过程中,总会遇到这样或那样的困难,为达到预期目的并与克服困难相联系的心理活动过程,称之为意志过程。认识过程、情绪情感过程和意志过程所构成的心理过程的三个方面既相互区别,又相互联系和制约。

人的心理活动不仅有各种各样的心理过程,而且具体到每个人时又表现出各自不同的特点。这些不同的特点就构成了人与人之间心理上的差异,即个性差异。

个性差异主要体现在两个方面:个性心理倾向和个性心理特征。个性心理倾向是指一个人所具有的意识倾向以及对客观事物的稳定的态度倾向。它是人从事各种活动的基本动力,决定着人的行为方向。个性心理倾向主要包括需要、动机、兴趣、理想、信念、世界观和人生观等。世界观在个性心理倾向中居首要地位,决定着人的总的意识倾向。个性心理倾向的各个方面随着人生发展阶段的不同,其地位也不同。个性心理特征是一个人身上经常表现出来的本质的、稳定的心理特点,它包括气质、性格和能力。气质主要是指高级神经系统的特征(强度、平衡性、灵活性等)在心理活动动力上的表现;性格是指一个人对现实的稳定态度以及在习惯化的行为方式中所表现出来的个性心理特征;能力是指一个人能够顺利地完成某种活动所必需的个性心理特征。

那么,什么是心理健康呢?心理健康也可以从广义和狭义的角度去理解。从广义上讲,心理健康是指一种高效而满意的、持续的心理状态,在这种状态下,人能做出良好的反应,具有生命的活力,而且能充分发挥其身心潜能。从狭义上讲,心理健康是指人的心理活动的基本过程内容完整,协调一致,即认识、感情、意志、人格、行为完整和协调,能适应社会。

三、大学生心理健康的标准

根据大学生所具备的年龄特征、心理特征和社会特征,大学生心理健康的基本标准可概括为以下几个方面:

(一)智力正常

智力是指人们认识、理解客观事物并运用知识、经验等解决问题的能力,包括观察力、注意力、记忆力、思维能力和想象力。智力正常是人们从事一切活动的最基本的心理条件，它是大学生胜任学习任务、适应周围环境变化的心理保证，也是大学生心理健康的首要标准。大学生智力正常表现在：能保持浓厚的学习兴趣和强烈的求知欲；智力因素在学习中能积极协调地发挥作用；能掌握有效的学习方法，保持较高的学习效率；从学习中能获得满足感和快乐感。

（二）情绪稳定

情绪是指有机体对外界刺激引起的生理和心理变化的一种态度体验，也是影响心理健康的一个重要因素，对人们的工作、学习、人际关系有着重要影响。情绪异常往往是心理疾病的先兆。情绪稳定的大学生能经常保持积极愉快的心情，热爱生活，对未来充满希望；善于控制和调节自己的情绪，遇到挫折时，情绪反应适度并能正确处之。

（三）意志健全

意志是人自觉地确定目标并支配与调节其行动，克服困难达到预定目标的心理过程。个体的意志健全主要体现在行动上的自觉性、果断性、顽强性和自制力等方面。对于大学生来讲，应该有明确的学习和生活目的，并有坚定的信念和自觉的行动；在各项活动中具有坚韧性、果断性、独立性和较高的自制力；具有充分的自信心、高度的责任感和使命感；能克服不良习惯，克制不良欲望，抵制不正当诱惑。

（四）意识清醒

自我意识是指人们对自己及自己与周围各种关系的认识和体验。大学生是在现实环境中与他人的相互关系中认识自己的。心理健康的大学生在自我认知方面有"自知之明"，能客观正确地评价自己，自信、乐观，既不妄自尊大，也不妄自菲薄；在自我体验方面，自尊自爱，自我肯定而不是自暴自弃；在自我控制方面，自主、自强、自律，能促进自我全面发展与完善。

（五）人格统一

人格通常也指个性，人格统一是指人格作为人的整体精神面貌能够完整和谐地表现出来。这是大学生心理健康的核心因素。大学生人格统一的标志是：有正确的信念体系和世界观、人生观，并以此为核心把需要、动机、兴趣、理想及气质、性格、能力统一起来，和谐发展；具有正确的自我意识，不产生自我同一性的混乱，表里如一；能够抵制口是心非、阳奉阴违等人格分裂的不良倾向。

（六）人际关系和谐

人际关系和谐是大学生心理健康的重要保证。心理健康的大学生敢于交往、乐于交往、善于交往；有着广泛而稳定的人际关系；在交往中能用真诚、宽容、理解、信任的态度与人相处；能理智地接受和给予爱；与集体保持协调的关系；在人际交往中能正确处理人际冲突，化解矛盾，处理好竞争与互助的关系。

（七）行为反应适度

人的心理特征是随着年龄的增长而不断地发展变化的。在人生的不同年龄阶段，都应有相应的心理行为表现。心理健康的人，认识、情感、意志、行为都是符合其所处年龄阶段的基本特征的。大学生正处于朝气蓬勃的青年阶段，因此，心理健康的大学生应是精力充沛、勤学多问、反应敏锐、积极探索、勇于创新、不断进取的，而不应是老成迂腐、保守落后或天真幼稚及过于依赖。

(八)社会适应能力良好

社会适应能力包括正确认识社会环境及处理个人和环境的关系。心理健康的大学生能在社会环境改变时,面对现实,对环境作出客观的认识和评价,主动调整自我以积极地适应环境;能和社会保持良好的接触,不断调整自己对现实的期待及态度,使自己的思想、目标、行为和社会协调一致;当社会环境出现负面变化时,不是被动消极地去适应,而是积极主动地去影响周围的环境,保持头脑清醒,不随波逐流、人云亦云等。

在判断大学生是否符合心理健康的标准时,应注意以下几点:

(1)心理不健康与有不健康的心理不能等同。心理不健康是指一种持续的不良心理状态,而偶然出现的一些不健康的心理和行为,不能认同为心理不健康或心理疾病。

(2)心理健康与心理不健康、心理正常与心理异常之间没有绝对界限。在心理健康与心理不健康、心理正常和心理异常之间有一个广阔的过渡带。

(3)心理健康的状态是一个动态的变化过程,不是固定不变的。随着时间的推移、环境的变化及人们自身的成长,每个人的心理健康状态都会不断地发生变化。

心理健康有三个层次:预防心理障碍的出现,即不患心理疾病是心理健康的最低要求;能够有效地学习、生活、交往是心理健康的第二境界;发挥自身潜能、促进自我价值实现、追求自身全面发展是心理健康的最高境界。我们每个大学生都应努力追求心理健康的更高境界,不断发展自我和完善自我。

上述大学生心理健康的标准只是一种相对的衡量尺度,它只反映了大学生在适应社会生活方面应具有的最基本的心理条件,而不是心理健康的最高境界。

[心理故事]

冠军与苍蝇

这是一场举世瞩目的赛事。台球运动员已走到卫冕的门口了,他只要把最后那个8号黑球打进球门,凯歌就奏响了。就在这时,不知从什么地方飞来了一只苍蝇。苍蝇第一次落在握杆的手臂上。有些痒,他停下来。苍蝇飞走了。他俯下腰去,准备击球。苍蝇又来了,这回竟飞落在了他紧锁着的眉头上。他不情愿地只好停下来,烦躁地去打那只苍蝇。苍蝇又轻捷地脱逃了。他作了一番深呼吸再次准备击球。天啊!他发现那只苍蝇又回来了,像个幽灵似的落在了8号黑球上。他怒不可遏,拿起球杆对着苍蝇捅去。苍蝇受到惊吓飞走了,可球杆触动了黑球。按照比赛规则,该轮到对手击球了。对手抓住机会死里逃生,一口气把自己该打的球全打进了。卫冕失败,他恨死了那只苍蝇。可惜的是他后来患了不治之症,再也没有机会走上赛场。临终时他对那只苍蝇还耿耿于怀。

一只苍蝇和一个冠军的命运交织在一起,也许是偶然的。他为什么没能卫冕,为什么后来得了不治之症,是偶然的么?倘若他能止怒并静待那只苍蝇的话,故事的结局也许应该重写了。

课后自我心理训练

在老师的指导下参照《身心症状自评量表(SCL－90)》做自测,对照测试结果对自己进行初步分析,以增强自我认知。

身心症状自评量表(SCL-90)

指导语:以下表格中列出了有些人可能会有的问题,请仔细地阅读每一条,然后根据最近一星期内,下述情况影响您的实际感觉,在右边的五个数字中选择一个画"√"以表示该症状的程度。

状况	没有	轻度	中度	偏重	严重
1. 头痛	1	2	3	4	5
2. 神经过敏,心中不踏实	1	2	3	4	5
3. 头脑中有不必要的想法或字句盘旋	1	2	3	4	5
4. 头昏或昏倒	1	2	3	4	5
5. 对异性的兴趣减退	1	2	3	4	5
6. 对旁人责备求全	1	2	3	4	5
7. 感到别人能控制你的思想	1	2	3	4	5
8. 责怪别人制造麻烦	1	2	3	4	5
9. 忘性大	1	2	3	4	5
10. 担心自己的衣饰整齐及仪态的端正	1	2	3	4	5
11. 容易烦恼和激动	1	2	3	4	5
12. 胸痛	1	2	3	4	5
13. 害怕空旷的场所或街道	1	2	3	4	5
14. 感到自己的精力下降,活动减少	1	2	3	4	5
15. 想结束自己的生命.	1	2	3	4	5
16. 听到旁人听不到的声音	1	2	3	4	5
17. 发抖	1	2	3	4	5
18. 感到大多数人都不可信任	1	2	3	4	5
19. 胃口不好	1	2	3	4	5
20. 容易哭泣	1	2	3	4	5
21. 同异性相处时感到害羞不自在	1	2	3	4	5
22. 感到受骗, 中了圈套或有人想抓住自己	1	2	3	4	5
23. 无缘无故地突然感到害怕	1	2	3	4	5
24. 自己不能控制地大发脾气	1	2	3	4	5
25. 害怕单独出门	1	2	3	4	5
26. 经常责怪自己	1	2	3	4	5

状况	没有	轻度	中度	偏重	严重
27. 腰痛	1	2	3	4	5
28. 感到难以完成任务	1	2	3	4	5
29. 感到孤独	1	2	3	4	5
30. 感到苦闷	1	2	3	4	5
31. 过分担忧	1	2	3	4	5
32. 对事物不感兴趣	1	2	3	4	5
33. 感到害怕	1	2	3	4	5
34. 感情容易受到伤害	1	2	3	4	5
35. 感到他人知道自己的内心思想	1	2	3	4	5
36. 感到别人不理解你，不同情你	1	2	3	4	5
37. 感到别人对你不友好，不喜欢你	1	2	3	4	5
38. 为了保证精确，做事必须非常缓慢	1	2	3	4	5
39. 心跳得很厉害	1	2	3	4	5
40. 恶心或胃部不舒服	1	2	3	4	5
41. 感到比不上他人	1	2	3	4	5
42. 肌肉酸痛	1	2	3	4	5
43. 感到周围的人注视或议论自己	1	2	3	4	5
44. 难以入睡	1	2	3	4	5
45. 做事必须反复检查	1	2	3	4	5
46. 难以做出决定	1	2	3	4	5
47. 怕乘公共汽车、地铁或火车	1	2	3	4	5
48. 呼吸有困难	1	2	3	4	5
49. 一阵阵发冷或发热	1	2	3	4	5
50. 因为感到害怕而避开某些东西、场合或活动	1	2	3	4	5
51. 脑子变空了	1	2	3	4	5
52. 身体的某些部位发麻或刺痛	1	2	3	4	5
53. 喉咙有梗塞感	1	2	3	4	5
54. 感到前途没有希望	1	2	3	4	5
55. 不能集中注意力	1	2	3	4	5
56. 感到身体的某一部分软弱无力	1	2	3	4	5
57. 感到紧张或易被激怒	1	2	3	4	5

状况	没有	轻度	中度	偏重	严重
58. 感到手或脚发重	1	2	3	4	5
59. 想到死亡的事	1	2	3	4	5
60. 吃得太多	1	2	3	4	5
61. 当别人看着你或谈论你时感到不自在	1	2	3	4	5
62. 头脑里存在着一些不是你的想法	1	2	3	4	5
63. 有想打人或伤害别人的冲动	1	2	3	4	5
64. 醒得太早	1	2	3	4	5
65. 必须反复洗手、点数目或触摸某些东西	1	2	3	4	5
66. 睡得不稳不深	1	2	3	4	5
67. 有想摔坏或破坏东西的冲动	1	2	3	4	5
68. 有一些别人没有的想法或念头	1	2	3	4	5
69. 感到对别人神经过敏	1	2	3	4	5
70. 在人多的地方(如商店、电影院等)感到不轻松、不自在	1	2	3	4	5
71. 感到任何事情都很困难	1	2	3	4	5
72. 一阵阵惊慌失措	1	2	3	4	5
73. 感到在公共场合吃东西不舒服	1	2	3	4	5
74. 经常与人争论	1	2	3	4	5
75. 单独一人时神经很紧张	1	2	3	4	5
76. 感到别人对你的成绩没有作出恰当的评价	1	2	3	4	5
77. 即使和别人在一起也感到孤单	1	2	3	4	5
78. 感到坐立不安心神不定	1	2	3	4	5
79. 感到自己没有什么价值	1	2	3	4	5
80. 感到熟悉的东西变得陌生或不像是真的	1	2	3	4	5
81. 大叫或摔东西	1	2	3	4	5
82. 害怕会在公共场合昏倒	1	2	3	4	5
83. 感到别人会占你的便宜	1	2	3	4	5
84. 为一些有关性的想法而很苦恼	1	2	3	4	5
85. 感到自己有罪恶而应该受到惩罚	1	2	3	4	5
86. 感到要赶快把事情做完	1	2	3	4	5
87. 感到自己的身体有严重问题	1	2	3	4	5

状况	没有	轻度	中度	偏重	严重
88. 对他人从来没有亲密感	1	2	3	4	5
89. 感到自己有罪	1	2	3	4	5
90. 感到自己的脑子有毛病	1	2	3	4	5

训练二 大学生心理问题及其症状

※ 任务

通过学习,认识、了解大学生常见的心理问题及其症状。

做做心理游戏,体会心理历程

活动项目:心情故事。

活动目的:引导学生学会认知自我的不良情绪,并掌握正确的排解方法。

活动方法:

1. 将全班同学分成若干个小组,每组 8 ~ 10 人。
2. 每位同学选一首最能代表自己心情的歌曲与小组同学分享。

谈谈成长经历,交流心理感受

每位同学选好歌曲后讨论与分享:

1. 我为什么选这首歌? 心情不好时自己通常是如何排解的?
2. 其他同学是否也有类似不良的心情? 如果有,你是如何排解的? 效果如何? 请能有效处理不良心情的同学示范其处理方式。
3. 在小组中谈谈自己对大学生常见的心理问题及心理疾病的看法,联想自己有没有碰到类似的情况,若有是怎样处理的。
4. 各种排解负面情绪的方式是否适合自己? 会不会有不良的后遗症? 如果有,该如何避免?
5. 卡拉 OK 大会:随着音乐,唱唱代表自己心情的歌曲。

学学心理知识,读读心理故事

在我国,大学生都是通过严格考试,从全国各地选拔出来的成绩优秀的青年,大学生中多数都具有较高的智力;具有较强的求知欲和浓厚的学习兴趣;具有开拓创新的精神;

具有高度的社会责任感和使命感;对未来充满憧憬,有远大的理想和抱负。但由于大学生无论在生理上还是在心理上,都处于成长迅速发展变化的过程中,处于从不成熟到逐渐成熟的过渡时期,对社会对自己还缺乏全面、正确的认识,一旦理想与现实之间发生冲突或遇到挫折,便很容易产生各种各样的心理矛盾和冲突,从而引发各种各样的心理问题,甚至出现心理障碍。

一、大学生心理健康的现状

一些调查资料表明我国大学生心理卫生状况令人担忧,心理健康状况不良者比例颇高。据《健康咨询报》报道:“国家教委的一份调查报告证实,我国青少年学生心理疾患率日趋增高,但仍未得到社会、学校和家长的警觉与重视。我国大学生心理疾病患病率达20.23%。”在许多学校(尤其是重点大学),心理疾病已成为大学生休学、退学、死亡的主要原因。据北京16所大学调查,因精神疾病休学、退学人数占总休学、退学人数的37.9%和64.4%。那些心理卫生状况不佳的大学生,除少数因患有严重的心理疾病无法坚持学习而不得不退学、休学外,多数仍在继续学习。然而他们的学习效率、生活质量、健康状况已受到严重影响。至于不同程度的心理卫生问题(如抑郁、焦虑、紧张、无聊、空虚、偏执等)则或多或少地影响着大学生的学习、生活。大学生中存在的厌学、恐学、考试恐惧症等,有相当部分与心理健康状况不良直接有关。心理卫生问题成了干扰大学生正常学习的主要原因之一。

一般地说,重症心理疾病不仅会严重地妨碍正常学习,还会导致不良社会后果甚至轻生。至于在许多大学生中出现的偶然的、轻微的、局部的心理健康问题,也会影响和干扰大学生的正常学习效率、生活质量和社会适应能力。

二、大学生心理问题的主要表现

所谓心理问题,就是指一个人在其成长过程中,受自身生存环境的影响,在没有认知障碍和智力障碍的情况下,形成的一种不协调的心理状态。大学生中有严重心理障碍的比较少,多数是比较轻微的心理问题,但是如果轻微的心理问题不予以及时调节和疏导,也会影响身心健康,持续发展下去还可能导致严重的心理障碍。

大学生常见的心理问题表现在以下几个方面:

(一)入学适应方面的心理问题

这一问题在刚入大学的新生中较为常见。对于绝大多数新生来讲,面临的都是陌生的校园、生疏的面孔和全新的生活、学习方式。这对首次远离家乡、离开长期依赖的父母和熟悉的生活环境的大学生来说,通常会产生不同程度的压力和心理上的不适应,并伴有焦虑、苦闷和孤独等心理现象发生。在一些自身适应能力较差的大学生中表现得尤为明显,且往往会出现食欲不振、失眠、烦躁及注意力不集中等症状,个别严重者甚至不能正常坚持学习以致提出退学。

(二)自我意识方面的心理问题

自我意识是影响大学生心理健康的重要因素。人的所有行为无不受意识左右,自我意识是大学生认识自我、发展自我、完善自我的重要条件，但由于自我意识认知与建构过程相对漫长，大学生在求学发展中遇到各种冲突和矛盾时，往往会使人出现意识偏差，甚至陷入认知矛盾的状态，如理想自我和现实自我的矛盾，满足感和空虚感的矛盾，独立性和依赖性的矛盾，理智和情感的矛盾等。这些矛盾解决不好，往往会造成不良的心理反应。

（三）学习方面的心理问题

大学的教学目标、教学内容、教学方式都与高中有明显的差异。这就要求大学生必须改变高中的学习模式和方法，调整学习目的，端正学习态度，掌握大学生适用的学习策略，学会科学用脑，掌握自学方法，以适应全新的大学学习生活。但很多大学生由于学习目标不清，学习动力不足，学习方法不当，或因为误选专业而对专业缺乏兴趣等原因，导致成绩不佳，同时引发考试焦虑，甚至导致厌学、弃学等问题。

（四）人际交往方面的心理问题

与高中生相比，大学生的人际交往更为复杂，更为广泛，更具社会性，大学生对人际交往也更加重视，并希望发展这方面的能力。但由于认识、情绪和个性因素的影响，再加上缺乏人际交往的经验与技巧，在交往中往往会遇到各种困难与挫折，从而产生焦虑等心理问题，影响其健康成长。

（五）恋爱与性方面的心理问题

大学生由于性生理逐渐发育成熟，性意识的觉醒与性心理的发展促使其渴望了解异性，向往爱情。但由于缺乏经验与指导，有些大学生在恋爱中出现了单相思、三角恋爱，陷入被动恋爱或失恋等苦恼之中。也有一些大学生因对性知识和性行为的不恰当理解与认识，造成诸多心理压力，如因性压抑、性自慰而产生的羞耻感、极度自责和恐惧感等。

（六）情绪、情感方面的心理问题

良好的情绪、情感状态是大学生心理健康的重要保证。良好的情绪和情感状态应以稳定、乐观的心态为主，对于不良情绪应具有调节、控制能力。但由于大学生的情绪、情感具有两极性、矛盾性的特点，情绪易波动起伏、好冲动、自制力不强。一旦遇到挫折，往往容易产生抑郁、焦虑、恐惧、紧张、妒忌等不良情绪，影响大学生的心理健康。

（七）个性方面的心理问题

个性发展不良导致的心理问题，在大学生中是常见现象，尤其是当代大学生很多是生长于我国独生子女政策的实施时期，幼儿时期家庭教育的不当导致相当部分大学生在性格方面存在不同程度的问题，主要表现为自卑、怯懦、猜疑、偏激、孤僻、抑郁、自私和任性等，有的甚至发展为人格障碍。

（八）求职择业方面的心理问题

大学生毕业前夕，最大的心理压力来自于求职择业。大学生在求职择业的过程中，由于缺乏经验与准备，导致择业渠道不畅，有的脱离社会发展需要盲目择业，导致难以找到合适的工作；有的过高地估价自己，造成就业困难等。这些问题往往会引发毕业生的心理问题。

三、大学生心理障碍的主要症状

一般地说,大学生常见的心理障碍主要有神经症、人格障碍和适应障碍等。其中,神经症在心理障碍中的比例居于首位。

神经症也称神经官能症,它是非器质性的大脑神经机能轻度失调的心理疾病。患者有强烈的心理冲突,并感到精神痛苦,力图摆脱却又无能为力。

需要指出的是,神经症并不是神经上有病,而是心理疾病。另外,神经症与精神病不是一回事。精神病是一种因大脑功能紊乱而突出表现为精神失常的心理障碍,症状多为感觉、知觉、记忆、思维、感情及行为发生异常的状态,出现妄想、幻觉等,具体表现如精神分裂症、躁动症等。与神经症相比较,其心理障碍表现程度严重,患者思维、情绪异常,不能自知,没有精神痛苦且无求治要求,不能正常地生活、工作与学习。而神经症程度轻,能自知,并感到精神痛苦,有求治要求,能正常工作、生活与学习,但效率较低。

大学生常见的神经症有以下几类:

(一)神经衰弱

[案例]

他为什么害怕睡觉

小张,大学一年级学生。出生工人家庭,从小学习成绩优异,性格敏感多疑,自信心不足,情绪不稳定。

高二以来,由于学习紧张,压力大,逐渐出现失眠,入睡非常困难,往往需两三个小时才能入睡,而且睡后易惊醒,而且梦多。而白天却昏昏欲睡,精神差,易疲劳,上课时注意力不集中,记忆力和学习效率下降,并出现头昏头痛、情绪烦躁等现象。本来可以考上名牌大学的他,最终只勉强考上一所普通大专院校。

神经衰弱是大学生中极为常见的心理障碍,它是由于长期刺激,引起大脑神经活动持续过度紧张,导致大脑兴奋和抑制神经活动能力减弱的一种神经症。主要特征是易兴奋、易激动、易疲惫,并常常伴有各种躯体不适和睡眠障碍等。敏感的人和有不良性格特征的人,更易患此症。

大学生神经衰弱的发生,主要是由于生活学习压力过大,过分紧张,缺乏面对现实的勇气和良好的适应能力造成的。如学习负担过重、人际关系冲突、家庭经济负担沉重和恋爱出现危机等都是发病诱因。上述问题引起的心理冲突,使得神经活动过程处于持久的紧张状态,超过了神经系统张力所能忍受的限度,从而引起崩溃和失调。

(二)焦虑症

[案例]

她为什么紧张

王某,女,19岁,某高校二年级学生。从大学一年级第二学期开始,她就出现了心理问题,主要表现为每到期末考试临近时,她就紧张焦虑,还伴有较严重的睡眠障碍。

原来，王某在中学学习时，理科就是弱项，所以才报考了文科，没料到上大学后自己所在的专业还要学习数学、统计等课程，她感到负担沉重。老师一堂课讲的内容很多，学起来极为吃力。第一学期期末考试，她有三科不及格，心情十分沉重，因为这对她来说是前所未有的事。于是，她经常感到心慌、焦虑、难以入眠，加上宿舍里的室友每晚熄灯后都要海阔天空地聊天，所以她经常是大半夜都睁着眼望着墙壁，无法入睡。期末考试来临之际，她的神经就绷得更紧了，越紧张就越难入睡。到了白天就疲乏无力，无法集中注意力听课，也难以静下心来复习，所以她的考试成绩连续三学期都排在倒数一二名上。但是，她也并不是时时刻刻都感到紧张、焦虑，她在每学期的前半期情况都比较好。

从王某的情况来看，她患的是考试焦虑症，这也是大学生心理咨询中常见的问题。

焦虑症是指持续性精神紧张或惊恐发作状态，常伴有头晕、胸闷、心悸、呼吸困难、口干、尿频、出汗、震颤和明显的运动性不安等。此症并非由实际威胁所引起，其紧张程度与现实事件很不相称。它包括急性焦虑（惊恐发作）和慢性焦虑（广泛性焦虑）两种表现形式。

急性焦虑是一种突如其来的惊恐体验，仿佛窒息将至、疯狂将至、死亡将至。患者如大祸临头、惊恐万状、四处奔走，并常伴有下列三个方面的症状：①心脏症状：胸闷、胸痛、心跳过速且不规则；②呼吸症状：呼吸困难，有透不过气的感觉；③神经系统症状：头痛、头晕、眩晕和感觉障碍。急性焦虑发作急促，终止也迅速，一般持续数十分钟便自发缓解，代之以虚弱无力，数天后逐渐恢复。

慢性焦虑是焦虑症最为常见的表现形式，患者长期感到无明显原因、无明确对象、游移不定的紧张和不安；经常会提心吊胆，而又说不出具体原因；经常呈现高度警觉状态，如过分关心周围事物，注意力难以集中，做事心烦意乱，没有耐心；遭遇突发事件时惊慌失措，极易往坏处想等。

对于焦虑症，一方面可进行药物治疗，另一方面可进行自我松弛训练，一般会收到较好效果。

（三）强迫症

［案例］

如此“干净”

小张得知同一寝室的唐某患肝炎住院治疗的消息后，就感到紧张不安，担心自己会被传染。每天看到唐某的用品他就感到厌恶、害怕，故小心远离，想到万一患上肝炎可不得了。为此小张开始专注于洗手，但洗完手他仍不放心，怀疑自己的手没洗干净，又用肥皂洗，试图彻底洗干净以保证万无一失。外出后，小张仍不放心，认为自己摸了许多脏东西，不洗不行，因而他洗手的次数越来越多。后来，他发展到乘公交车有座不坐、不愿与人握手的地步。

像小张这样的“洁癖”患者，在我们身边比较常见，大家总以为这只是一些过分干净的表现，不以为然。其实，小张患的是强迫症。

强迫症，是一种以自我强迫为突出症状的神经症。所谓自我强迫是指患者在主观上反复出现一些没有意义的观念、情绪、意向、行为，明知其不合理但又无法摆脱，从而导致精神焦虑和痛苦。常见的有强迫观念、强迫意向和强迫行为。有的人反复思考一些无意义的问题,如为什么人要分男女?到底先有鸡还是先有蛋?这些人并非这方面的专业人员,也无研究这些问题的实际需要,但却无休止地思考,欲罢不能;有的人反复检查门窗是否锁上,煤气是否关紧;有的人害怕不洁而不厌其烦地反复洗手或洗衣服;有的人为减轻焦虑经常会出现某些强迫性行为,稍有差错便从头做起。

患有强迫症的人通常无安全感,无完善感,无确定感。他们的行为与生活习惯刻板,墨守成规,享乐能力低下,活动能力差,工作与学习效率很低,性格上往往有缺陷,如缺乏自信、过于谨慎、保守、主动性差等。

强迫症一方面是由于患者的性格缺陷造成的,另一方面也与以往的生活经历、精神打击和幼年时期的遭遇有关。

强迫症的根治需要药物治疗、心理治疗和行为治疗相互配合,其中行为治疗对强迫症有一定效果,心理治疗对增强患者自信心、缓解症状也有重要作用。

(四)抑郁症

[案例]

爱哭的女孩

一天,某高职院校心理咨询室来了一位一年级女孩。她一进屋就愁容不展,说她近来心情非常压抑、焦虑,想退学。当说到原因时,女孩泪如雨下。她说,她高考成绩不理想,没有考上本科,心情就非常不好。最近,她又与宿舍同学关系紧张,大家都孤立她。自己每天独来独往,形影相吊,一进宿舍,她就感到非常窒息、压抑。她说,一想到自己要过三年这样的生活,实在受不了。她还说,现在自己兴趣丧失、精力不足、悲观失望、自卑、失眠,学习效率下降,感觉对不起父母。咨询期间女孩不停地哭泣,不断地责备自己,认为自己是个无用的人、多余的人,还不如一死了之。

根据女孩的倾诉,可以判断她得了抑郁症。

抑郁症是一种以持久的心境低落状态为特征的神经症,主要表现为悲伤、压抑、绝望、沮丧、孤独、自卑和自责等,并常伴有焦虑、躯体不适感和睡眠障碍等。患此症者,总是愁眉苦脸并且容易哭泣,其表现可概括为四个"失去":①失去兴趣:他们对任何事情都不感兴趣,包括以往的特长爱好;②失去希望:对前途悲观失望,感到生活无意义并且常有失望与无助感;③失去精力:自觉精神不振,全身疲乏,思维迟钝,既不能进行剧烈活动,又不能持续思考,因而萎靡不振,力不从心;④失去自信:自我评价过低,夸大缺点,妄自菲薄,不愿与人交往,见人退避三舍,遇事踌躇不前,常自责、后悔、内疚,虽厌倦生活,却又恐惧死亡,因而陷入痛苦两难的境地。

大学生患抑郁症的比例较高。有的大学生对枯燥的专业学习不感兴趣,有的对刻板的生活方式感到厌烦,还有的为社交或恋爱不成功而灰心丧气,由此陷入抑郁悲观状态。长此以往,将会导致思维迟钝、失眠和体力下降等。

抑郁症一般都源于青少年时期,该症的发生与个人性格和挫折有一定关系。自尊心强的人在受挫折后一般会因失望、自卑而诱发此症;性格内向、多愁善感、敏感性强、依赖性强的人,在精神因素的作用下,也容易导致抑郁症的发生。

患有抑郁症的学生应学会宣泄情绪，以减轻心理压力。如倾诉、哭泣、写日记等。另外，还要多与人交往，尝试从另一角度看自己所面临的问题，开阔视野。最后，要有意识地参加一些活动，如体育锻炼、文娱活动等，将自己从苦恼中解脱出来。

（五）恐惧症

[案例]

不敢面对他人目光的“怪人”

柳某，女，21岁，某科技大学三年级学生。一天，她向心理医生倾诉了自己的烦恼。她认为自己是个怪人，有个害羞的怪毛病。两年多来，她从不与人多讲话，与人讲话时不敢直视，眼睛躲闪，像做了亏心事似的。她一说话脸就发烧，低头盯住脚尖，心怦怦直跳，肌肉起“鸡皮疙瘩”，好像全身都在发抖。她不愿与班上同学接触，觉得别人讨厌自己，在别人眼中自己是个“怪人”。她最怕接触男生，即使在教室里，只要有男生出现，她也会不知所措。对老师也害怕，上课时，只有老师背对学生板书时她才不会紧张。只要老师面对学生，她就不敢朝黑板方向看。常常因为紧张，她对老师所讲的内容不知所云。更糟糕的是，她现在在亲友、邻居面前说话也“不自然”了。由于这些毛病，她极少去公共场所，很少与人接触。她也曾力图克服这个怪毛病，也看了不少心理学科普图书，按照社交技巧去指导自己；用理智说服自己，用意志控制自己，但作用不大。后来她哭诉说，这个怪毛病严重影响了她各方面的发展：学习成绩下降；人际交往失败；同学们说她清高。她正在申请入党，同学关系不好肯定不行。眼看就快毕业了，这样下去怎样适应社会呢？她急切地说：“医生，请你快点告诉我，我为什么会这样呢，我该怎样才能克服这个怪毛病呢？”

从柳某的叙述中可以看出她得的是一种常见的心理障碍——社交恐惧症。

恐惧症是对某种特定情景或物体产生强烈恐惧，明知无害，但又不能克制的神经症。根据恐惧对象的不同，它分为物体恐惧、处境恐惧和社交恐惧。如恐高症、恐水症、恐血症、黑暗恐惧症、社交恐惧症、广场恐惧症、声音恐惧症等。

大学生中较常见的是社交恐惧症，它是指对某一特定社交场所和对象产生的恐惧心理。如有的大学生有目光恐惧症，不敢与他人目光相对，眼睛总是游离于房顶或窗外；有的大学生有社交恐惧症，不敢与异性说话或交往，一看到对方就脸红、心跳；有的大学生有广场恐惧症，一到广场就紧张、盗汗、心跳过速；有的学生有恐人症，见到特定的人就感到恐惧，比如见到穿白大褂的医生就害怕。恐惧症对人际交往、生活、学习和工作都会产生一定的不良影响。

课后自我心理训练

对照所学的知识，盘点一下自我身上可能存在的心理问题，并试着寻找解决的方法，写在你的笔记本上。

训练三　大学生心理健康的培养

※ 任务

认识影响大学生心理健康的因素,强化心理健康意识,培养积极的心态,初步掌握心理健康的自我调适方法。

做做心理游戏,体会心理历程

活动项目:心灵瑜伽——身心放松训练。

活动目的:体验放松的感觉。

活动方法:

放松的顺序:头部——→手臂部——→躯干部——→腿部。也可以根据自己的爱好选择合适的放松顺序,每天两次,坚持半月。

1. 头部的放松

第一步:紧皱眉头,就像生气时的动作一样。保持10秒钟(可匀速默念到10),然后逐渐放松。放松时注意体验与肌肉紧张时不同的感觉,即稍微发热、麻木松软的感觉,好像"无生命似的"。第二步:闭上双眼,做眼球转动动作。先使两只眼球向左边转,尽量向左,保持10秒钟后还原放松。再使两只眼球尽量向右转,保持10秒钟后还原放松。随后,使两只眼球按顺时针方向转动一周,然后放松。接着,再使眼球按逆时针方向转动一周后放松。第三步:皱起鼻子和脸颊部肌肉(可咬紧牙关,使嘴角尽量向右边咧,鼓起两腮,似在极度痛苦状态下使劲一样),保持10秒钟,然后放松。第四步:紧闭双唇,使唇部肌肉紧张,保持该姿势10秒钟,然后放松。第五步:收紧下颌部肌肉,保持该姿势10秒钟,然后放松。第六步:用舌头顶住上腭,使舌头前部紧张,10秒钟后放松。第七步:做咽食动作以紧张舌头背部和喉部,但注意不要完全完成咽食这个动作,持续10秒钟,然后放松。

2. 颈部的放松

将头用力下弯,使下巴抵住胸部,保持10秒钟,然后放松。体验放松时的感觉。

3. 臂部的放松

双手平放于沙发扶手上,掌心向上,握紧拳头,使双手和双前臂肌肉紧张,保持10秒钟,然后放松。接下来,将双前臂用力向后臂处弯曲,使双臂的二头肌紧张,10秒钟后放松。接着,双臂向外伸直,用力收紧,以紧张上臂三头肌,持续10秒钟,然后放松。每次放松时,均应注意体验肌肉松弛后的感觉。

4. 肩部的放松

将双臂外伸悬浮于沙发两侧扶手上方,尽力使双肩向耳朵方向上提,保持该动作10

秒钟后放松。注意体验发热和沉重的放松感觉。20 秒钟后做下一个动作。

5. 背部的放松

向后用力弯曲背部,努力使胸部和腹部突出,使成桥状,坚持 10 秒钟,然后放松。20 秒钟后,往背后扩双肩,使双肩尽量合拢以紧张背上肌肉群,保持 10 秒钟后放松。

6. 胸部的放松

双肩向前并拢,紧张胸部四周肌肉,体验紧张感,保持 10 秒,然后放松,感到胸部有一种舒适放松的感觉。20 秒钟后做下一个动作。

7. 腹部的放松

高抬双腿以紧张腹部四周的肌肉。与此同时,胸部压低,保持该动作 10 秒钟,然后放松。注意由紧张到放松过程中腹部的变化感觉。20 秒钟后做下一个动作。

8. 臀部的放松

将双腿伸直平放于地,用力向下压两只小腿和脚后跟,使臀部肌肉紧张。保持此姿势 10 秒钟,然后放松。20 秒钟后,将两半臀部用力夹紧,努力提高骨盆的位置,持续 10 秒钟后放松。这时可感到臀部肌肉开始发热,并有一种沉重的感觉。

9. 大腿的放松

绷紧双腿,使双腿后跟离开地面,持续 10 秒钟然后放松。20 秒后,将双腿伸直并紧并双膝,如同两只膝盖紧紧夹住一枚硬币那样,保持 10 秒钟后放松。注意体验微微发热的放松感觉。

10. 小腿的放松

双腿向上方朝膝盖方向用力弯曲,使小腿肌肉紧张,保持 10 秒钟后慢慢放松。10 秒钟后做相反动作。双腿朝向前下方用力弯曲,保持 10 秒,然后放松。注意体验紧张的消除。

11. 脚趾骨的放松

将双脚脚趾慢慢向上用力弯曲,其他部位不要移动,保持 10 秒钟,然后放松。20 秒后做相反的动作,将双脚脚趾向下用力弯曲,保持 10 秒钟,然后放松。至此,整个放松动作全部完成。

当各部分肌肉放松都做完之后,还可以继续给出指导语:现在感到很安静,很放松……非常非常安静、非常放松……全身都放松了……(然后指导者或自己从 1 默数到 50 并睁开眼睛)

活动背景音乐:《梦江南》。

谈谈成长经历,交流心理感受

全班分成若干小组,谈谈自己对积极心态的认识,以及自己打算如何培养积极的心态。

学学心理知识，读读心理故事

一、认识影响大学生心理健康的因素

大学生心理问题产生的原因是多方面的，既有生理因素，也有心理因素和社会环境因素，是诸多因素共同作用于个体的结果。

（一）社会环境因素

很多心理问题是由环境适应不良引起的。在我国，随着对外开放和市场经济体制的逐步确立，整个社会结构、生活方式、价值观念和行为模式都在发生着巨大的变化。大学生是社会上最积极、最敏感和最富有活力的人，但由于其正处于人生观、价值观的形成时期，心理发展还不成熟，因而，这些社会变化会给大学生的心灵带来强烈的冲击。新旧观念的碰撞，东西文化的冲突，理想与现实的反差，常常使大学生感到混乱、茫然、顾虑、紧张和无所适从。长期的心理失调必然带来心理上的冲突，出现适应不良等种种反应。

在现代社会中，大学生面临的挑战很多，心理承受着多种社会压力，如既有来自社会责任、生活上、家庭、学习、竞争、人际关系和情感等方面的压力，还有来自就业以及整个社会生活节奏不断加快所带来的压力，等等。压力过于沉重，就会引发心理障碍。因此，我们就要不断加快认识的步伐，及时进行自我调整，以适应新的社会环境。

（二）学校文化环境因素

学校文化环境是促使大学生心理走向成熟的一个重要场所。校园的物质环境、学习环境及文化氛围对大学生的心理健康有着直接、深刻的影响，但如果校园文化氛围不良，将对大学生心理发展产生消极作用。下列因素对大学生的心理健康将产生不良影响：

第一，教育思想贯彻的片面化。在我国高等教育体制中，长期以来偏重于智力因素的培养，而忽视非智力因素的培养，致使大学生心理素质出现失衡，不能全面健康地发展。近年来，我国大力推进素质教育有一定的成效，但仍有很长的路要走。

第二，不良的校风、班风与学风。其中，学风的影响至关重要。所谓学风，是指学习风气，包括学习态度、学习精神、学习风格和学习方法。一所学校有一所学校的学风，一个班级有一个班级的学风。优良的学风，不仅能有力地促进和保证学习任务的完成，而且有利于丰富、充实大学生的精神世界，有利于塑造美好的心灵，有利于推动大学生的人格向着更加高尚和完美的方向发展。良好的校风、班风与学风对于大学生的生活与学习会产生积极的影响。反之，校风不佳，班风涣散，学风不正，将对大学生心理的发展产生消极影响。

第三，单调的业余文化生活。大学生具有思维活跃、富于幻想、情感丰富、精力充沛等特点，入学前往往会把大学生活想象得浪漫美好，但当现实中“三点一线”式的单调生活与理想形成强烈反差时会导致其对大学生活产生枯燥乏味之感，甚至会产生厌学、空虚、压抑、失望和苦闷等心理症状。长此以往，对心理健康极为不利。

（三）家庭环境因素

心理学研究证明，家庭环境对人的个性会产生很大影响，特别是早年形成的人格结

构对以后的心理发展影响尤为深远。家庭环境因素包括家庭结构、家庭人际关系、父母教育方式、父母人格特征等。

家庭结构不全，如单亲家庭、父母离异往往会影响儿童心理的正常发育，使儿童产生冷漠、孤僻、懦弱、早熟、自卑和仇视心理；家庭人际关系不和，如父母关系紧张，经常吵架，会使儿童形成胆小、敏感和忧郁的个性。父母的人格特征和教育方式对儿童人格的影响更大。一般来讲，家教方式有放任式、专制式、溺爱式和民主式四种。放任式往往会导致儿童形成任性、散漫、无纪律和顽皮等个性；专制式往往会导致儿童产生冷漠、盲从、懦弱、胆怯、不灵活和缺乏自尊自信的心理倾向；溺爱式则易导致儿童自私、依赖、任性、骄横和情绪不稳等；民主式一般会使儿童形成热情、诚实、自信、大方和宽容的良好个性。如果父母教育方式出现分歧和互相拆台，则子女容易养成圆滑、讨好、投机和说谎的不良行为。国外学者对恐惧症、强迫症、焦虑症和抑郁症四种神经症患者的早期经历与家庭关系的调查表明，这四种患者的父母与正常个体的父母相比，表现出较少的温暖、较多的拒绝态度和过分的保护；儿童早期任性和安全感的缺乏，随着心理发展会逐渐产生一种无助感，难以与他人相处，因而容易产生心理异常。所以，在大学生的各种典型心理问题和心理疾病中，常常可以看到家庭影响的痕迹。

（四）个体心理因素

大学生个体心理因素是影响和制约其心理健康的主要原因。具体有以下几点：

第一，自我认同的危机。青年人在认识自我时，总会遇到一系列矛盾和冲突，处理不好，就会带来一系列心理问题。心理学家们往往把青春期视为"自我认同危机期"，而大学生的自我意识往往在理想自我和现实自我的矛盾中难以达成统一。大学生在确立"自我同一性"的过程中，往往会经历种种困惑和迷惘，在情感起伏中容易诱发心理障碍。

第二，情绪冲突。情绪冲突是大学生心理冲突的主要表现形式。大学生正处于情绪发展最丰富、最敏感也最动荡的时期。大学生情绪表现的两极性、矛盾性的特点，使他们在遭受挫折时，往往会产生种种不良的情绪反应，情绪容易冲动失控，导致不良后果。

第三，性的困惑。处于青春期的大学生，性生理已经发育成熟，性意识开始觉醒，在心理上已经有了性的欲望与冲动，很多大学生开始向往与介入朦胧的校园爱情。然而，由于社会道德、法律、学校制度和理智的约束，性的生物性与社会性有时会发生冲突，并由此引发一系列心理问题。

第四，个性缺陷。同样的环境，同样的挫折，不同的个体有着不同的反应模式，这与人的个性直接相关，有些大学生存在不良性格，如自卑、怯懦、孤僻、冷漠、固执、急躁、鲁莽、虚荣、任性、忧郁、自私等，还有的大学生存在人格障碍，如偏执型人格、强迫型人格等。这些个性缺陷都有碍心理健康，而其中有些缺陷本身就是心理障碍的典型表现。

第五，人生观动荡模糊。大学时代既是人生观逐渐形成、确定的时期，也是面临多元化价值体系选择的时期。由于当代大学生处在东西文化交叉、多种价值观冲突的时代，面对不同于以往的文化背景和多种价值选择时常常感到茫然，导致人生观动荡不定或出现偏差。诸如在个人利益与个人主义、个性发展与个性放纵、自我意识与自我中心、现实主义与实用主义等问题上认识模糊；求新求异的心理，使某些大学生盲目追求西方现代文化，当这些追求与现实发生冲突时，往往造成其在人生道路选择上处于两难或多难境地。

第六，心理发展中的内在矛盾。青春期的大学生正处于生理基本成熟而心理走向成熟而又未真正成熟的阶段，这是一个充满矛盾与危机的时期。诸如理想与现实的矛盾、情感与理智的矛盾、依赖性与独立性的矛盾、性意识觉醒与性压抑的矛盾，等等。这些心理矛盾解决得好会转变为心理发展的动力；如果解决得不好，长期处于矛盾冲突之中，就会破坏心理平衡从而引发心理问题。

二、心理健康的自我调适

（一）培养健康的生活方式

健康的心理建立在健康的生活方式的基础上，因此，我们应该合理安排时间，形成固有的生活规律，同时注意培养生活情趣，丰富业余生活。此外要注意合理饮食，禁忌烟酒。

（二）提高心理健康水平

大学生要注意不断调整认识结构，克服自我缺陷，完善自我意识。要逐步树立正确的人生观，自觉地把自己和他人、个人和集体结合起来，走出自我封闭的小天地。要确立合理的自我评价体系，找准自我评价标准。要培养健康的人格品质，自信而不自负，谦虚而不自卑，乐观而不盲目，克己而不过分。要保持自己的独立性，不人云亦云、随波逐流，要勇于创新。

（三）调节控制情绪，培养乐观精神

我们要培养敏锐的自我情绪觉察能力，要学会控制自己的愤怒冲动，化解消极情绪，学会用乐观的态度去面对生活。

（四）锻炼意志品质，树立远大理想

要培养良好的意志品质，应注意做到以下几点：树立远大理想，明确目标指向；在实践中锻炼坚强的意志；从小事做起，有意识地锻炼自己的韧性。

（五）塑造健康人格，促进个性完善

人格注定了人生之路，健康的人格是立志成才的大学生应必备的条件。塑造健康的人格，我们应该学会用一分为二的观点看待自己、看待别人，对自己的能力、智力、性格、长处要做出恰当、客观的评价，对自己不要提出苛刻、非分的期望与要求。同时要学会协调与控制自己的情绪，并养成良好的思维品质。

（六）克服社交障碍，改善人际关系

要培养人际交往能力，应做到调整认知结构，对人际关系要有积极、全面、客观的认识，不能戴“有色眼镜”看人。完善个性品质，培养热情、开朗、真诚、善良、乐于助人的优秀品质。克服情绪障碍，交往中的恐惧、嫉妒、焦虑、抑郁等情绪往往会成为交往的障碍，要掌握人际交往的原则与技巧，最重要的是要学会真诚地赞赏对方，学会倾听，学会主动交往，学会表达自己的感情。

（七）不断开发自我潜能

大学生作为具有较高智力、文化和自尊心的群体，有着不同于一般青年人的抱负和追求，因此，我们应该给自己确立发展的目标和方向，积极开展生涯规划设计，不断开发自我潜能。

（八）主动调节心理状态

拿破仑·希尔曾告诉人们，要想成功，首先应该认识我们每人都佩带着一面刻着PMA（积极的心态）、一面刻着NMA（消极的心态）的隐形护身符。这块隐形护身符具有两种惊人的力量：它既能吸引财富、成功、快乐和健康，又能排斥这些东西，夺走生活中的一切。这两种力量的第一种是PMA，它可以使人登峰造极。而第二种力量是NMA，它使人终身陷在谷底，即使爬到巅峰，也会被它拖下来。

仔细观察，比较一下成功者与失败者的心态尤其是关键时候的心态，我们就会发现心态导致人生惊人的不同。

［心理故事］

在推销员中，广泛流传着一个这样的故事：两个欧洲人到非洲去推销皮鞋，由于炎热非洲人向来都是打赤脚，第一个推销员看到非洲人都打赤脚，立刻失望起来："这些人都打赤脚，怎么会要我的鞋呢？"于是放弃努力，失败沮丧而回。另一个推销员看到非洲人都打赤脚，惊喜万分："这些人都没有皮鞋穿，这皮鞋市场大得很！"于是想方设法，引导非洲人购买皮鞋，最后发大财而回。

这就是一念之差导致的天壤之别。同样是非洲市场，同样面对打赤脚的非洲人，由于对待营销环境的认知心态不同，一个人灰心失望，不战而败；而另一个人满怀信心，大获全胜。

怎样培养积极的心态，专家给我们的建议：

（1）言行举止像你希望成为的人；

（2）要心怀必胜、积极的想法；

（3）用美好的感觉、信心与目标去影响别人；

（4）使你遇到的每一个人都感到自己重要、被需要；

（5）心存感激；

（6）学会称赞别人；

（7）学会微笑；

（8）到处寻找最佳的新观念；

（9）放弃鸡毛蒜皮的小事；

（10）培养一种奉献的精神；

（11）培养乐观精神；

（12）经常使用自动提示语，如"如果相信自己能够做到，你就能够做到"、"我觉得健康，我觉得快乐，我觉得好得不得了"。

三、走进心理咨询

1. 什么是心理咨询

有很多人对心理咨询存在片面甚至错误的认识，不愿或不敢去心理咨询室，怕背上"精神病"之名被人议论，致使心理问题越来越严重，延误救治时机。其实大可不必，因为心理咨询是受过专门训练的咨询人员提供的运用心理学的理论与技术,通过与求询者的交流、探询、解释、协商,对来询者施加心理影响,改变其认知、情感、态度、行为,维护和增加求询者的心理健康,促进其人格发展和潜能发挥的一种服务,对于我们改善心理状况是很有帮助的。

2. 勇敢求助于心理咨询

大部分青年学生在产生心理问题后往往习惯于自我调节。自我调节这种方式对于解决症状较轻的心理问题比较适用,但当心理压力很大、内心冲突激烈时,自我调节往往难以奏效,这时应主动、及时地寻求心理咨询专业的帮助。

首先,心理咨询可以使人们从不同角度去看待自己和社会,用新的方式去体验和表达自己的思想情感,并产生新的思维方式,实现心理放松。虽然自我调节也可以减轻心理压力,但需要的时间较长,患者需忍受的痛苦也较大。

其次,心理咨询可以深化求询者对自身的认识,引导求询者去发现真实的自我,解决心理冲突,恢复心理平衡。心理咨询的最终目的是助人自助,即帮助求询者自己解决问题,自己释放自己,避免求询者产生依赖心理。

最后,心理咨询的基本要求是为求询者保守秘密。因为在心理咨询过程中,不可避免地要涉及求询者的个人隐私问题,保密不仅能获得求询者的信任,也是咨询人员职业道德的基本要求,同时还是咨询过程顺利进行的必要保证。因此,不少想去咨询的学生因为怕自己的隐私被传扬出去而心存疑虑,其实是完全没有必要的。

一般医院和社会设立的多为障碍心理咨询或门诊咨询。学校开设的多为发展性咨询。学校心理咨询遵循教育、发展、预防、治疗模式,面向全体学生,提供心理咨询服务,促进学生健康成长,达到实现教育目标的目的。大学生心理咨询的任务是通过咨询,培养学生良好的心理素质,减少由于心理冲突而引发的适应不良,预防心理疾病的产生,提高心理健康水平,促进人格成熟与完善。也就是说学校心理咨询不只是面向少数有心理障碍的学生,而且也是面向全体学生的人生咨询。针对大学生在大学学习期间出现的一系列问题,一般主要设立适应咨询、学习咨询、人际关系咨询、择业咨询、发展咨询等项目。大学生应消除对心理咨询的错误认识,采取积极态度,不要"讳疾忌医"。

心理咨询的方式很多,有门诊咨询、电话咨询、网络咨询和书信咨询等。咨询者可根据自己的情况适当选择。

同学们,快乐而幸福的人生把握在我们自己的手中,在大学学习生活的过程中,我们不妨学一些心理健康的知识,掌握一些心理调适的方法,学会以积极的心态面对一切事物,学会悦纳自我、自尊自爱,学会掌控自己的情绪,学会面对挫折,学会建立和谐的人际关系,学会爱与被爱……

古希腊哲学家赫拉克里特指出:"如果没有健康,智慧就难以表现,文化无从施展,力量不能战斗,财富变成废物,知识也无法利用。"阿拉伯有谚语:"有了健康就有了希望,有了希望就有了一切。"健康是人生的第一大财富。对于作为天之骄子的大学生来说,心理健康更是学业有成、事业成功、生活快乐的基础。

总之,大学生心理素质的培育过程和心理健康的实践过程,既是其认识自己、实现自身价值的过程,也是其不断地与社会相互作用,为社会做贡献的过程。在这个过程中,大学生的人生必将经受一次洗礼，达到一个崭新的境界。

课后自我心理训练

复习、巩固身心放松训练。

第二单元　环境适应训练

本单元学习任务

1. 帮助大学新生认识学习环境的变化。
2. 了解大学新生常见的心理问题及其成因。
3. 掌握大学新生心理适应不良的调适方法,学会适应,走向成功。

★ 场地

团体活动室或者可以席地而坐的空地。

★ 设备

播放音像的多媒体工具。

★ 人数

60 人左右。

训练一　大学新环境的适应

※ 任务

认识大学生活环境、学习环境、人际环境、管理环境和角色地位的变化,充分做好适应大学生活的准备。

做做心理游戏,体会心理历程

活动项目:微笑握手与滚雪球。
活动目的:扩大交往圈子,拓展相识面,引发个人参与团体活动的兴趣。

活动方法：

1. 微笑握手。全体同学起身离开座位，面带微笑，伸出右手走向你想认识的同学，对着他（她）说“你好”并相互握手，在 5 分钟内尽可能多地和更多的人握手，老师喊“停”，大家站在原地不动，看谁握手人数最多，看谁握手人数最少，并请他们谈谈感受。

2. 滚雪球。微笑握手活动中最后握手的同学组成两人一组开始“自我介绍”（时间 3 分钟）。介绍的内容包括：姓名，所在院系和专业，性格特点，个人兴趣爱好以及个人愿意让对方了解的有关自我的资料。两人一组自我介绍完毕后，邻近的两组组成 4 人一组开始“他者介绍”（时间 5 分钟），每位成员将自己刚才认识的朋友向另外的两位新朋友介绍，例如 A 向 C 和 D 介绍 B。当 4 个人已经相识时，8 人组开始“连环自我介绍”（时间 10 分钟）。如有的成员一时记不起太多的信息，全组成员可以一起帮助他。

活动背景音乐：《相亲相爱一家人》。

谈谈成长经历，交流心理感受

“微笑握手与滚雪球”活动结束后讨论与分享：

1. 当全班各个 8 人组介绍完毕后，请每位同学在组内谈谈在短短的十几分钟内认识 7 ~ 8 位朋友的感想。

2. 以“我理想中的大学”为主题，谈谈各自的感受。

3. 请每个小组选出一个代表，把全组成员一一向班内其他小组成员介绍。

学学心理知识，读读心理故事

从中学时代走过来，每一个大学新生所面临的都是一个全新的世界。对我们来讲，无论是自然环境还是生活环境，无论是人际交往方式还是学习方式，无论是个人的目标还是社会的期望，都发生了很大的变化。只有在短期内尽快适应环境、调整自己的心态、转变个人的角色，才能给今后的大学生活奠定良好的基础，从而成功地度过大学时代。认识大学新环境，了解环境适应与心理健康的关系，是每一个大学新生入学后所要上的第一课。

一、环境适应与心理健康

对于收到大学入学通知书的青年人来说，由于理想与现实相符和不相符的原因，他们心里充满了各种各样的感受，有的兴高采烈，有的愁眉苦脸。但是，每一个人对即将到来的生活充满了好奇与渴望了解的心态基本相同，脑海中都会编织着一幅幅大学生活的美好图景。然而，当我们真的步入大学校门，开始了新的生活之后，很快会被一种未曾体验过的困惑与不适所取代，茫然、焦虑、苦恼、无助之感会笼罩我们生活的方方面面：想家，怀念中学时代，生活不会自理，经济上不善理财，学习上感到困难，缺乏与人交往的经验，等等。严重不适者可能会自我认知失调，甚至动摇自信心。

[心理故事]

她该怎么办

王某，女，19 岁，北方某高职院校一年级新生，性格内向。原籍西北某县，家中有父母和弟弟，她深得父母宠爱，上大学前一切生活事宜均由父母料理。上大学后，由于水土不服，不能适应当地的气候条件和生活习惯，不久，她就因体质虚弱而住院。在生病期间，她同父母商量打算回家，并向老师提出退学要求。老师问其原因，她回答：想家，想父母，不能适应学校的生活环境和周围的自然环境。她又具体说：家乡地旷人稀，自然环境优美，空气新鲜；而学校人多嘈杂，宿舍拥挤，学校餐厅的饭菜不合口味，生活上很不习惯。而且，听不到熟悉的乡音，自己浓重的方言又常引起别人的讥笑，现在连开口说话的勇气都没有，总觉得自己是个被抛弃的外乡人。人也变得孤独自卑了，非常想念中学的老师和同学。每天晚上熄灯后就在被窝里哭，久久不能入睡，睡梦中也总是与家人和朋友在一起。每次父母打电话来自己都泣不成声。父母希望自己好好读书，自己也想快乐起来，投入到新生活中去；也曾强迫过自己学习，但学习上感到吃力，最怕上数学和英语课，没有老师和同学的帮助，自己就学不进去，而且总担心成绩不好会被淘汰，每天坐在教室和图书馆望着书发呆。最近一段时间老是担心期末考试不及格，让父母着急，心里充满了烦恼和忧虑。最后她说她以前不是这个样子，现在觉得自己像变了一个人，在学校实在待不下去了。每天就是靠回忆和写信过活，接收书信和接听电话，成了生活中唯一的精神寄托。

上述案例是典型的新生适应问题。为什么很多新生都会出现不适应的问题呢？最根本的原因就是由于从中学到大学环境发生了突然的变化。有关研究表明：大学生一进入高校，首先面临的就是环境适应问题。而且，在此后的大学生活及将来走向社会的过程中，都随时会遇到生活适应问题。适应能力与学习成绩并不是同一的，它不是指现有的具体知识、技术如何。适应不仅与能力有关，而且与个性也有关系。适应能力不是固定不变的，它具有灵活性，并能被充分地开发。大学生能否迅速进入新的角色，迅速适应新的环境，很大程度上取决于其心理素质如何。心理素质好的同学，随着环境的变化，能进行自我调整，在新的环境中找到自己的朋友，建立新的友谊，开阔新的生活空间，产生新的归宿感和稳定感；能排除各方面的干扰，很快投入到新的环境中，步入学习生活的正轨。相反，如果不能很快适应新的环境，产生适应障碍，则会影响心理健康。适应能力表现于生活的各个方面，虽然很细微，却对个人有着极大的影响，它是大学生走向成功的基础。

二、从中学到大学环境发生的变化

每个大学新生所面临的环境变化主要有下述几方面：

(一)生活环境的变化

大学生活与中学生活相比较，最大的特点是要求学生必须自主、独立，不论衣食住行还是学习、交友乃至认识社会和人生，都需要更多地依靠自己的知识、能力去思考、判断、选择和行动。

中学生大部分时间和精力都用在学习上，生活上的事绝大多数由父母包办，而到了大学，生活会发生很大变化：需要住集体宿舍，过集体生活，自己支配经济，自己料理生活起居，等等。此外，由于我国幅员辽阔，各地的文化、风俗、生活习惯等方面都有比较大的差别，容易使某些学生在生活上产生不适，给新的学习生活带来影响。大学课余生活与中学相比也更加丰富多彩，各种比赛、晚会、讲座、学术报告会既让许多新生感到新鲜又会让他们感到无所适从：有的新生拒绝参加一切活动；有的则来者不拒，应接不暇。

（二）学习环境的变化

学习环境的变化主要体现在学习任务、学习内容和学习方法的变化上。

大学与中学分属学校教育的不同阶段，其教学目的、教学内容、教学方法等方面都存在着明显的差别。首先是教学目的的差别。中学的教学目的主要是向学生传授基础性文化知识，为后续的学习或深造打下坚实的基础；而大学的教育目的主要是向学生传授各种专业知识和专业技能，培养社会发展所需要的各种高级专业人才，高等职业教育则更突出了它的应用性、技能性的特点。其次是教学内容的差别。中学的教学内容主要是非定向的文化基础课，大学的教学内容主要是定向的专业课，教学内容无论是在深度上还是广度上都比中学有了更大的拓展，特别是大量专业课和技能训练课更容易使学生感到学习有难度。再次是教学方法上的差别。中学的教学方法主要是以教师讲授为主，教师是教学的中心；大学的教学方法是以学生自学为主，教师讲授为辅，教师的主要作用是引领入门，答疑解惑，所谓“师傅领进门，修行在个人”。

（三）人际环境的变化

人际环境的变化主要体现在人际交往的方式与对象、人际交往的要求等方面。

中学时代，学生生活单调，主要任务是学习，很少接触社会，主要是和父母、老师、同学打交道，人际环境相对简单，并且在人际交往方面，没有语言的障碍、乡土的差异，交往相对容易。到了大学，人际关系、交往范围则发生了很大的变化：首先，人际交往的范围扩大了。现在我们不仅要和不同地域、不同习俗的同学打交道，还要和校、系等有关部门的教职工打交道；由于参加各种社团活动或社会活动，还要和不同年级、不同系、不同专业的同学打交道；由于勤工俭学、参加各种教学实习等，还要广泛地与社会接触；再就是与异性的交往也逐渐增多了，等等。其次，人际交往的难度也增大了。大学的人际关系比较复杂，再加上同学之间语言、生活习惯、价值观、性情等方面的差异，这些都增加了交往的难度。

（四）管理环境的变化

管理环境的变化主要体现在教学管理、管理方法与管理系统方面。

从教学管理上看，中学实行学年制，学生必须读满规定的学年，修完所有的课程，考试合格后才能毕业；大学大多数实行学分制，学生不受学年限制，可根据自己的实际情况，提前修满学分，提早毕业，也可以延长学习时间；从管理的方法上看，中学时代，学校、老师对学生采取直接管理，事事由老师安排，大学则更多地强调学生自我管理、自我教育、自我约束；从管理系统上看，中学的管理都是通过班主任实施，而大学的管理属于“全面管理”，学校各个部门都直接参与学生管理，如思想教育管理、学籍管理、宿舍管理、纪律管理等。

（五）自身角色地位的变化

与中学相比，我们自身的角色和地位也发生了许多变化。过去我们中的许多人，都是父母的宠儿，老师、同学眼中的高才生，受到大家的重视和羡慕。而到了大学，我们会突然发现“人外有人，天外有天”，大学生大多是各个中学的佼佼者，过去在各自中学的佼佼者，现在大多变成了一名普通的大学生。这种角色的转变，会直接影响自我评价，有的同学感受到了一种莫名的失落感，情绪低落，失去了往日的自信与雄心，因此自暴自弃。有的同学在学习上仍处在优势地位，但因缺乏特长，反而感觉不如那些学习成绩比自己差、有其他能力和特长的学生受人青睐，因此也会对自己的认知产生动摇。

课后自我心理训练

理想中的大学生活和现实中的大学生活有哪些差异，其中哪些差异你觉得是好的，哪些差异你不能接受，请进行归纳。

训练二　大学生环境适应中常见的心理问题及其成因分析

※ 任务

了解大学新生环境适应中常见的心理问题及其成因。

做做心理游戏，体会心理历程

活动项目：个性名片。

活动目的：

1. 把自己最想与他人交流的信息简洁明了地公布出来，学会推荐自己。

2. 通过“个性名片”的交流，尽快地了解他人，彼此熟悉。

活动方法：

1. 将全班同学分成若干组，每组 8 ~ 10 人。

2. 老师发给每位同学一张空白卡片，彩色笔放在每组场地中央公用。

3. 每位同学为自己设计一张“个性名片”，名片要求：不少于 5 条个人信息（信息可以是具体的、抽象的或含蓄的，但要求是个性化的）；除文字外可以用图形等多种形式表示；可以用多种颜色的笔。

活动背景音乐：《让我们荡起双桨》。

谈谈成长经历，交流心理感受

“个性名片”活动结束后小组讨论与分享：

1. 小组交流“个性名片”，集体分享。
2. 读故事谈体会。

［案例］

大学里的杨柳

杨柳是一名大一的女生，随着时间的推移，刚进大学时的新鲜与兴奋已慢慢退去。在她就读的这所大学里，高手如云；她说，竞争的压力令她无所适从。下面是她的自述：

从小学到高中，我一直是班里的尖子，年年都是三好学生，高考时还是县里的文科状元。可以说，在我的字典里从来没有“失败”这个词。进到现在的学校，我不是很满意，觉得多年的努力没有得到回报。

新鲜感只是暂时的，我在大学里体验到了很多新的烦恼，我的入学成绩在系里只是中等，学习比我优秀的同学大有人在。上课回答问题时，有很多男生发言大胆且颇具见地，不得不让人佩服。第一学期期末考试，我除了英语比较突出外，其他科目都很一般。放假回家，爸妈还有亲戚朋友问我考得怎样，我只是说“还差不离”。可这学期一完，就要评奖学金了；我要连个奖学金都拿不到，家人会怎么看我呢？

我们女生平常在宿舍里很少聊成绩的事，就算别人问我，我也只是装出不在意的样子：“都上大学了，怎么还像个高中生似的整天围着分数转？”大家都经常这么说，可我知道，谁也不是真的不在乎，她们都在暗暗加劲，不想输给别人。可是周围能人这么多，考不出好名次也只能自欺欺人了。

自己的心事自己清楚，我现在心里真的很失落、很压抑，我不愿承认自己的失败，可事实似乎就是这样。

心理透视（心理咨询师的话）：

考上大学的学生，通常有一段辉煌的过去：成绩优异，担任班委，获奖不断，在宠爱、赞扬、荣誉中长大。但到了大学，周围的环境可谓强手如云，高手如林，尖子们聚集一堂。这时有可能出现这样的情况：尖子不再尖，“沦为”平常一员；竞争愈加残酷，名次出现下降；未能得到更多关注，生活愈显平淡。特别是对于大一的新生而言，学习仍是他们生活中最主要的部分，在对自己进行肯定评价的时候，学习成绩优异是重中之重的砝码。如今“尴尬”的局面是他们未曾料想到的，其间的巨大落差自然会给他们带来不小的打击，产生强烈的失落感和挫败感。

面对挫折，最直接的想法当然是继续努力，迎头赶上，但是对一部分学生来说，改变现状又可能是件心有余而力不足的事情。在这种情形下，接受现实是件困难的事情，因为这件事关系到个人的尊严和荣誉，也关系到家人的情绪。为了保住面子，对外他们只能尽量表现出满不在乎的样子，采取自我安慰、文饰等妥协的应对方式。但内心深处却有着巨大的压力和不甘心。

如果能够通过自身的努力重获成功,当然是件好事。但如果不能做到这一点,也不必太过自责,毕竟自己已经努力过了。大一新生要勇于打破以往过于顺利的生活模式,因为这样的生活模式使他们养成了过分追求完美的性格特征,经常不切实际地幻想自己能将生活中所遇到的一切事情都做得尽善尽美。挫折也未必全是坏事,只有经历过挫折才会积累有效应对挫折的经验,才能提高对挫折的耐受力,以应对未来人生中更大的困难,一味地企求永远顺利或者逃避、退却都是不切实际的做法。

杨柳对自己的现状不妨做这样的思考:能拿到奖学金固然很好,拿不到也不证明自己就真的不行。奖学金不是人人都能得的,再说拿到奖学金也不能证明有能力,走向社会、参加工作,靠的是能力而不是证书,拿高分者也不一定能成就事业。我也许这次不行,下次就一定不行吗?即使下一次也不行,我就永远不行吗?证明自己的方式,除了拿奖学金外,还有很多很多。譬如我的英语就很突出,而且我有很多优势尚未显露。一个人的精彩可以在各个方面表现出来,不一定非得在学习成绩上吧……

也许有人会说:"这不是阿Q精神吗?"我要告诉你,这绝不是阿Q精神!阿Q式的认知应对策略的前提是"不争",而其本身也很"不幸"。而这些学生有学习能力,有深造机会,这本身就是一种"幸运",而他们自身的努力也就是在"争气",以上的思考有利于他们进行心理上的自我调适,丢下包袱,轻装上阵。

学学心理知识,读读心理故事

伴随着高考结束的轻松,新入学的同学在金色的秋天怀着激动、兴奋的心情走进大学校门。当梦中的宿舍区、教学楼、实验室、图书馆、运动场一一呈现在眼前的时候,一切都是那么的新奇,一切都显得耳目一新,有太多的未知领域在吸引着我们,有太多的欢乐和烦恼在等待着我们。面对不同的生活环境、学习内容、人际关系和学习方式,绝大部分的同学会出现或多或少的心理困扰。

一、大学生环境适应中常见的心理困扰

(一)自豪感与自卑感并存

能够挤过高考独木桥考上大学的同学,曾经都是学校里的佼佼者,老师的青睐,同学们的羡慕,"三好生"、"优秀学生干部"等各种荣誉,使其成为同龄人的中心,无形中可能会产生某种自豪感。可是进入大学以后,面对来自全国各地的优秀分子,可以说是群英荟萃,强手如林,原来的学习尖子成了普通的一员,中学的优秀学生干部不再担任任何工作职务,昔日那种鹤立鸡群的优越感荡然无存。同时,进入大学以后大家从埋头苦读中抬起头来,有机会看清彼此,才猛然发现自己和其他人之间原来除了学习成绩,还有其他很多方面的差距,在知识、才艺、人际关系、家庭背景乃至身体容貌等方面自己不如别人的地方很多。特别是来自乡村、山区的贫困学生,因家庭经济困难、服饰落伍,或因浓重的乡音、知识面狭窄等方面,难免有使人相形见绌的感觉,总觉得"见人矮三分",于是产生自卑心理而变得沉默寡言,内向孤僻,在部分学生身上还容易产生自我认识和自我价值感方面的困惑。由于各种迷茫的困扰,大学新生如果没有及时进行心理调适,往往会

愈陷愈深，导致适应困难。

（二）放松感与紧张感同在

大学的学习方式与中学有很大的差别，许多同学在中学时的学习是在家长、老师的逼迫下进行的，学习的主动性、自觉性并不高，往往有一种学得辛苦、学得很累的感觉。进入大学后，有些老生给新生谈大学生活心得时，往往会让一些大学新生产生这样一种感觉：大学学习很轻松，很容易应付，这样就导致新生认为上课结束后把课堂作业做完就无所事事了，从而放松了对自己的要求。然而，事实并非如此，大学的学习是开放性、主动性、自觉性的学习，大学的压力更多的是无形压力、自我压力以及就业的社会压力。

大学里开放的图书馆、开放的教学资源、开放的学术讲座为我们提供了开放的学习环境。另外，大学的学习含义是多方面的，学生可以学习各种专业知识，但这些都需要同学们主动、自觉。大学新生发现大学学习并不像别人说的那样轻松，而是学业压力同样非常大，甚至更加繁重时，会马上又紧张起来，但是部分同学自我放松以后很难马上再回到紧张的状态，从而导致心理不适。

（三）孤独感与恋群感交织

闭锁性是青年心理发展过程中一个显著的特征。个体情感进入青春期后就开始具有文饰、内隐的特点，他们会根据一定的条件来表达情感，甚至可以是外显的形式和内隐的体验不一致。比如对某个事务明明是厌烦，但由于某种原因，却表现出很好的态度；对某个异性明明是爱慕，想接近，但是由于自尊心或者客观环境的限制，有时会表现得无动于衷或做出回避的行为；希望与异性进行思想、情感交流，但因为怕对方或别人误解而有意表现出冷淡的情感等。自我闭锁和陌生的环境让大学生感到特别孤独。然而，大学生心理又具有开放性的特点，他们在掩饰自己内心真实情感的同时，又强烈希望得到别人的理解，希望合群，与同龄人交往的愿望特别强烈。他们希望自己周边有一个生机勃勃、健康向上的新集体，渴望建立一种和谐的人际环境，孤独感与恋群感交织，使他们陷于痛苦的困扰之中。

（四）求知欲与厌学心相峙

每一位大学新生都希望自己在大学里能够取得非凡的成绩，可是高考留下的后遗症，再加上大学教学的内容、形式和方法等都与中学有很大的不同，导致很多同学都不适应，感觉到了学习上的压力，难以进入新的学习状态，从而对学习没兴趣，以至于产生了厌学心理。

（五）空虚感与恐惧感共袭

在小学的时候，目标非常明确，是考上好的中学，到了中学以后目标也是非常明确，就是能够考上大学，最好是能够上好的大学。由于有明确的目标，再苦再累也能忍受。可是进入大学以后好比船到码头车到站，多年的愿望终于成为现实了。对于相当一部分同学来说，大学梦的实现就意味着理想和目标的消失，从而失去努力的方向。在起点上给我们一个目标，我们可以如同通过两点来画一条直线一样，很容易完成这个目标，但是如果只给我们一个起点，却没有目标，我们就会无从下手，不知所措，就会有一种焦虑的心情。况且，很多同学连大学是新的起点都没有认识到，到了大学不知道干什么，没有目标会使人感觉到非常的空虚和恐惧。

（六）自立性与依赖性相随

我国目前的家庭教育还没有摆脱“摇篮教育”的状况。学生在家庭里受到全方位的保护和照顾，如同在摇篮里的婴儿唯一的任务就是“好好吃饭”一样，学生唯一的任务就是“好好学习”。在整个学前教育和基础教育阶段过着“衣来伸手，饭来张口”的生活，年龄在不断地增长，但生活自知、自理能力却没有同步增长，以至于进入大学以后还不知道如何“做人”、如何处世。他们在学校一切依靠老师，被动地“享用”老师安排好的知识；在家里事事靠父母，被动地“享用”父母安排好了的饮食起居。因此，学生在基础教育阶段自然而然形成了依赖性、被动性的思维方式和人格特点，缺乏独立自主进行学习和生活的意识与能力，在生活和学习中依然带有很强的依赖性。但是进入大学以后随着身心发展和生活、交往领域的不断扩大，学生们的成人感、自我意识迅速增强，强烈要求得到他人和社会的尊重和信任，这种渴望社会承认自己的成人资格和现实的依赖性让部分同学陷入心理矛盾之中。

（七）希望与失望相伴

大学生朝气蓬勃、富有理想。然而由于他们涉世不深，思想认识水平有一定的局限性，加上生活环境等各种因素的影响，常常处理不好理想和现实的关系，存在着理想和现实的心理冲突。他们的理想常常脱离实际，常有一些幻想成分，理想和现实一致性不高。而对于大学新生来说，理想和现实的差距更大。进入大学前他们心中的大学校园是温馨浪漫的，同学之间的友谊是纯洁无瑕的，校园生活是多姿多彩的。可是到了大学以后，发现校园并不是想象中的那样，于是感到非常失望，觉得大学生活也不过如此。因此，多数学生入学后都会产生不同程度的失落感。加之他们对自己的评价缺乏客观性，造成理想和现实之间存在差距，而差距越大，失望也就越大。内在和外在的双重失落感使得大学生看不清自己的前进方向，没有明确的奋斗目标，成就感淡化。

二、大学生环境适应中常见心理困扰产生的原因

引起大学生心理困扰的因素很多，常见的有以下几种：

（一）心理素质差

心理素质包括人格类型、人生观、认知方式、情绪倾向、动机、行为习惯等。心理素质差主要体现在以下几个方面：

1. 心理脆弱

相当一部分新生都未能及时调整自我，不能正确认识和评价自我，从而形成一种只能成功不能失败的心理定式。当遇到挫折与动机冲突较大时，对挫折的困扰不能保持自身人格完整与心理平衡。环境变化越大，要求学生自我调控的范围就越大，对新生的冲击就越强烈。调查发现，来自农村的新生和独生子女承受挫折的能力和适应环境的能力都较差，一旦学习生活中碰到困难，便灰心丧气，萎靡不振，逃避现实。

2. 个性缺陷

按照心理学观点，个性心理由个性倾向性和个性心理特征组成。个性心理倾向性包括需要、动机、兴趣等，它是人的行为的潜在动力，是人的积极性的不尽源泉。个性心理特征包括气质、性格、能力，它比较稳定地反映了个体的特色风貌。个性心理中的需要、

动机不正确，性格发展不够完善，依赖性强，优柔寡断，以自我为中心，这些都容易产生不愉快的体验，形成心理压抑，当这种心理压抑未能及时宣泄和解脱时，就会出现心理倾斜。

3. 心理内在矛盾失控

大学新生正处于由幼稚走向成熟的心理断乳阶段，这一阶段的世界观、人生观还处在不稳定和形成之中，充满成熟和不成熟的矛盾，如自立与依赖的矛盾、理想与现实的矛盾、知与行的矛盾、感情与理智的矛盾、闭锁性与开放性的矛盾、冲动与压抑的矛盾。而此时的大学新生解决心理矛盾的能力和水平较差，当长期处于这种矛盾或内心矛盾强度过大，解决的方法又不得当时，就会破坏心理平衡，导致内在矛盾加剧甚至失去控制。

4. 情绪不稳

面对学习与生活中的新的烦恼与困难，大学新生容易表现出情绪复杂，容易激动，不冷静，情绪大起大落，忽而欣喜若狂，忽而愁肠满腹，这些势必影响其正常的学习生活。

（二）同一性危机

同一性危机是艾里克森发展阶段论的核心概念。儿童向成人发展的过渡阶段，也就是我们常说的青春期的准备阶段和整个青春期的完成阶段。艾里克森把同一性定义为“一种熟悉自身的感觉”，“一种知道自己将会怎样生活的感觉”，“一种从信赖的人那里获得所期待的认可的内在自信”。在此期间，儿童学会应付生活的各种策略，并承担正常的社会角色。如果同一性发展失败，个体就会产生“角色混乱”，即不能正确地选择适应生活环境的角色，或角色不稳定。

青年期所面临的危机是自我同一性混淆。自我同一性混淆指个体不知道自己究竟是怎么样的一个人，想要成为什么样的人。一般来说，达到成熟的自我同一状态需要两个要素：一个是危机，指个体面对多种选择的时刻，是探索的关键期，这时会陷入重大事件的选择思考中；另一个为投入，它包括做出的抉择、从事的行业和全心全意参与的活动。在这个阶段，如果家庭和学校所提供的实践、工作和社交经验足够发展他们明确而一致的性别角色、社会角色和职业角色，那么自我同一性就得到发展；反之，就会导致自我同一性混淆。

在我国教育的中学时期，由于“应试教育”等原因使得自我同一性的发展不充分，学生无法确立自我，所以很多大学新生的自我仍然处在危机之中，在寻求各种可能的选择，还没有投入。处在自我同一性危机中的学生缺乏甚至是不在乎任何确定的价值观和信念，容易犹豫不决，容易改变决定，对选择缺乏足够的信心或逃避选择；人际关系不好；不快乐，经常有孤独感；有些同学有高度的情绪困扰，人格不完整，焦虑程度较高，甚至有精神疾病或自杀倾向；面对变化容易产生挫折感，适应能力比较差，常常会制订出不符合自己实际情况的目标，也没有足够的勇气面对各种挑战。

（三）压力过大

压力是造成身心疾病的主要原因之一，是影响大学生心理健康的最主要因素。长期处于压力状态下的学生比较容易产生焦虑、抑郁、强迫等负面情绪以及人际关系敏感和睡眠障碍。生活环境的改变、遭受挫折、各种矛盾和冲突都是大学新生的压力源。

1. 学习压力

当今社会竞争体现在大学新生身上，主要就是学业上的竞争。一方面，他们必须完成繁重的学习任务，承受考试的压力；另一方面，他们在中学时的优势已经丧失，要在学习上超过别人并非易事，而上进心越强的大学新生，他们的心理压力越大。

2. 经济负担的压力

由于我国国民经济发展的不平衡，大学生中约有 10 % 的贫困学生。尽管国家、学校有各种措施帮助解决部分学生的学费，但是仍有部分学生承受着经济困难的压力，时常感到囊中羞涩而贬低自己，产生自卑心理。同时，一些学生之间互相攀比的现象，也会引起这部分学生的心理失衡。

3. 社会压力

市场经济的深入发展，带来了思想的进一步解放，观念的进一步更新。同时随着生活节奏的加快，人际关系的日益复杂，就业竞争的日趋激烈，新事物、新的生活方式也不断出现。大学生作为青年群体中的一部分，对社会的变化十分敏感。他们喜欢挑战，但是对某些变化又迷惑不解，易产生价值观的颠倒、心理上的困惑和压抑、行为上的无所适从等，所以又会出现害怕挑战的心理，从而自相矛盾。

（四）自我调节失效

无论是追求自我同一的获得还是应对各种压力都依赖着自我调节并影响着自我调节。所谓自我调节，是指个体受到环境的作用后促进原有心理状态的变化和创新来适应外界变化的过程。自我调节的主要作用是使个体与周围变化的环境取得平衡。如果个体和环境失去平衡，就必须改变行为，重新建立平衡。这种从平衡—不平衡—平衡不断循环的过程，就是适应的过程。

刚从中学过来的大学新生面对新的环境、新的要求、新的规范、新的需要，往往会产生理想与现实的冲突、欲望与道德的冲突等。面对这些冲突，如果自我调节能力达不到要求，就会导致出现主体和客体之间的失衡状态和失控状态。如果不能主动和有效地从别人那里获得援助，就会感到自己"孤立无援"，从而产生焦虑，表现出紧张、失眠、容易激动等心理现象，这是造成大量神经症状包括焦虑症的根源。

（五）缺乏社会支持

社会支持包括提供情感、物质、信息等方面的帮助，它可以降低压力事件的负性影响。对于大学新生而言，来自同学、学校以及家庭的支持往往显得滞后或不足，更主要的是大学新生在遇到心理问题时一般不会主动寻求社会支持。有研究表明：大学新生在面对心理压力的时候，自己解决是主要策略，这一方面表明大学新生比较自信，但另一方面也反映出他们缺乏寻求帮助的意识和习惯。而这种需要别人帮助的意识和习惯的缺乏对于尚未完全成熟、无法通过自身努力解决所有问题的学生而言，是令人担忧的。因为，如果过分依赖自己，一旦自己的努力不能解决问题，就会很容易采取听天由命或者逃避等消极的应对措施。

课后自我心理训练

下面的问题能帮助你进行心理适应能力的自我判别。请认真阅读，然后从每个项目后面所附的三个备选答案中选出一个来。

(1)我最怕转学或转班级,每到一个新环境,我总要经过很长一段时间才能适应。

A. 是　　B. 无法肯定　　C. 不是

(2)每到一个新的地方,我很容易同别人接近。

A. 是　　B. 无法肯定　　C. 不是

(3)在陌生人面前,我常无话可说,甚至感到尴尬。

A. 是　　B. 无法肯定　　C. 不是

(4)我最喜欢学习新知识或新学科,它给我一种新鲜感,能调动我的积极性。

A. 是　　B. 无法肯定　　C. 不是

(5)每到一个新地方,我第一天总是睡不好,就是在家里,只要换一张床,也会失眠。

A. 是　　B. 无法肯定　　C. 不是

(6)不管生活条件有多大变化,我也能很快习惯。

A. 是　　B. 无法肯定　　C. 不是

(7)越是人多的地方,我越感到紧张。

A. 是　　B. 无法肯定　　C. 不是

(8)我的考试成绩多半不会比平时练习差。

A. 是　　B. 无法肯定　　C. 不是

(9)全班同学都看着我,我的心都快跳出来了。

A. 是　　B. 无法肯定　　C. 不是

(10)对他(她)有看法,我仍能同他(她)交往。

A. 是　　B. 无法肯定　　C. 不是

(11)我做事情总有些不自在。

A. 是　　B. 无法肯定　　C. 不是

(12)我很少固执己见,常常乐于采纳别人的观点。

A. 是　　B. 无法肯定　　C. 不是

(13)同别人争论时,我常常感到语塞,事后才想起该怎样反驳对方,可惜已经太迟了。

A. 是　　B. 无法肯定　　C. 不是

(14)我对生活条件要求不高,即使生活条件很艰苦,我也能过得很愉快。

A. 是　　B. 无法肯定　　C. 不是

(15)有时自己明明把课文背得滚瓜烂熟,可在课堂上背的时候,还是会出差错。

A. 是　　B. 无法肯定　　C. 不是

(16)在决定胜负成败的关键时刻,我虽然很紧张,但总能很快地使自己镇定下来。

A. 是　　B. 无法肯定　　C. 不是

(17)我不喜欢的东西,不管怎么学也学不会。

A. 是　　B. 无法肯定　　C. 不是

(18)在嘈杂混乱的环境里,我仍然能集中精力学习,并且效率较高。

A. 是　　B. 无法肯定　　C. 不是

(19)我不喜欢陌生人来家里做客,每逢这种情况,我就有意回避。

A. 是　　B. 无法肯定　　C. 不是

(20)我很喜欢参加社交活动,我觉得这是交朋友的好机会。

A. 是　　B. 无法肯定　　C. 不是

评分规则:

①凡是奇数号题(1,3,5,7……),选“是”为 -2 分,选“无法肯定”得 0 分,选“不是”得 2 分。

②凡是偶数号题(2,4,6,8……),选“是”为 2 分,选“无法肯定”得 0 分,选“不是”得 -2 分。将各题得分相加,即得总分。

结果解析:

35~40 分:心理适应能力很强。能很快地适应新的学习、生活环境,与人交往轻松、大方。给人的印象极好,无论进入什么样的环境,都能应付自如。

29~34 分:心理适应能力良好。

17~28 分:心理适应能力一般,当进入一个新的环境,经过一段时间的努力,基本上能适应。

6~16 分:心理适应能力较差,依赖于较好的学习和生活环境,一旦遇到困难则易怨天尤人,甚至消沉。

5 分以下:心理适应能力很差,在各种新环境中,即使经过相当长一段时间的努力,也不一定能够适应,常常困惑,因与周围事物格格不入而十分苦恼。在与他人的交往中,总是显得拘谨、羞怯、手足无措。

如果你在这个测试中得分较高,说明你的心理适应能力较强。但是,如果你得分较低,也不必忧心忡忡,因为一个人的心理适应能力是随着年龄的增长、知识经验的丰富而不断增强的。只要你充满信心,刻苦学习,虚心求教,加强锻炼,你的心理适应能力一定会大大增强的。

训练三　大学生环境适应问题的心理调适措施

※ 任务

掌握大学新生心理适应不良的调适方法,学会适应,走向成功。

做做心理游戏,体会心理历程

活动项目:寻人行动。

活动目的:让个体很快行动起来,在活跃的竞赛气氛中彼此认识和了解。

活动方法:

1. 老师发给每位同学一张“寻人信息卡”。

寻人信息卡(例)

序号	特征	签名	序号	特征	签名
1	穿42码的鞋		17	戴眼镜	
2	会打乒乓球		18	补过牙	
3	有白发的人		19	穿黑色袜子	
4	喜欢听古典音乐		20	喜欢唱周杰伦的歌	
5	去过北京		21	喜欢上网聊天	
6	骑自行车上学		22	当过志愿者	
7	身高170厘米		23	网络游戏高手	
8	妈妈是教师		24	有住院开刀的经历	
9	校运动会获过奖		25	体重54公斤	
10	读过韩寒的书		26	喜欢红色	
11	参加过爱心捐款		27	喜欢爬山	
12	想成为企业家		28	不是本地人	
13	四月出生		29	爱养小动物	
14	色盲、色弱者		30	想出国留学	
15	某学科的课代表		31	英语为强项	
16	擅长游泳		32	崇拜贝克汉姆	

2. 学生根据“寻人信息卡”上的信息在10分钟内找到具有该特征的人做简单交流后签名(栏目中可以签不止一个人的名字)。

活动背景音乐:《秘密的庭院》。

谈谈成长经历,交流心理感受

1. “寻人行动”结束,将全班同学分成若干组,每组8~10人。

2. 请每位同学谈谈刚才自己与同学交往与沟通的体会。

3. 小组统计看谁的签名最多,请每个小组获得较多签名的同学在班上谈谈自己与人交往与沟通的体会。

4. 请具有同一特征的人聚在一起相互介绍与交流。

5. 请每位同学谈谈自己的大学生活发生了哪些变化,在哪方面还存在适应困难,并准备如何去适应大学生活。

学学心理知识，读读心理故事

大学生适应能力是大学生心理健康标准之一，因此大学生要提高心理健康的水平，就必须适应大学生活，努力做到以下几点：

一、培养和塑造健全的人格

培养和塑造健全的人格有助于大学生勇于探索，敢于创新，发挥潜力，抓住学习的最佳时机，制订合乎实际的计划并付诸行动；有助于大学生进行正确的自我评价，避免自视过高导致的自负自满，或者估价过低产生自卑沮丧的消极情绪；有助于提高自我调节能力，使大学生在外部环境和自我身心不断变化过程中，保持满意和愉快的心理体验和心境，表现出乐观而自信的生活态度，克服内心波动，培养积极参与和协作精神；有助于更好地完善小我、改造大我，不断剖析自己、反省自己、完善自己。

二、主动熟悉生活环境，寻找新环境带来的愉快

人的一生不同阶段会经历不同的生活环境，大学新生面临的校园环境是人生中适应新环境的第一阶段。新的生活环境中必有许多新的特点，会带给你新的体验和新的愉快。只要你用心去发现，必将有所收获。在主动挖掘新的生活环境给你带来愉快的同时，也要尽快地处理新环境给你带来的不便。这样，你才能更好地享受大学生活，安心地学习。

三、树立正确的学习目标，做好大学学习生涯设计

中学的学习目标非常明确，即考大学。而大学的学习目标是什么呢？有的同学是继续深造，有的同学是想找一份好的工作。无论你的目标是其中的哪一种，你都要根据自己的实际情况，认真地给自己定位，同时制订一份详细的大学学习生涯设计方案，要将大而不具体的目标划分成各个阶段小而精确、详细的目标。只有这样，你才能体会到大学生活和学习中的成就感和充实感。

四、学会与人沟通，尊重、理解和信任他人，建立良好的人际关系

良好人际关系的建立离不开良好的人际沟通，良好的人际沟通能开启人与人之间心灵沟通之门，是化解误会和冲突的宝剑，是增进人与人之间感情的润滑油。人与人相处过程中，你尊重别人，别人也同样会尊重你，这样就会彼此相互尊重。理解和信任他人是建立良好人际关系的基础，只有建立在理解和信任他人的基础上的人际关系才能纯洁、长久而有活力。

五、努力培养独立生活的能力，培养团队合作精神，适应集体生活

集体生活既能锻炼生活自理能力，又能够培养团队合作精神。集体生活可以给你提

供生活自理的榜样，同样也给你提供自理能力增长与否的参照物。适应集体生活的人际关系、不同个体的生活习惯会为你将来走上社会在不同的工作岗位上适应不同的人际关系和不同的生活习惯奠定良好的基础。

课后自我心理训练

访问陌生人。

1. 要求：每个同学课后去采访一个自己不认识的人。请每位同学注意，采访中可能会遇到一些困难，但要想办法尽一切努力去克服，实现突破。

2. 访问：列出采访清单，包括要采访的问题，采访可能遇到的困难及应对策略，比如说拒绝自己、回答过于简单、态度不好、对自己持怀疑不信任态度等。

3. 分享讨论：完成采访以后，请同学们在本宿舍交流各自采访的情况，如谈谈自己在采访时的心理感受，有没有遇到困难，自己又是如何克服的，有没有难以克服的困难，等等，讲出来让同学一起想想解决的办法。

第三单元　自我认知训练

本单元学习任务

1. 通过学习,了解自我,认识自我。
2. 克服自我认识上的偏差,克服自卑心理,树立自信心。
3. 形成自我悦纳的积极态度,学会做自己,做最好的自己。
4. 挖掘自身的潜能,合理定位“理想中的我”,使其与“现实的我”趋于统一。

★ 场地

团体活动室或者可以席地而坐的空地。

★设备

播放音像的多媒体工具。

★人数

60 人左右。

训练一　认识自我

※ 任务

了解自我,认识自我。

做做心理游戏,体会心理历程

活动项目:填写 20 个“我是谁”。
活动目的:了解自己,认识自己。

活动方法：

1. 老师每念一次“我是谁”，学生便在笔记本上写出“我是……”，一直完成20句“我是一个……的人”（陈述句）。

2. 要求尽量选择一些能反映个人风格的语句。避免出现类似“我是一个男生”、“我是一名中国人”等这样的句子。

活动背景音乐：《人间天上》。

谈谈成长经历，交流心理感受

1. 将全班同学分成若干组，每组8～10人。

2. 根据20“个我是……”的内容做以下归类：

★身体状况（你的外貌、身高、体型等）

编号：______________________________

★心理状况（你常持有的情绪情感如开朗、内向、心烦、多愁善感等，你的才智状况如有能力、灵活、迟钝等）

编号：______________________________

★社会状况（与他人的关系，对他人常持有的态度和原则，如乐于助人、爱交朋友、坦诚、孤独等）

编号：______________________________

3. 检查你的答案里是不是包括了以上方面的内容，如果没有的话，再补充一些句子从三个方面去认识一下自己。

4. 每位同学在小组中谈自己在活动中的心理历程，并交流彼此的感受与体会。

学学心理知识，读读心理故事

[心理故事]

一个商人给他妻子买了一面镜子。妻子拿着镜子一照，发现里面有一个年轻女人，骂道：“你这个没良心的，怎么娶了一个妾回来？”夫妻争吵起来。吵声惊动了老母，老母出来劝解他们。老母对着镜子一照，发现一个年老色衰的妇人站在面前，于是埋怨道：“你这个笨儿子，既然花钱娶妾，怎么讨回这么老的一个女人。”一家人争吵不休，前往官府请求公断。官员看见镜子里有个官员，大怒：“区区夫妻不和的小事，何必要请乡官来审理？”

（http://forum.esmchina.com）

看过这则故事后，你可能只是淡淡一笑，感到荒谬离奇。现实生活中的你在镜子中又都看到了什么？发现了什么？你能否透过这活生生的外表，看到一个真实的你？

一、自我意识的含义

自我意识是人对自身及对自己与周围关系的意识。它是人的意识发展的高级阶段，是一个包含认知、情感、意志等多种心理机能的完整的、多维度的、多层次的心理系统。

自我意识可以表现在三个不同层次上:第一层是对自己的机体以及状态的意识;第二层是对自己的外部行为以及人际关系的意识;第三层是对自己的认识、情感、意志等心理活动的意识。

二、自我意识的结构

(一)从结构形式上看,自我意识表现为自我认识、自我体验和自我调控

1. 自我认识——了解"我"

自我意识的首要成分或基础是自我认识。自我认识是指一个人对自己各种身心状况的认识。自我认识主要涉及的问题是:"我是一个什么样的人?""我为什么是这样一个人?"自我认识包括:

(1) 自我观察。人是观察的主体,同时又是被观察的客体,也就是将自己的心理活动作为被观察的对象。曾子说"吾日三省吾身",这里的"省"就有自我观察的意思。

(2) 自我分析。人把从自身的思想与行为所观察到的情况加以分析、综合,在此基础上概括出自己个性品质中的本质特点,找出有别于他人的重要特点。

(3) 自我评价。自我评价建立在自我观察和自我分析基础之上,是对自己的能力、品德及其他方面的社会价值的判断。自我评价有适当与不适当、正确与不正确之分。适当的、正确的自我评价使主体对自己采取分析的态度,并能将自己的力量与所面临的任务及周围人的要求加以恰当的比较。不适当的、不正确的自我评价分为过高的自我评价和过低的自我评价,过高或过低的自我评价是由于主体对自己缺乏全面的分析,或受到周围人对自己活动成果评价的影响而产生的。

2. 自我体验——感受"我"

自我意识在情感上的表现称为自我体验或自我感受。自我体验是指一个人在自我认识的基础上产生的对自己所持的感情体验。自我体验主要涉及的问题是"我是否满意自己"、"我能否悦纳自己"等,自我体验主要有自尊感和自信感。

自尊感,也称自尊心。人们生活在一定的群体中,产生一种高级的自尊的需要,总希望在群体中占有一定的地位,享有一定的声誉,得到良好的社会评价。当社会评价满足个人自尊需要时,就产生自尊感,它促使自己更加奋发向上,追求实现更高的社会期望。如果社会评价不能满足个人的自尊需要,甚至产生矛盾时,可能会产生两种情况:一种是产生自我压力感,从而使自己加倍努力,迎头赶上;另一种是产生自卑心理,从此自暴自弃,一蹶不振。

自信感,也称自信心。自信感是对自己的能力是否适合所承担的任务而产生的自我体验,自信感是与自我评价紧密联系在一起的。良好的自信感是建立在适当、正确的自我评价的基础上,在完成任务的过程中,既能看到自己的潜力,又能充分估计到可能发生的困难。而不适当、不正确的自我评价会导致自信感的转化,在自我评价过高的情况下,自信感转化为自高自大,而自我评价过低,自信感又会转化为自卑感。无论是盲目自大还是严重自卑,都对个性的正常发展极为不利。

3. 自我调控——表现"我"

自我意识在意志和活动方面表现为自我检查、自我监督和自我控制。自我调控是指不受外界诱惑因素影响,能够自己调节和控制自己的情感冲动和行为,它是一种意志力强的表现。自我调控涉及"我怎样控制自己","如何使自己成为理想的那种人"等问题。自我调控包括:

(1) 自我检查。自我检查是主体在头脑中将自己的活动过程及其结果与活动的目的加以比较、对照的过程,以保证活动的预定目的与计划逐步得以实现。

(2) 自我监督。自我监督是一个人以其良心或内在的行为准则对自己的言论和行为实行监督,有人把它比之为一个人内心的"道德法庭"。无需任何外在形式的监督,而听命于内心自我监督的行为,才是真正自觉的意志行为表现。

(3) 自我控制。自我控制是主体对自身心理与行为的主动掌握。自我控制表现为两个方面:一是发动作用,如坚持利用假日参加一些社会公益活动等,是自我发动与支配自己行为的结果。二是制止作用,即抑制不正确或在当时情境中不应有的言论和行为,如不随地吐痰、不乱扔纸屑、公共场所不抽烟等,都是自我控制的结果。

(二) 从内容上看,自我意识可分为生理的我、社会的我和心理的我

1. 生理的我

生理的我是指个人对自己身体的认识,如对自己身高、体重、体型等的认识。它包括占有感、支配感和爱护感,它是自我意识的最初形态。

2. 社会自我

社会自我是指随着社会化的发展,个体获得社会经验和社会角色,意识到自己在社会关系、人际关系中的作用和地位,意识到自己所拥有的社会权利和承担的义务。这些个体对自己在社会中角色的意识,就是社会自我。

3. 心理自我

心理自我是指个体对自己心理活动的意识,包括个人对自己的智力、兴趣爱好、能力、性格、理想和行为等的意识。

(三) 从自我观念上看,自我意识还可以分为现实的我、镜中的我和理想的我

1. 现实的我

现实的我是指个人对自己目前的实际状况的看法和评价。

2. 镜中的我(投射自我)

镜中的我是指个人想象中他人对自己的看法。

社会学家柯里提出"镜中自我"的理论。他认为人与人之间相互为对方的镜子,在对方眼里观察自己,可以看到社会上其他人对自己的认识与评价,就好像自己站在镜子前面,看到自己的容貌、姿态、服装等一样,同时以一定的标准来衡量自我形象,产生对自己满意或不满意的情绪体验。

3. 理想的我

理想的我是指个人想要达到的完美形象。

我们知道,现实的我、镜中的我和理想的我之间肯定会存在差异和冲突,如果能够比较好地平衡和调节三者之间的冲突,那么自我就会越来越趋于统一;相反,如果不能够分清这三者之间的差距,甚至使三者之间产生混乱,不能够调节三者之间的冲突,那么,自

我意识的完整和平衡就会遭到破坏，产生自我意识的心理问题，甚至心理障碍。

三、自我意识的作用

（一）导向作用

一个人要想成就一番事业，就必须从自身的实际出发，制定明确的目标，并用自己的奋斗目标来不断激励自己、引导自己。

（二）自控作用

在成功的路上，很多人并不缺乏机会和才华，而是缺乏控制自我情绪的能力，缺乏控制自我注意力的能力，故而与成功失之交臂。

意大利著名的皮衣商安东尼·迪比奥与美国《时代》周刊记者谈到自己成功的经验时，不无感慨地说："其实，我并不是一个天生的成功者，许多人都比我更聪明、更有才华；我唯一比他们强的只不过是我更容易控制自己的情绪罢了。我很冷静，从不为那些情绪化的事情浪费时间和精力。我的意思是说，我享受不起那种感伤。"

（三）内省和归因作用

自我意识健全的个体，不仅能够确立"理想自我"的内容，为自己将来的发展做规划，而且能够通过自我控制来实现预期的目标。

由于主客观条件的制约，"理想自我"的实现常常会遇到各种障碍，致使个体产生不同程度的挫折感。这时，自我意识就会对自己的认识、情感、意志、行为等进行自觉反省，找到受挫折的主客观原因，并重新调整意识，形成新的"理想自我"，使其与"现实自我"趋于统一。

四、大学生自我认识的主要缺陷

（一）自我概念偏差——自我中心

以自我为中心的人考虑问题总是从自己出发，不能够设身处地地为他人着想，他们觉得世界就是应该围绕他们转动。他们觉得自己就是天底下最厉害、最聪明的人，应该时刻成为众人的焦点。当他们发现周围出现别人夺走了他觉得应该属于他自己的东西，如同学的爱戴、老师的夸奖时，他就会觉得对方是个威胁，甚至觉得对方对自己不怀好意，妒忌自己，将这些想法都投射给对方，从而想方设法来打击对方。

（二）扭曲的自尊——虚荣

有些学生追求虚表荣誉，以期获得尊重，利用吹牛、撒谎、作假、投机等非正常手段去沽名钓誉。他们只看到自己的优点，对缺点视而不见甚至不屑一顾。虚荣心强的学生通常都需要得到别人的关注、赞赏和肯定。他们把这些看作是自我价值的评定标准，所以，他们尽量争取得到这样的社会奖赏。然而，他们并没有真正地从内心来评价自己，也就是说他们的自尊是建立在他人或社会评定标准上的。如果在竞争中，出现了竞争对手，他们就觉得受到了很大的威胁，必须打倒竞争对手才能够消除自己的不安。所以，在潜意识里面，他们会把对手当作敌人，对对手给予过多的关注，不失时机地打击对手，只有这样，他们才能够觉得满意。

（三）消极的自觉——自卑

自卑是由于自我认知偏差等原因所形成的自我轻视和自我否定，认为自己其貌不扬，担心被人歧视；或认为自己天资愚钝，将来不能成器，对未来缺乏自信；或认为自己出身贫寒，担心被人看不起。自我轻视和自我否定的人，若总是盯住自己的这些所谓的缺点不放，就会成为一个自卑而怯懦的人。

（四）退缩的自立——从众

从众指在群体舆论的压力下，放弃个人意见而与大多数人一致的自我保护行为。从众的原因：一是害怕孤立。为了求得小团体的认同，避免孤立而放弃了主见，随大流，凑热闹，以求并无实际意义的“合群”。二是缺乏自信。对自己的能力缺乏自信，不敢自己下判断，作决定，只好随大流。三是当今不少家庭和学校那种一味要求“听话”、“服从”的教育，使学生形成了 种极富惰性的人格特质，窒息了他们的独立思考精神。从心理学角度来看，一般人容易受环境影响而产生“趋众心理”，自己的观点会随着周围人的想法而改变。特别是当一种行为成为一种观念并形成潮流时，社会阅历不深的大学生容易受其影响而随波逐流。

（五）变态的自立——逆反

大学生智力达到高峰，思想上、行为上、经济上渴望独立，但阅历有限，感性经验不足，情绪表现富于两极性，易感情用事、主观片面、脱离实际，以致形成偏见。对师长的教育或学生干部的工作抵触，以“顶牛”、“对着干”来显示自己的“高明”、“非凡”。对正面教育和宣传表现出一种怀疑、不认同的态度，对社会、人生和个人前途显出玩世不恭的态度。

（六）极端的自信——自负

随着自我意识的发展，大学生会越来越关注自己的内心世界，会越来越感到自己是独一无二的，于是，在一些自信、自尊、优越感比较强的大学生中，就会出现自负的心理问题。自负的大学生通常想问题、做事情都从自我出发，他们盛气凌人，喜欢指挥别人，觉得只有自己的决定、见解才是正确的。自负的人总觉得自己的一切都是高人一等的，喜欢自吹自擂，喜欢别人奉承自己，受不了一点批评。如果有人提出反对意见，他们往往就会认为别人是因为妒忌自己才故意与自己作对。与这种人交往，常常会让人觉得很不舒服，因为这种人很少平等地对待交往对象，他们不懂得尊重他人，不懂得谦让。所以，这样的人往往人际关系会出问题。

（七）放纵的自我——任性

现在的大学生，绝大多数是家中的独生子女，不少人成为家庭的中心，想怎样就怎样，缺乏行为规范和自我约束的意识。再加上考上大学后，“大学生”这个头衔的光环，使得他们往往集家长的溺爱、老师的宠爱和社会的关爱于一身，在顺境中长大，缺乏挫折的磨炼。因为任性会导致他们无法正确认识和判断事物，个性固执，不明事理，不善与人交往。在人际交往中，往往不顾及他人的想法，而一味要求别人依着自己行事；没想过要自我克制，而总是要求他人对自己忍让；在待人接物时，单从个人好恶出发，只凭一时意气用事，容易被本能的欲望和偶然的动机以及不良的情绪所左右。社会上“跟着感觉走”，片面主张个性自由张扬的思潮，也使他们对自己的弱点不以为然，进而发展到以我为中心、唯我独尊的境地。

课后自我心理训练

是否自负测试

在心理学中，自负是指对自我认识水平的盲目肯定。通俗地讲就是“自以为自己如何了不起”。这是一种缺乏修养、见识浅薄的表现，希望你不会拥有。如果你有所怀疑，可作以下测试。做完下列选择题，然后将总分与结果对照。

(1) 如果别人说你是个温和的人，你会：

A. 心胸狭窄地认为：“我胆子实在太小。” (3分)

B. 暗下决心：“今后再温和些。” (5分)

C. 漠不关心地认为：“无所谓。” (1分)

(2) 在公共汽车上，旁边的小孩又哭又闹，你会认为：

A. “真烦人，家长有什么用！” (1分)

B. “小孩子真没办法，什么也不懂。” (3分)

C. “教育小孩真不容易啊！” (5分)

(3) 和朋友争论完回到家后，你会：

A. 高兴地认为：“人的想法各有不同，很高兴有机会谈论自己的看法。” (5分)

B. 遗憾地认为：“当初我如果那样说就能驳倒对方了。” (1分)

C. 后悔地认为：“当初没充分说明自己的想法。” (3分)

(4) 当你突然遇到一个很会打扮的人时，你会：

A. 说道：“我这样已不错了，没必要刻意打扮。” (1分)

B. 羡慕地说：“我也要那么打扮。” (3分)

C. 认为：“装束体现人的内心，那人的内心世界一定很丰富。” (5分)

(5) 虽然不是你的错，但却给对方造成了麻烦，你会：

A. 道歉地说：“因为没办法，对不起。” (3分)

B. 诚恳赔礼：“不管怎样，是我给你添了麻烦。” (5分)

C. 认为：“不是我的错，不道歉也可以。” (1分)

(6)如果别人说你是个独具一格的人，你会：

A. 考虑“我独具一格在哪里”，同时心中很兴奋。 (5分)

B. 生气地认为：“一定是讽刺我。” (1分)

C. 认为：“不管怎样，是件好事。” (3分)

(7)“人类只有相互帮助才能生存。”对此，你有何看法？

A. “道理如此，但人是自私的。” (3分)

B. “果真如此，那就无法生存。” (1分)

C. “做到这一点很难，但我努力做。” (5分)

(8) 当你看到新婚夫妇幸福的表情时，你会：

A. 清醒地认为：“不久，那表情就会消失，有什么好高兴的呢？” (1分)

B. 祝福道:“希望今后更加幸福。” (5分)
C. 感叹道:“真羡慕啊!” (3分)
(9) 在谈话中,你的同性朋友受到别人赞扬,你会:
A. 一起赞扬:“的确如此。” (5分)
B. 自我道:“我该站在哪一边呢?” (3分)
C. 疑问道:“他果真如此吗?”然后指出朋友的缺点。 (1分)
(10) 有人问你:“你是否受人欢迎?”你会:
A. 扫兴地回答:“不知道。” (1分)
B. 沉思片刻:“我是否受欢迎呢?” (3分)
C. 笑答:“还算受人欢迎。” (5分)
测试结果倾向:
10~21分:你非常自负。经常使人讨厌,没人接近,不受欢迎。因为你幼稚,而且虚荣心强。
22~46分:虽然给人以平凡的感觉,但内心还是比较自负的,自我意识较强。
47~50分:你一点也不自负,深受人们欢迎,人缘很好。

训练二 接受现实的我

※ 任务

克服自卑心理,树立自信心,形成悦纳自我的积极态度。

做做心理游戏,体会心理历程

活动项目:谁塑造了我。
活动目的:协助个人探索自己的成长历程,促进个体全面认识自我。
活动方法:请在各方格中简单描述不同人物对你的看法、评语及任何难忘的正面和负面的经历。

父亲眼中的我	母亲眼中的我	兄弟姐妹眼中的我	老师眼中的我
同学眼中的我	一位重要人物眼中的我	现实中的我	理想中的我

活动背景音乐:《致爱丽丝》。

谈谈成长经历,交流心理感受

1. 将全班同学分成若干组,每组 8~10 人。

2. 在"谁塑造了我" 活动结束后针对下列问题大家一起交流:

① 你对哪一个人的看法最为重视?为什么?

② 最难填写的或资料最少的是哪一部分?原因是什么?

③ 你填的内容是正面多还是负面的多?

3. 从多个角度来看自我,可以再一次肯定积极而可爱的自我也可以发泄一些长期压抑的感受。

学学心理知识,读读心理故事

一、自卑心理及其表现

自卑,顾名思义就是"自以为卑"。也就是说,它是一种虚构的东西,和实际情况的差异往往是很大的。多数自认为"不行"的人,实际上并不是真的不行。

自卑是一种很普遍的心理现象。每个人,在某些时候的某一些方面,多多少少都会有自卑感。看到热闹非凡的整容行业,你就可以知道,有很多人对自己的容貌不满意,要做进一步改变来满足自己。从某一方面,我们可以说,对这个不满意,其实就是自卑的体现。

自卑感是一种消极的情感体验,表现为过低评价自己的能力,过低评价自己的品质。有自卑心理的人常会有这样的表现:自信心不足、缩手缩脚、胆小怕事、性情孤僻、对前途茫然而失望。因为对自己的不满,所以总是把自己觉得很自卑的一部分"藏起来",怕被其他人发现,这是自卑者经常有的心理。有的自卑者因为觉得自己的声音太难听而尽量少说话;有的自卑者因为觉得自己长得太丑而放弃很多在公共场合表现的机会;有的自卑者因为觉得自己毫无能力而对前途失去信心,不思进取,觉得自己就是做再多的努力也是没有用的;有的自卑者虽然也能够与人交往,但在交往过程中总是忧心忡忡,怕被交往对象发现自己的缺陷,所以,交往的乐趣变成了痛苦。虽然自卑者的表现各异,不过,有一个共同的地方就是,他们总是把自己自卑的地方当作最大的秘密封存起来,惧怕被别人发现,他们会认为别人也很在意这个缺陷,所以一定不能把这个缺陷暴露给别人,不然,别人不会接受有这个缺陷的自己。所以,自卑的人在与人交往中总是做过多的保留,交往情况总是不合理想,而这些失败和挫折又增加了自卑的体验,背负在他们身上的消极体验总是压得他们抬不起头来。让我们来看看小王的自卑因何而生的案例。

[心理故事]

小王是某高职学院的学生,他来自偏远的山区,家庭贫困,自幼多病,凭着自己的刻苦努力和天资聪颖，考上了大学。本来他应该充满希望地开始新的学习和生活，可是，入校一段时间之后，他开始逐渐悲观失望起来。

原来，他把自己与周围众多的来自城市的同学加以比较，发现自己在许多方面与他们相差悬殊。例如：城市的学生英语基础较好，而他在家乡没有条件接受英语的听力训练，口语和听力很差，学得十分吃力；城市的学生善于交际，对不同的人讲不同的话，与许多人都能交朋友，而他的交际方式单一，与别人很少交往，感到孤独；城市的学生多才多艺，打球、唱歌、跳舞、使用电脑等学起来都很快，而他从身体到头脑接受这些都比别人慢得多；此外，在经济上和生活上的差距就更明显了。

于是，小王就认为自己永远无法与别人相比，没有能力在各方面令自己满意，无论怎样努力也难以获得成功。从此，大学的学习和生活对他来说成了沉重的负担和令人窒息的压力，他逐渐失去了以往的自信与自尊。

二、造成自卑心理的因素

（一）生理方面的缺陷

处在青春期的大学生，谁都希望自己有一个健康的身体、健美的体型、俊美的容貌、正常的身高等。但是，有的人由于对自己的容貌不满意，认为自己长得很丑；有的人对自己的身材不满意，认为自己太矮或者太胖；有的人则认为自己声音很难听。总之，身体上的每一个缺陷都被他们无限扩大，并且归结成为自己认识失败的主要原因。解除这类痛苦，最好的办法就是面对现实，调整自己的心态，努力使自己成为一个思想和事业上的强者。

（二）家庭经济困难

不可否认，家庭因素在一个人的成长过程中是起着很大作用的。虽然说，家庭经济不是大学生竞争的地方，可是不可否认，面对经济条件比自己优越得多的同学，为自己在经济方面的无能为力而感到自卑的贫困大学生还是为数不少的。

（三）就业困难

大学生富有理想，喜欢憧憬未来，可往往对于现实生活中存在的各种问题估计不足，对自己的学识、能力等方面的条件又往往估计过高。在这种缺乏思想准备的情况下，职业的选择低于自己的理想要求，便容易产生失望感；当他们再次发现即使从事比较简单的工作，对自己的要求也并不简单，又容易产生自卑感。解决这个矛盾，就应该在选择职业或被职业选择时，自己要对职业有一个正确的认识，既要看到职业所具有的经济条件、社会地位和社会意义，也要认清自身的各种条件，如体力、智力、兴趣以及特殊技能等是否适合该种职业。有了对职业和自身的正确认识，才会有自己对职业的热爱，才能较大限度地激发自己的潜能，坚定自信心，不懈地为实现目标而努力。

（四）高考不理想

每年都会有相当一部分新生虽然是进了大学，但进的却不是自己理想中的大学，这些人产生一些消极、孤独的情绪是可以理解的，但因此而看轻自己，丧失前进的自信，却大可不必。应该明白，一个人的能力是多方面的，有所短，也有所长。高考不理想，仅说明在文化基础知识的学习上暂时落于人后，而绝不能说明所有的方面我们都不行。我们应正确认识自己的长处和短处，确定好自己今后奋斗的目标。只要我们能够冷静、客观地认识自己，强化自信心和磨炼意志力，努力学好专业本领，同样可以作出了不起的成就。

（五）恋情受挫

爱情在大学生生活中是十分重要的一个方面。爱情降临，会使大学生欣喜无比，甜蜜无比；可爱情一旦失败，就会使其陷入难言的痛苦之中，甚至会心灰意冷，丧失生活的热情和信心。消除爱情失败带给我们的失落感、自卑感，最重要的是摆正爱情在生活中的位置。

应该说，今天社会的发展给每个人提供了同样的发展机遇，只要我们敢于尝试，敢于拼搏，就一定会有所作为。作为一个现代人，我们必须时刻准备着迎接失败。成功和失败同时存在，不经历失败，就不会获得成功。意识到这一点，我们就能够变消极为积极，变自卑为自信，做时代的强者。

三、建立自信的有效方法

（一）挑前面的座位

你是否注意到，无论是在教堂还是在教室的各种聚会中，后面的座位总是先被坐满。大部分占据后排座位的人，都希望自己不会“太显眼”，而他们怕受到注目的原因就是缺乏信心。

坐在前面能建立信心。把它当作一个规则试试看，从现在开始就尽量往前坐。当然，坐前面会比较显眼，但要记住，有关成功的一切都是显眼的。

（二）练习正视别人

一个人的眼神可以透露出许多有关他的信息。某人不正视你的时候，你会直觉地问自己：“他想要隐藏什么呢？他怕什么呢？他会对我不利吗？”

不正视别人通常意味着：在你旁边我感到很自卑；我感到不如你；我怕你。躲避别人的眼神意味着：我有罪恶感；我做了或想到了我不希望你知道的事；我怕一接触你的眼神，你就会看穿我。这都是一些不好的信息。正视别人等于告诉他：我很诚实，而且光明正大。我相信我告诉你的话是真的，毫不心虚。让你的眼睛为你工作，就是要让你眼神专注别人。这不但能给你信心，也能为你赢得别人的信任。

（三）把走路速度加快25%

许多心理学家将懒散的姿势和缓慢的步伐跟对自己、对工作以及对别人的不愉快的感受联系在一起。但是心理学家也告诉我们，改变姿势和速度，可以改变心理状态。你若仔细观察就会发现，身体的动作是心灵活动的结果。那些遭受打击、被排斥的人，走路都拖拖拉拉，完全没有自信心。

另一种人则表现出超凡的信心，走起路来比一般人快，像跑似的。他们的步伐告诉整个世界：“我要到一个重要的地方，去做很重要的事情，更重要的是，我会在15分钟内成功。”使用这种“走快25%”的方法，抬头挺胸走快一点，你就会感到自己的信心在增强。

（四）练习当众发言

美国学者拿破仑·希尔指出，有很多思维敏捷、天资高超的人，却无法发挥他们的长处参与讨论。这并不是他们不想参加，而是因为他们缺少信心。

在会议中沉默寡言的人都认为："我的意见可能没有价值，如果说出来，别人可能会觉得我很愚蠢，我最好什么也别说。其他人可能都比我懂得多，我不想让他们知道我是这么无知。"这些人常常会对自己许下很渺茫的诺言："等下一次再发言。"可是他们很清楚自己是无法实现这个诺言的。每次这些沉默寡言的人不发言时，他又中了一次缺乏信心的毒素，会愈来愈丧失自信的。

从积极的角度来看，如果尽量发言，就会增加信心，下次也更容易发言。所以，要多发言，这是信心的"维他命"。不论是参加什么性质的会议，每次都要主动发言，也许是评论，也许是建议或提问题，都不要例外。而且，不要最后才发言，要做破冰船，第一个打破沉默。也不要担心你会显得很愚蠢，因为总会有人同意你的见解。

（五）学会笑对人生

大部分人都知道笑能给自己很实际的推动力，它是医治信心不足的良药，但是仍有许多人不相信，因而不愿意去尝试。真正的笑不但能治愈自己的不良情绪，还能马上化解别人的敌对情绪。如果你真诚地向一个人展颜微笑，他实在无法再对你生气。

自信的人时常挂着微笑。笑的时候，要尽情地笑，不但要张开嘴，最好也能露出牙齿，要把你开朗的心情露出来。笑容能给对方带来自信，笑容是自信的特效药，并能真正地表明："我是充满自信的人。"

课后自我心理训练

一、用语言诱导自我肯定训练

用一些积极的思想和概念来替代过去陈旧的、否定性的思维模式。自我肯定可以默不作声地进行，也可以大声说出来，还可以在纸上写下来，甚至可以歌唱或吟诵。每天坚持进行有效的肯定练习，就能逐步抵消许多年的消极思维习惯。如：

"我是一个聪明、漂亮的人。"

"在我所从事的领域，我是出类拔萃的。"

"我来自偏远地区。井冈山虽然偏僻，但是，中国革命正是从那里开始走向成功。"

"我有足够的时间、能力、智慧来实现自己的美好愿望。"

"谁说我比别人差，既然我们考入同一个学校，就证明我不比别人差。"

当你发现自己刚说了自我贬低的话——"我真没什么了不起，这回考试得优秀，我想只不过是因为运气好。"这时，你头脑中应马上敲起警钟："我又说这话了，又做出了这种自我否定的行为。但我现在已经意识到了，下次可不要再讲这种话了。"接着用有针对性的策略纠正自己的错误，你可以对自己大声说："这和运气根本没有关系，我考试成绩优秀，是因为我平时付出了努力，我应该得到优秀。"

当别人对你做出赞许的表示时，不要马上表示怀疑，应该用接受的态度来作出反应，同时说声"谢谢"或"你那样认为，我很高兴"。当自己喜欢一种活动又不敢参加时，应不顾一切地抽出时间争取参加，千万不要指责自己会耽误做什么了。当遇到挫折，别人安慰时，用“对方与我一样”的心态来接受，说声“谁都有跌跟头的时候”。

二、自我肯定训练应该遵循的原则

运用自我肯定应该遵循以下原则：

(1)始终要以现在时态而不是将来时态进行肯定。例如，应该说：“我现在很幸福”，而不能说：“我将来会很幸福。”这并非自欺欺人，而是基于这样的事实：每件事物都是首先被人想到，然后才能在客观现实中显现。

(2)始终要用最积极的方式进行肯定。肯定所需要的，而不是不需要的。不能说“我再也不偷懒了”，而是要说“我越来越勤奋，越来越能干了”。这样做可以保证我们总是创造积极的思想形象。

(3)一般来说，肯定词越简短，也就越有效。肯定时若能表达出强烈的情感，而且情感表达得越多，给人的印象就越强，如：“我真棒！”

训练三　完善理想的我

※ 任务

合理地定位理想中的我，不断超越自我，积极塑造自我。

做做心理游戏，体会心理历程

活动项目：高台演讲。
活动目的：锻炼自己在特殊情境下的逻辑思维和语言表达能力。
活动方法：
1. 所有的人轮流站到高台上进行演讲；
2. 演讲从双脚站到台上开始，时间是 3 分钟，到 3 分钟必须停止；
3. 用 1 分钟讲讲你的过去，用 1 分钟讲讲你的现在，用 1 分钟讲讲你想象中的未来(可以将过去、现在、未来无规律重复一遍)；
4. 如果演讲结束而时间未到，请继续留在台上，可以随便讲些其他话题。

谈谈成长经历，交流心理感受

“高台演讲” 活动结束后小组讨论与分享：
1. 有人说“演讲就是生产力”，也有人说“演讲就是领导力”，就此交流分享。

2. 高台演讲对自己的语言表达能力和逻辑思维能力有影响吗？

3. 前面同学的演讲对你的影响是什么？在多次的活动中发现，后上台学员容易受到前面学员的话题影响，比如：曾经有一个组的同学在讲到未来时，希望经济能力达到之后去西藏旅游，随后的同学中有5人都说自己也会去西藏、云南旅游，在北大的课堂上有一个队5个人的理想都是创办“NGO”，当然诸如“小时候不爱学习，后来醒悟了所以成绩突飞猛进”等可能引起攀比的话题会影响学员的既定思路。

4. 社会学家研究结果表明，“在公众面前讲话”是人们最害怕的事物之一。曾经有一个男学员上台后一直不语，后来说了一句：“我终于在这么多人面前讲话。”然后就“羞涩”地跑下台来，后来他认为自己收获颇大，队友们也给了他更多的鼓励和赞同。

5. 在一个“计划方案”的讨论会上，小王本想提些“批评性的意见”，随着时间推移，几个老同志发言完毕，小王只想提些“建设性意见”，再后来又有几位发言完毕，小王暗自庆幸没有过早发言，轮到讲话时只得说些“附和性意见”，你怎么认为？

学学心理知识，读读心理故事

一、影响自我的因素

（一）先天素质的影响

科学家发现，婴儿一出生就各有不同，有的比较安静，有的比较吵闹，有的比较灵活，有的比较迟缓。这些先天气质源于遗传，比较难以改变。但是气质的稳定性是相对的，说“禀性难移”也并不是绝对的不能移，气质还具有一定的可塑性。在生活环境和教育的影响下，人的气质在一定程度上可以改变。先天的气质特征无所谓好坏，不论哪一种素质都有利有弊，如果能够发挥其长处，摒弃其不足，每种个性都可以让我们得到最大的快乐和幸福。

（二）相貌、体质等身体因素的影响

幼年相貌较差的人，容易受人轻视冷落，因此也容易形成自卑感。成年后，也许相貌依旧较差，也许相貌已经变好，但是那一份自卑感却往往留在心底，难以挥去。当然，这类人中，也有一些人很有志气，他们努力奋进，做出成就，让别人不得不重视和佩服。他们用行动消除了自卑。

体质强弱对人的性格形成也有影响。在幼年时体质强的人，容易养成勇敢、攻击性和支配性强的性格；在幼年时体质弱的人，容易养成依赖性或回避性较强的性格。一个幼年时比较弱小的人成年后可以成为壮汉，但是幼年形成的性格却未必会随之改变。

（三）家庭环境的影响

家庭环境是影响我们性格形成的最重要因素。我们常常看到，子女的性格有时候会酷似其父母，我们会认为这是由于遗传，实际上却不尽然，这主要是父母所构成的家庭环境对于子女的影响。有这样一段话，对我们很有启发：

一个儿童若生活于批评中，他将学会谴责；

一个儿童若生活于敌意中，他将学会对抗；

一个儿童若生活于同情中,他将学会自怜;

一个儿童若生活在嘲弄中,他将学会消极退缩;

一个儿童若生活在妒忌中,他将学会钩心斗角;

一个儿童若生活在羞耻中,他将学会内疚;

一个儿童若生活在鼓励中,他将学会有自信;

一个儿童若生活在容忍中,他将学会有耐心;

一个儿童若生活在赞美中,他将学会感激;

一个儿童若生活在接纳中,他将学会爱。

许多心理学研究早已证明:早期生活经历,特别是个人出生、成长的家庭(一般由父母、兄弟姐妹等家庭成员组成的原生家庭),对个人性格起着至关重要的作用,尤其是父母关系,对个人的生活会产生长期、深远的影响,甚至会决定个人的一生幸福。我们应该认真思考自己的原生家庭到底给我们带来了哪些影响,世上没有十全十美的父母,也不存在完美无缺的孩子。我们所能做的只是尽可能地、不断地完善自我,充实自己,使自己成熟、强大。

[心理故事]

一个在网络社区上的故事。作者以第一人称叙述了她的真实的成长感受:

记得小时候,每一次做了错事,母亲就会毫不客气地赐我一句:"你怎么这么笨!"

我们姐弟三个,我排行最大。小时候的我非常乖,也很有眼色,自觉地帮母亲分担家务,涮碗、扫地,里里外外总是忙个不停,像个小大人。邻居的叔叔婶婶常在母亲面前说:你的女儿真懂事。看得出母亲也的确非常高兴。

可我也经常会出现失误,打碎碗、杯子;不小心挂破衣服;弄丢了钢笔、新手绢,等等。每一次,母亲都会瞪着眼睛,非常生气地对我吼几声:"你可真笨。你怎么不长记性。你没长脑子。"长此以往,我真的认为自己"笨",否则怎么总是出错?

小学五年级的下学期,父亲出差在外,母亲通过学校给我请了一个多月的长假,带着我和还未上学的妹妹回东北老家探亲,落下的功课从此再也没有补上,特别是数学的基础部分。

父亲为此很是不满地批评过母亲,也为我请过单位里年轻的大学毕业生给我补习,可是没有任何的结果。现在回想起来,其实我不是学不会,而是自己放弃了努力,因为"笨"这个概念已经在我的脑海里根深蒂固。

17岁那一年"文化大革命"结束,全国恢复了高考,很多同学都跃跃欲试,虽然心里没底,但都鼓足勇气参加了高考。想上大学的我,可压根儿就没有参加考试的念头,因为对自己根本就没有信心。但后来的事实证明,我如果参加考试,就有百分之八十的希望。

如今一晃四十年过去了,回忆起来,我为自己的"笨"主动放弃了太多的机会而痛心。

在孩子幼小的心灵里,母亲是最神圣的,她说的每一句话都代表了最高的权威,会在孩子的心中深深地扎根……

(四)重要他人的影响

"重要他人"是一个心理学名词,它由心理学家沙利文提出,意思是指在一个人心理和人格形成的过程中,起过巨大的影响甚至是决定性作用的人物。在沙利文的人际关系理论中,“自我”是在重要他人的反应中确立的,“重要他人”有着十分重要的作用。“重要他人”可能是个体的父母长辈,或者是兄弟姐妹,也可能是老师,抑或萍水相逢的陌生人。在我们成长的不同阶段,重要他人的构成也有所不同。在幼儿阶段,重要他人主要是家长。到小学阶段,老师可能发挥超越家长的影响力。但小学高年级阶段之后,同伴的影响力会明显增加,直到大学阶段。重要他人影响着我们自我意识的确立。

想一下,在自己成长的经历中有没有哪个老师或者同学的一句话一直影响你到现在,一直让你现在还觉得他说的的确有道理——×××就是这样的一个人。如果这句话是对你的正性评价,那就相信它;如果是负性的,像毒蛇一样在你做事情的时候时不时地来侵蚀你的那些消极评价,比如:你很笨;你不是一个聪明的人;你什么事情都干不好等,那就不要相信它。如果是这样的话,你完全有能力把它们从内心深处搜罗出来,再来审视一下,你究竟是不是这样一个人。

(五)社会的影响

在社会因素中,学校教育与环境对大学生的性格形成会产生重大影响。我国高等教育普遍存在重智育因素轻非智力因素、重知识传授轻性格培养的倾向,对学生个体差异不够重视,影响了大学生趋向完美性格的形成。此外社会变革对大学生的性格也有一定的影响。中国社会正在发生巨大的变革,人们的生活方式、价值观念也正在发生重大变化,中西文化的碰撞、价值观念的冲突等,无不影响大学生性格的形成。

社会环境、家庭环境以及我们成长中的重要他人都对个人的人格形成有十分重要的作用。但同时需要注意,人格形成是一个过程,而不是一个客体;它是一个充满活力的动力系统,而不是一个僵化的结构。充满活力的系统的一个特征就是变化和成长。人格随着时间的推移而变化发展。对此,多加留心并注意你想让自己的人格如何发展,你就可以在一定程度上影响这种变化和成长的方向。

[心理故事]

有这样一篇文章:作者提到他们上小学的时候,班上有个成绩不错的男孩,但他很马虎,数学老师有一次布置作业,作业让家长看后交上来,发现他还是错了很多,数学老师很生气。问他爸爸是做什么的,“瓦匠。”男孩回答。这个老师可能本意是想刺激他一下,好让他以后更用心多注意。他提高嗓门在班上大声地说:“瓦匠,就是和稀泥的,你也这样和稀泥,以后只配去做瓦匠”。等到几年之后作者再碰到这个男孩的时候,他辍了学,真的成了一个瓦匠。作者替他惋惜,而他却很平静地说:“其实我也只能做一个瓦匠。”

在那个阶段,老师就是这个小孩子的重要他人。老师对他的评价已经深入到了他的心灵深处,形成了他对自己的看法,形成了他这种可悲的根深蒂固的自我意识。

二、改变自己并不困难

[案例]

心中的顽石

玛丽嫁到农场的丈夫家的时候,看到有块石头在屋子拐角处。石头样子很难看,直径约有一英尺,凸出两三英寸。有一次她剪草时剪草机撞在那块石头上,碰坏了刀刃。玛丽对丈夫说:"咱们把它挖出来行不行?"

"不行,那块石头早就埋在那儿了。"玛丽的公公也说:"听说底下埋得深着呢。自从内战后你婆婆就住在这里,谁也没把它弄出来。"

但玛丽还是决定将它挖掉。一次,她拿出铁锹,振奋精神,打算哪怕干上一天,也要把石头挖出来。谁知刚动手不久,那石头就被挖出来了,原来它不过被埋在土里只有一英寸深……

这个故事告诉我们,其实,阻碍我们去发现、去创造的,有时候仅仅是我们心理上的障碍和思想中的顽石。

在我们每个人的头脑里都埋着这样大大小小的顽石,只要你意识到这些东西会影响你的发展和前途,就应该毫不犹豫地去改变它。当然,要改变这些,你可能要经历许多痛苦和曲折,要和阻碍、困难作斗争。铲除一切阻碍我们、束缚我们的东西,走进一个自由而和谐的环境中,这是事业成功的第一步。

三、换个角度看人生

[心理故事]

渔夫与哲学家的对话

有一个渔夫,这一天没有去下海捕鱼,而是在岸上找了一个地方躺下,睡着了,而且睡得很香。有一位来此观光的哲学家看见了这位渔夫,像所有受文化熏陶的人一样,他看见这个渔夫睡在这里,觉得他很可怜,于是,他就走过去,结果惊醒了渔夫。那个哲学家和渔夫就攀谈了起来。

哲学家问:"你今天为什么不下海捕鱼呢?"

渔夫没有正面回答他的问题,而是问了哲学家一个问题:"那你说说,我今天为什么就要下海捕鱼呢?"

哲学家可能觉得渔夫问的这个问题好奇怪,他就不假思索地说:"捕到鱼你就可以卖很多的钱啊!"

"那,我卖很多的钱又是为了什么呢?"

"你有了很多的钱,你就可以好好享受生活,过一种无忧无虑的生活了!"

那个渔夫笑了,说:"刚才我就是在这儿无忧无虑地睡觉,是你来了打破了我的好梦!"

其实,换一种活法,改变一下自己,我们也许就会找到生活的幸福和快乐。学会享受生活,让自己适当放松,你就能够感受生命的伟大与快乐。

四、人的潜能无限

无数事实和专家的研究成果告诉我们:每个人身上都有巨大的潜能还没有开发出来。根据美国学者詹姆斯的研究成果:普通人只发掘了他蕴藏能力的1/10。美国心理学家马斯洛指出:“实际上绝大多数人,一定有可能比现实中的自己更伟大些,只是缺乏一种不懈努力的自信。”

五、过去的就让它过去

我们每个人都有过失败的经历,也有很多事情会在我们心里留下难以忘怀的痛楚和悔恨,但总是沉湎于这样的世界里是不利于我们改变这种状况的。试想,一个人的一生如果总是在这样的心境下度过,那还有什么意义呢?因此,必须学会放弃,并且尝试重新开始。

六、完善自我,把握未来

完善自我是一项艰巨的工作,要获得成效,必须懂得完善自我的途径和方法。

大学生完善自我的途径和方法有如下几点:

(1)正确地认识自我,全面评价自我。

(2)积极地悦纳自我,适当展示自我。

(3)有效地控制自我,增强自制力。

(4)不断超越自我,积极塑造自我。

在美国一间黑人教堂的墙上,刻着这样一句话:“在这世界上你是独一无二的一个,你生下来是什么,这是别人给你的礼物,你将成为什么,这是你给别人的礼物。”别人给你的礼物,我们无法选择;你给别人的礼物——你将成为什么样的人,主动权在你自己,那就是:认识自我、悦纳自我、激励自我、控制自我、完善自我、超越自我。

当今世界是信息时代,新知识、新技术层出不穷,我们不可能一劳永逸,以不变的职业知识结构去应付万变的职业生活现实,更新和补充知识将伴随我们一生。我们必须不断地进行自我“充电”,不断地掌握新技术来改进和发展自己的职业生涯,以保证在未来激烈的职业竞争中始终立于不败之地。

课后自我心理训练

1. 自信程度自评

本问卷用于评定你的自信心。每一个题目都涉及一种你对你自己的感觉和态度。如果题目的陈述符合你通常的实际情况或感觉,那么就将“像我”栏下的相应字母画“√”;如果某一题目不符合你通常的感受,那么你就在“不像我”栏下画“√”。答案无所谓对或错,重要的是选择符合你实际情况或感觉的答案。

自信心程度自评表

题号	题目	选项	
		像我	不像我
1	我一般不会遇到麻烦事	A	B

题号	题目	选项	
		像我	不像我
2	我觉得在众人面前讲话是很困难的	B	A
3	如果可能,我将会改变我自己的许多事情	B	A
4	我作决定比较果断	A	B
5	我有许多开心故事	A	B
6	我在家里常常感到心烦	B	A
7	我适应新事物较慢	B	A
8	我与我的同龄人相处得很好	A	B
9	我家里的人通常很关心我的感情	A	B
10	我常常会做出让步	B	A
11	我的家庭对我的期望太多、太高	B	A
12	我是个很麻烦的人	B	A
13	我的生活一团糟	B	A
14	别人通常听我的话	A	B
15	我对自己的评价不高	B	A
16	我有许多次想离家出走	B	A
17	我常常觉得我的工作很烦人	B	A
18	我不像大部分人长得那么漂亮	B	A
19	如果我有什么话要说,通常是说出来的	A	B
20	我的家里人理解我	A	B
21	我不像大部分人那样讨人喜欢	B	A
22	我常常觉得我的家里人好像总在督促我	B	A
23	我常常对我所做的事感到失望	B	A
24	我常常希望我是另外一个人	B	A
25	我是不能被依靠的	B	A

记分与解释:

表中选 A 的个数即是你的得分。你的得分越高,你的自信程度就越高。

若你的得分在 21 分以上,你很自信,你的自我感觉良好,你为自己的过去感到自豪,对现状和周围感到满意,对自己的未来充满信心。

若你的得分在 17 ~20 分之间,你有正常的自信心,能正常地适应人际交往和社会生活。

若你的得分在 14 ~16 分之间,你的自信心稍微偏低。

若你的得分在 13 分以下，那么你的自信程度较低，你对自己和周围的评价不高或不满意，在现实中有这样或那样的苦恼和不如意。为此，你要及时做出调整，分析一下问题出在哪里，改变心态或积极采取行动。

2. 思考与练习题

(1)你对自己满意吗？你打算怎样完善自我？

(2)你认为是自我评价过高的人还是自我评价过低的人，对今后的发展成长更为不利？为什么？

第四单元　人际交往训练

本单元学习任务

1. 建立相互信任与彼此接纳的人际关系。
2. 掌握交往的方法,提高交往能力。
3. 掌握交往之道,学会人际交往。

★ 场地

团体活动室或者可以席地而坐的空地。

★ 工具

纸、笔。

★ 设备

播放音像的多媒体工具。

★ 人数

60 人左右。

训练一　感受沟通

※ 任务

采用互动的沟通方式,建立相互信任与彼此接纳的人际关系。

做做心理游戏，体会心理历程

活动项目：信任之旅。

活动目的：

1. 引导学生体验信任与被信任的心理感受。

2. 帮助学生学习非言语情境下的合作活动。

活动方法：

1. 事先要选择好盲行路线，最好道路不是坦途，有阻碍，如上楼、下坡、拐弯，且室内室外结合。每人准备一个眼罩(或蒙眼睛用的布条)。

2. 将学生分成两人一组，一位做“盲人”，一位做向导。

3. “盲人”蒙上眼睛，原地转 3 圈，暂时失去方向感，然后在别人的搀扶下，沿着指导者选定的路线前进。期间不能讲话，只能肢体接触给同伴提供指导，共同完成特定距离。

4. 可以互换角色进行游戏。

活动背景音乐：《友谊地久天长》。

谈谈成长经历，交流心理感受

1. “信任之旅”活动结束后，将全班同学分成若干组，每组 8 ~ 10 人。

2. 讨论与分享。

(1)刚才在前进的过程中，什么都看不见，你有什么感觉？(害怕、恐惧、紧张等)

(2)在前进中难免磕磕碰碰，这时候你有什么感觉？(埋怨、生气、害怕、内疚、紧张、担心、慌乱等)你对你的伙伴的帮助是否满意？

(3)在整个活动过程中，使你想起什么？你对自己或他人有什么新的发现？

(4)作为向导，你怎样理解你的伙伴？你是怎样想方设法帮助他的？这使你想起什么？

(5)可以互换角色进行游戏。

3. 每位同学在小组中谈自己在人际交往中的经历，交流彼此的感受与体会。

学学心理知识，读读心理故事

21 世纪，人际关系在人的发展中越来越起着举足轻重的作用，正如美国心理学家 W·巴克所说：“人离不开人——他要学习他们，帮助他们，支配他们……总之，人需要与其他人在一起。”人生需要友情，人生需要交往，人生需要自我形象推销与展示。

[心理故事]

有一次，上帝问一只被囚在笼中的画眉：“你愿意到天堂去生活吗？”“为什么要去那里呢？”画眉问。“天堂宽敞明亮，不愁吃喝。”“可我现在也很好啊。我吃喝拉撒，全由主人包办，风不吹头，雨不打脸，还能天天听见主人说话、唱歌。”画眉回答。“可是，你自由吗?”听了上帝的话,画眉沉默了。于是,上帝以胜利者的姿态,把画眉带到了天堂。他把画眉安置在翡翠宫里住下,便忙着处理各种事务去了。

一年后,上帝突然想起了画眉,便去翡翠宫看望它。他问画眉:“啊,我的孩子,你过得还好吗?”画眉答道:“感谢上帝,我活得还好。”“那么,你能谈谈在天堂里生活的感受吗?”上帝真诚地问。画眉长叹一声,说:“唉,这里什么都好,只是没有人和我说话,使我无法忍受。您还是让我回到人间吧。”听了这话,上帝不禁大为感慨。

卡耐基工业大学的一项调查显示,事业的成功85%取决于良好的人际关系。日本学者铃木健二在对工作调动者的动机进行调查时发现,95%是因为人际关系问题而调往其他工作岗位,只有5%是因为薪水的原因(王凤兰,1995)。而在生活中、因人际关系紧张、人际关系冲突和人际关系缺失所引起的心理问题和行为问题又占较大的比重,尤其对大学生来说,大学生活中的人际关系问题也是非常重要的。

如何避免人际关系失调?如何与别人更好地相处呢?让我们先来了解有关人际关系和人际交往的基本理念,再通过相关的人际交往训练,掌握和学会一些具体的方法以便在生活中运用,为自己创设良好的人际关系。

一、人际交往的含义

人际交往也称人际关系,是人与人之间心理上的关系。人际交往表现为人与人之间的心理距离,反映着人们寻求满足需要的心理状态。从动态上讲,人际交往是指人与人之间一切直接或间接的相互作用,但都超不出信息沟通与物质交换的范围;从静态上讲,是指人与人之间通过动态的相互作用形成的情感联系。

二、人际交往是个体健康成长的保证

据估计,大学生每天除了睡眠外,其余时间中有70%左右用于人际交往,人际交往对大学生的健康成长起着重要作用。

[心理故事]

王某是某大学基础科学系的学生,来自某省农村,父母都是农民,他是家中唯一的大学生,很受家人疼爱。他性格内向,不太喜欢与别人交往,但学习用功,成绩一向不错。上了大学,他开始觉得事事不太顺心,尤其是怎样处理和同学之间的关系让他伤透了脑筋。他老觉得宿舍里的同学和他过不去,发生了几次冲突,关系相当紧张,后来发展到不敢待在宿舍,在教室里也总觉得有人盯着他,根本无法安心读书,学习成绩开始下降。他又没有知心朋友可以倾诉,觉得特别苦恼和孤独,情绪抑郁、烦躁。这种长期的苦恼和焦虑使他患上了神经衰弱。由于学习精力很难集中,效果很差,一年下来出现了多门功课不及格,学校要求他留级,而他自己竟失去了学习的信心,坚决要求退学。

在生活中,像王某这样陷入人际关系失调状态的大学生并不少见。他们有的是因为交往能力的缺乏,很少主动与别人交往,结果越来越陷入孤独与郁闷中;有的是因为亲人暂时离别,陷入人际关系困难状态,进而引发一些相关的心理问题;有的则是因为家庭出身、自身长相等问题而极度自卑,不敢交往或交往紧张,等等。种种原因再加上缺乏人际交往的方法和技巧，使他们往往陷入人际关系失调之中。

[心理故事]

天堂和地狱

一个人问上帝："为什么天堂里的人快乐，而地狱里的人一点也不快乐呢？"

上帝说："你想知道吗？那好，我带你去看一下。"他们先来到地狱，走进一房间，看见许多人围坐在一口大锅前，锅里煮着美味的食物，可每个人都又饿又失望。原来他们手里的勺子太长了，没法把食物送到自己的嘴里。

上帝说："我们再去天堂看看吧。"于是他们来到另一个房间，看见的是另一幅景象，虽然人们手里的勺子也很长，可是，这里的人都显出快乐又满足的样子。这个人很奇怪。上帝笑着说："你接着看下去就知道了。"开饭了，只见这里的人们用勺子把食物送到别人的嘴里。

"天堂"正是建立在每个人都乐意与他人和睦相处的基础上的。但如果每个人只关心自己，不关心他人，相互之间恶性竞争，就会制造出"地狱"来。

人际交往的真正意义是为了寻求真诚的友谊和合作，从而获得事业的成功，人生价值的实现，使自己和他人生活得快乐和幸福。

三、影响人际交往的因素

1. 时空接近因素

时空上的接近是人际交往的基础。一般来说，同学、同事、同乡、邻居、同宿舍的舍友，由于时空上接近，往往会有更多的人际交往和人际吸引。时空距离的接近与交往的频率具有直接的关系。这是因为：首先，时空接近者有更多的互相帮助和互相照顾的机会，彼此从对方那里能得到更多的"酬偿"，因而导致心理上、情感上的接近，俗话说"远亲不如近邻"就是这个道理。其次，接近者之间有一种积极性的偏见。每个人都期望在一种愉快的环境中生活，而这就要和相邻者保持友好关系，这样人们就会从积极方面认识相邻者，从而在以后的交往中增加他们之间的相互宽容和相互喜欢程度。再次，邻近导致熟悉，而熟悉导致喜欢，喜欢又促进了交往，所谓的"日久生情"就是最好的说明。

2. 态度相似因素

相似性是人际吸引的重要因素，它包括年龄、性别、社会地位、经济状况、教育程度、职业、籍贯、兴趣、信念、态度等方面的相似，其中最重要的相似是态度的相似。因为态度相似的人，相互沟通比较容易，误会和冲突比较少，有利于交往的顺利进行。另外，每个人总希望自己对人对事的态度是正确的，他人的支持和赞同能增加自己的安全感、自信心和愉快的体验，从而乐于同支持自己的人保持良好的关系，甚至成为"知己"。因此，在交往过程中，努力寻求与交往对象的相似点和共鸣点，就能够深化关系、促进交往。

3. 需求互补因素

在态度、价值观相似的基础上，双方在需要、气质、性格等方面互补时，往往能促进交往。生活中我们常常可以见到这种互补现象：脾气暴躁的人和温和细心的人能融洽相处、活泼健谈的人和沉默寡言的人友谊深厚。这是因为双方都能满足需要,都能从交往中有所获益或得到帮助,因而这种交往就有维持和发展的动力。如有个同学说:“我有一个最要好的朋友,我们在一起很默契。但别人却说我们差异太大,不像一对朋友。我大大咧咧好动好说,而她细心文静、话语不多。心理学家对气质相同的人合作的效果和气质不同的人合作的效果进行了比较研究,结果发现,两个强气质(如胆汁质)的学生组成的学习小组,常常因为对问题各执己见、争执不下而影响了团结和效率。两个弱气质(抑郁质)的学生在一起,又常常缺乏主见,面面相觑。只有两个气质类型有差异的学生组成的小组最为团结,学习效果也最显著。”

4. 才华能力因素

一般情况下,一个人越有能力就越受人喜欢,就越有利于交往,但并不永远都成正比。社会心理学家阿朗森通过实验证明,在人际吸引中存在一种“错误效应”,即一个有能力、有才华的人,偶尔犯一点小错误会使别人更喜欢他。因为一个才能出众、不犯错误的人,会使别人敬佩,甚至敬畏而不感到亲切,这很可能妨碍他的人际交往。如果他偶有过失,会使人感到他不再是超凡脱俗的神,而是有血有肉的人,因而更亲近和喜欢他。总之,一个人要想成功交往,能力虽然是必不可少的因素,但如果能力极其突出的话,不妨也适当利用一下“错误效应”并敢于承认错误来增强自己交往的吸引力,润滑与他人的人际关系。

5. 仪表风度因素

在交往中,仪表风度是最先让人感知到的因素之一,因而在交往中发挥着重要作用。一般情况下,人们喜欢和仪表好、风度佳的人打交道,而对于那些相貌一般、打扮粗俗的人会有一种排斥心理,不愿意与之交往。因此,在某种情况下,好的仪表风度是交往中一张有效的通行证。原因在于:一是审美作用。常言道:爱美之心,人皆有之。人们看了仪表好的人心里舒服,产生美感,因而增加喜欢的程度。二是光环作用。人们倾向于认为漂亮的人还具有其他一系列的优点,而丑陋的人具有其他的一些缺点。三是炫耀作用。同仪表风度好的人在一起,自己在别人面前也显得荣耀和光彩,使其虚荣心获得极大的满足。

6. 情感相悦因素

通常情况下,人们总是喜欢那些喜欢自己的人,尊敬那些尊重自己的人,愿意和喜欢自己、尊敬自己的人交往。换言之,人们很难喜欢一个不喜欢自己的人。当得知对方不喜欢自己,两个人之间的交往就会出现障碍,甚至中断。

7. 个性品质因素

良好的个性品质是顺利进行人际交往的重要条件。有利于人际交往的个性包括:真诚、热情、尊重他人、有责任感、谦虚、理智、友善等,其中真诚、热情是人际交往中最重要的品质。不利于人际交往的个性包括:虚伪、冷淡、自私、嫉妒、固执、骄傲、自卑、贪婪等。

课后自我心理训练

有效沟通是我们个人在社会生活中经常遇到的基本问题。人与人之间要达成真正的沟通并不是一件容易事。以下一些简洁而寓意深刻的故事，请认真阅读，或多或少会给你一些启示。

1. 有一个秀才去买柴，他对卖柴的人说："荷薪者过来！"卖柴的人听不懂"荷薪者"（担柴的人）三个字，但是听得懂"过来"两个字，于是把柴担到秀才前面。秀才问他："其价如何？"卖柴的人听不太懂这句话，但是听得懂"价"这个字，于是就告诉秀才价钱。秀才接着说："外实而内虚，烟多而焰少，请损之。"（你的木材外表是干的，里头却是湿的，燃烧起来，会浓烟多而火焰小，请减些价钱吧。）卖柴的人因为听不懂秀才的话，于是担着柴就走了。

同学之间的交往，平时最好用简单的语言、易懂的言词来传达讯息，而且对于说话的对象、时机要有所掌握，有时过分的修饰反而达不到想要完成的目的。

2. 美国知名主持人林克莱特一天访问一名小朋友，问他说："你长大后想要当什么呀？"小朋友天真地回答："嗯……我要当飞机的驾驶员！"林克莱特接着问："如果有一天，你的飞机飞到太平洋上空所有引擎都熄火了，你会怎么办？"小朋友想了想："我会先告诉坐在飞机上的人绑好安全带，然后我挂上我的降落伞跳出去。"当在现场的观众笑得东倒西歪时，林克莱特继续注视着这孩子，想看他是不是自作聪明的家伙。没想到，接着孩子的两行热泪夺眶而出，这才使林克莱特发觉这孩子的悲悯之情远非笔墨所能形容。于是林克莱特问他说："为什么要这么做？"小孩的答案透露出一个孩子真挚的想法："我要去拿燃料，我还要回来！"

当听到别人说话时，真的听懂他说的意思了吗？如果不懂，就请听别人说完吧，这就是"听的艺术"。

3. 曾经有个外国使者到中国来，进贡了三个一模一样的金人，把皇帝高兴坏了。可是这名外国使者出了一道题目：这三个金人哪个最有价值？皇帝想了许多办法，请来珠宝匠检查，称重量，看做工，都是一模一样的。怎么办？使者还等着回去汇报呢。泱泱大国，不会连这个小事都不懂吗？最后，有一位退位的老大臣说他有办法。皇帝将使者请到大殿，老臣胸有成竹地拿着三根稻草，插入第一个金人的耳朵里，这稻草从另一边耳朵出来了。第二个金人的稻草从嘴巴里直接掉出来，而第三个金人，稻草进去后掉进了肚子，什么响动也没有。老臣说：第三个金人最有价值！使者默默无语，答案正确。

最有价值的人，不一定是最能说的人。老天给我们两只耳朵一个嘴巴，本来就是让我们多听少说的。善于倾听，才是成熟的人最基本的素质。

训练二　交往有方

※ 任务

通过训练，掌握交往的方法，提高交往能力。

做做心理游戏，体验交往感受

活动项目：优点轰炸。

活动目的：学习发现别人的优点并欣赏、赞扬他人，促进同学间相互肯定和接纳。

活动方法：

1. 把学生分 8～10 人一组围圈而坐。

2. 请一位学生坐在或站在围圈中央（可以准备一个光环戴在该同学的头上，活跃气氛），其他人轮流说出他的优点及欣赏之处（如性格、相貌、处事……）。每位同学都到中央戴一次高帽。受到赞扬的同学被轰炸之后都要以语言或行动（如握手、击掌、拥抱或唱歌、跳舞等方式）感谢本组的其他同学，增进友谊。

3. 重复：以同样的方式继续，直到每一个成员都被称赞过。

4. 规则：每个人必须说优点，态度要真诚，应努力去发现他人的长处，但不能毫无根据地吹捧，这样反而会伤害别人。

5. 每个人要注意体验被人称赞时的感受。

活动背景音乐：《朋友》。

谈谈成长经历，交流心理感受

“优点轰炸”活动结束后分享与讨论：

1. 当我们被他人赞赏时，你的心里是怎样想的？

2. 别人说出的哪些优点是自己以前察觉了的？哪些是没有察觉到的？

3. 怎样用心去发现他人的长处？

4. 通过本活动你有什么样的想法？

学学心理知识，读读心理故事

一、人际交往障碍

个性孤僻往往会造成人际交往封闭，同时不遵循原则、不讲究技巧的人际交往也会导致各种各样的障碍。这种障碍影响了正常的人际沟通，使人际交往陷入紧张或危机之中。人际交往障碍表现在文化障碍、地位障碍、心理障碍等方面。就心理方面而言，主要以认知障碍、情感障碍和人格障碍三个方面比较常见。

1. 认知障碍

认知障碍包括自我认知和对他人的认知障碍。认知自我时，可能会出现过高或过低评价自己；认知他人时，也有可能出现各种偏差。

［心理故事］

有一位同学说，她有一个好朋友，成绩非常好，聪明能干，多才多艺。她一直非常佩服甚至可以说是崇拜这个朋友，并从朋友身上也学到了很多东西。但前不久，这个朋友在考试中舞弊，被老师发现而受到了处分。她听说以后感到非常震惊和伤心，觉得自己有受骗上当的感觉。她心中完美的偶像顿时破碎了，立即决定与朋友绝交。她的朋友因忍受不了种种压力企图自杀，但获救未死。她听说后，心中很内疚，想去看朋友，又不知该不该去。

在这个案例中，这位同学还没有学会辩证、客观地看待一个人，她的绝交行为来源于她的认知障碍，具体表现为：她把朋友过分美化，但当她发现朋友的缺点和错误时便无法容忍，于是从一个极端走向了另一个极端。

2. 情感障碍

情感障碍即指某些消极情感会导致交往障碍，如愤怒、害羞、胆怯、恐惧等，这类情绪情感会影响到个体的认知和行为，甚至会导致或加深人际的认知偏差，并使人际行为出现失控状态。例如，当一个人心情烦躁时，会变得好发脾气、出言不逊，隔阂和误解也就由此产生。当一个人心理忧郁时，会变得缺乏热情、冷漠孤僻，同样也妨碍了他的正常交往。同时情绪具有某种感染性，即一方的情绪不良往往会导致另一方的消极情绪，最终双方都受到消极情绪的影响，闹得不欢而散。

3. 人格障碍

人格是个体在各种心理过程中经常而稳定地表现出来的心理特点，包括气质、性格等。由于先天和后天因素的影响，人与人之间存在一些人格上的差异，而这些差异可能直接引起交往中的误解、矛盾和冲突，例如偏执、攻击、强迫、自恋、依赖、反社会等不健全的人格。任何一种人格障碍都会导致人际交往困难。人际交往障碍有轻微的，也有严重的。在日常生活中，出现一些人际交往上的困难和不适应是难免的、正常的现象。

二、人际交往的技巧

人际交往是一种艺术，技巧纯熟则会挥洒自如、游刃有余，技巧不当则难免别扭、尴尬、关系紧张。如有同学提一些这样的问题："朋友欺骗了我，该怎么办？""如何安慰别人？""我觉得同学都疏远我，有活动也不叫我参加，不知为什么？""怎样拒绝别人又不至于得罪他？"这些问题都涉及某些交往技巧。下面介绍几种技巧：

1. 树立良好形象

个人形象的好坏，直接影响到他交往的深度和广度。在人际交往中，理想的自我形象是：容貌仪表富有魅力、谈吐高雅、语言生动风趣、举止得体、知识丰富、能力突出、个性健全完善。要想交往成功，塑造自身形象是一条最根本的途径。在形象塑造中第一印象常常鲜明、强烈、影响深远，并在以后的交往中起到心理定式的作用。第一印象主要来自于个人的外部特征，如仪表、言行举止等。初次交往时，个体应对自己的一举一动特别留心，不能不拘小节、言语无忌、衣着过于随便。因为恶劣的第一印象往往带来交往的终止，而只有良好的第一印象才会带来交往的继续和深入。

2. 增强内在吸引

在交往中尽可能地展现自身的知识和能力，让对方感到你是一个知识丰富、聪明能干的人。注意仪表，学会微笑，表情丰富，掌握日常交往的礼仪，举止得体，"站要挺拔，坐要端正，行要从容”。在交往中还应表现出良好的个性品质，如热情待人、真诚关心别人、豁达大度、情绪稳定而愉快、自信开朗、幽默风趣等，使自己成为一个受人欢迎且有吸引力的人。此外，还要了解对方的兴趣爱好、文化水平、个性特征、社会背景等方面信息，寻找彼此的相似因素，多谈论对方感兴趣的事情，对对方的观点、看法给予适当支持。

[心理故事]

西奥多·罗斯福非常受欢迎，甚至他的仆人都喜爱他。黑人男仆詹姆斯·亚默斯写了一本有关他的书《西奥多·罗斯福，他仆人的英雄》，在书中，亚默斯讲到一个富有启发性的事件：有一次，我太太问总统关于鹑鸟的事。她从没有见过鹑鸟，于是他详细地描述一番。没过多久，我们小屋的电话铃响了。（亚默斯和他太太住在牡蛎湾罗斯福家宅的一栋小屋内。）我太太拿起电话，原来是总统。他说，他打电话是要告诉她，她窗口外面正好有一只鹑鸟，又说如果她往外看的话，可能看得见。他时常做出这类的小事。每次他路过我们的小屋，即使他看不见我们，我们也会听见他轻声叫出：“呜，呜，呜，安妮！”或“呜，呜，呜，詹姆斯！”这是他路过时一种友善的招呼。

一个不端架子的总统，一个关心和尊重别人的人，有谁会不喜欢他？

3. 讲究谈话艺术

交谈是人际交往中最常用、最基本的沟通方式，也是影响交往的重要因素。我们经常可以听到：“你太笨了，简直是个榆木脑袋！”“你这个窝囊废！”我们还常常可以看到：有些人听人说话，面无表情、毫无反应，或漫不经心、目光游移，或随意打断别人。这些都是不讲究谈话艺术的表现。同样的内容，用不同的方式表达，效果大相径庭。例如批评别人工作没有做好，使用“你真没用，这点小事都做不好”等言语，只会引起对方的不快和自卑，影响其今后工作的积极性。如果换一种语言，如：“我想，凭你的能力，你可以做得比这好上 10 倍”，既可以在不打击对方情绪的基础上让他明白自己的错误，同时又能激发他的主动性和积极性。

[心理故事]

市里召开政府工作会议，新来的秘书小吴知道，这是结识各位领导的天赐良机，当然不可错过。于是小吴早早来到会场入口处等候各位领导。

赵局长是坐专车奥迪 A6 来的，小吴上前打开车门：“风光、风光，多让人羡慕啊！”

钱局长则是坐出租车来的，小吴迎上去：“潇洒、潇洒，一招手就有车，不用麻烦司机，还来去自由。”

孙局长比较年轻，骑辆自行车就来了。小吴说：“廉政、廉政，都像您这样，老百姓还有啥抱怨的。”

李局长是走过来的，小吴热情地打招呼：“时尚、时尚，现在好多富贵病都是缺少运动，坐车坐的！”

在一边观看多时的周局长见小吴巧舌如簧，便成心为难小吴：“我可是爬着来的，你怎么说呢？”小吴立即竖起大拇指：“哎呀，这么多局长里面，就您最稳当哟！”

4. 把握对象特点

把握对象特点技巧是灵活的、相对的，面对不同的交往对象，技巧亦有不同。俗话说得好，“知己知彼，方能百战不殆”，善于把握交往对象的特点，这本身也是人际交往的技巧之一。特别是当与一些特殊人群交往时，尤其要注意技巧的选择和使用。例如与孤僻者交往，要主动热情、耐心细致，运用暗示法，多启发、多诱导，并要善于选择话题，找到他们的兴奋点。与急躁者交往，要冷静、宽容、忍让，有些问题可以付之一笑。与狂妄者交往，可以采取请教式，虚心提问、耐心倾听，以满足对方的虚荣心；也可以采取震慑式，让对方暴露弱点，使其产生强烈的心理震动，这种震慑往往能促进交往。总之，交往中应把握对象的特殊性，有的放矢、灵活应对。

课后自我心理训练

1. 对着镜子大声地说“我是一个讨人喜欢的人”、“别人愿意与我交往，只要我对他们说第一句话”等句子，增强自信心。

2. 写出 10 条自己的优点，把优点读给自己听，体会其中的感受。

3. 写出 10 条你好朋友的优点，在适当的时间内讲给他（她）听。

4. 思考几个问题：

（1）你认为影响人际交往的因素是什么？

（2）如何提高你的人际交往能力？

（3）你认为应该如何与人交往？

训练三　交往有道

※ 任务

通过训练，掌握交往之道，学会人际交往。

做做心理游戏，体会交往感受

活动项目：心有千千结。

活动目的：

1. 体验团体合作的力量与快乐。

2. 在游戏中感受个人与集体的关系，体验个人对团队的信任与责任。

活动方法：

1. 将全班同学分成若干组，每组 10～12 人，每个小组同学手拉手围成一个圆圈，而且每位同学要记住自己左右手相握的人。

2. 在节奏感强的背景音乐声（如果没有音乐，同一圈的同学齐声唱歌）中，大家手拉着手沿着顺时针或者逆时针方向跑动三圈，使圈子逐渐缩小，放开手，朝圆圈中心自由走动，当大家背靠着背时，脚步即停再转 180 度，找到原来左右手相握的人分别握住。

3. 小组中所有参与者的手都彼此相握，形成一个错综复杂的结。在节奏舒展的音乐声中，组织者要求大家在手不能松开的情况下，无论用什么方法（跨、钻、套、转等），把刚编织成的千千结慢慢解开，直到恢复到原来围成的圆圈。

4. 第一轮每圈人数不多较容易完成任务，第二轮可以把两个小组合并，用同样的方法解开稍大的结，第三轮可以全班的同学合并形成特大的结，用同样的方法慢慢解开。

活动背景音乐：《知音》。

谈谈成长经历，交流心理感受

“心有千千结”活动结束后讨论与分享 ：

1. 小组成员是怎样解开这张网的？解开这张网后有何感受？

2. 这个活动对你有什么启发？请你举一个生活中成功打开心结的例子与组员分享。

3. 以“如何获得好人缘”为主题一起探讨好人缘的秘密。讨论结束后请小组代表在全班分享小组讨论成果。

学学心理知识，读读心理故事

一、人际交往的原则

1. 平等的原则

平等是建立良好人际关系的前提，也是人与人之间建立感情的基础，是人际交往的第一原则。大学生来自祖国各地，年龄、经历、知识结构和文化水平相似，而家庭出身、经济状况、个人能力等都有所不同，但这并无高低贵贱之分。如果盛气凌人，把自己的意愿强加于人，缺乏对他人应有的尊重，最终将导致别人对他敬而远之。只有以平等的心态和人相处，才能形成人与人之间的心理相容，产生愉悦、满足的心情。从人格的角度看，人与人之间都需要自尊和被人尊重。

一位女大学生提出了这样一个问题：在与人交往中，我最怕的就是别人看轻自己。因此，我常常忍不住要贬低别人。凡是赞扬我的话，我听着特别顺耳；可有人与我的看法不合，我就忍不住要挖苦对方。我一直认为自尊是最重要的，但近来我却感觉同学们对我日渐疏远了。有个过去的知心朋友对我说：“是你的自尊害了你！”我不明白，难道自尊还有什么不好吗？

自尊当然不错，而且非常重要。但是，别人也有自尊，你经常挖苦和贬低别人，人家的自尊就会受到伤害。错误不在于自尊，而在于缺乏“他尊”，不是平等地等待别人，别人当然不愿意与你交往。维也纳著名心理学家亚佛・亚德勒写过一本叫做《人生对你的意识》的书，他写道：“对别人不感兴趣的人，他一生中的困难最多，对别人的伤害也最大。所有人类的失败，都出于这种人。”

2. 相容的原则

主要是心理相容，即人与人之间的融洽关系，与人相处时的容纳、包含，以及宽容、忍让。主动与人交往，广交朋友，交好朋友，不但交与自己相似的人，还要交与自己性格相反的人，求同存异、互学互补，处理好竞争与相容的关系，更好地完善自己。

3. 互利的原则

指交往双方的互惠互利。人际交往是一种双向行为，故有“来而不往、非理也”之说，只有单方获得好处的人际交往是不能长久的。所以要双方都受益，不仅是物质的，还有精神的，交往双方都要讲付出和奉献。

4. 信用的原则

交往离不开信用。信用指一个人诚实、不欺、信守诺言。古人有“一言既出、驷马难追”的格言。现在有以诚实为本的原则，不要轻易许诺；一旦许诺，要设法实现，以免失信于人。朋友之间，应言必信、行必果，不卑不亢，端庄而不过于矜持，谦虚而不矫饰诈伪，不俯仰讨好位尊者，不藐视位卑者显示自己的自信心，只有这样才能取得别人的信赖。

现代社会竞争日益激烈，在此背景下，信用显得尤为重要，关系到一个人的社会声誉和事业成败。而对大学生来说，信用是大学生立足校园和社会的第二张“身份证”。在与同学交往的过程中，只有守信才能取得他人的信任和认可，因为每个人在交往中都想寻求一种安全感和信赖感，一个不讲信用的人是很难使别人产生愉悦感觉的，更别说建立良好的关系了。守信有利于在人际交往过程中增加信任感，消除可能产生的误会，能够加深双方的感情，有利于建立良好的人际关系。

5. 宽容的原则

宽容表现在对非原则性问题不斤斤计较，能够以德报怨，忍让大度。人际交往中往往会产生误解和矛盾。大学生个性较强，接触又密切，不可避免产生矛盾。这就要求大学生在交往中不要斤斤计较，而要谦让大度、克制忍让，不计较对方的态度，不计较对方的言辞，并勇于承担自己的行为责任。世界上最广阔的是海洋，比海洋更广阔的是天空，比天空更广阔的是人的心灵。每位大学生都有自己的个性，都有优点和缺点，人际交往过程中也难免会发生一些不愉快的人和事，不能因为一点意见不同就与同学爆发激烈的冲突，甚至动拳脚。要学会宽容、忍耐和克制，承认差异，允许不同思想观点和行为方式的存在。要用宽容的心态去对待别人的错误与缺点，设身处地为他人着想，谨慎批评。宽容克制并不是软弱、怯懦的表现，相反，它是有度量的表现，是建立良好人际关系的润滑剂，能“化干戈为玉帛”，赢得更多的朋友。

宽容是维系友谊的一个重要原则，没有人愿意与心胸狭隘、多疑善变的人交往。在人际交往中要做到宽容需要有较高的思想境界和道德修养，需要有宽阔的胸怀和坚强的意志，需要有正视自己心灵创伤的勇气和自控能力。能够对人宽容的人才能得到别人对他的宽容，才能使人际交往中的感情纽带更牢固。

6. 互助的原则

互助合作是人际交往中不能缺少的一个重要原则，对于促进人际交往、建立良好的人际关系有着重要的作用。俗话说：“孤掌难鸣”，“独木不成林”，没有人能离开他人而生存发展下去，在我们的生存发展过程中，彼此合作，互相帮助，才能共同进步，开拓未来。一般说来，个体是生活在一定的团队中，团队中的成员需要互助合作，才能促进团队的发展，唯有团队得以发展，个体才有更好的发展空间。美国社会心理学家勒温提出了“团体动力论”，通过援引场论中的概念来说明团体动力构成及影响因素。他认为，一个人的行为可用 $B=f(P,E)$ 的函数式表示，式中 B 是个人行为的方向及强度，P 是个人的内部动力、内部特征，E 是个体所处的心理环境。团体中个人行为的方向和强度取决于个人现有需要的迫切程度和环境情境力场的相互作用关系，因此，必须重视团体中各种支配行为的力量对个体的相互作用和影响，认识到互助合作的重要性。

二、掌握交往之道

（一）人际交往需留空间

在一般的人际交往中，常常是人们一方面希望彼此接近获得温暖和关爱，另一方面又努力保持彼此之间的距离，使自己觉得安全。所以，在人际交往中，如何与对方保持合适的人际距离就显得十分重要。

那么，在人际交往中，什么样的距离最理想呢？不同的文化背景、不同的环境、不同的人对不同的距离感受是不一样的，但总的来说有这样的一个大概距离，人类学家爱德华·霍尔（1966）在对美国人的观察中确立了四种互动距离界限：

（1）亲密的距离（0～0.5 米）。在这种距离里，人们的交流不仅仅是靠语言，还通过视觉、听觉、触觉、嗅觉交流信息。所以，这种亲密距离往往只限于知心朋友、夫妻和情人之间，其他人若介入这个空间，会引起警觉和反感。

（2）个人的距离（0.5～1.25 米）。这个空间有一定的开放性，朋友之间在这个空间内可以相互亲切握手，自由交谈。

（3）社交的距离（1.25～3.5 米）。这种距离的交往通常是公开的社会交往，不再是私人性质的。

（4）公众的距离（3.5～7.5 米）。这种距离通常用于公共场合下，人们之间社交性的对话。

［心理故事］

在冷风瑟瑟的冬日里，有两只困倦的刺猬想要相拥取暖休息。但无奈的是，双方的身上都有刺，两只刺猬无论怎么调整睡姿也睡不安稳。于是它们就分开了一定的距离。但又冷得受不了，于是又凑到了一起。几经反复，两只刺猬终于通过了自己的努力找到了一个合适的距离，既能互相取暖，又不至于刺到对方，于是舒服地睡了。

“刺猬理论”不仅告诉人们应该“天冷时彼此靠拢取暖”，还强调了“但保持一定的距离”的重要性。心理学告诉我们，当一个人与另一个人靠得很近，每天低头不见抬头见，就可能造成双方彼此的一种厌倦感，哪怕对方是你的挚爱，如情人、恋人、爱人，你对她（他）的感觉也会变得混沌、模糊起来，有时甚至找不到那种爱情的感觉了。比如欣赏一幅油画，你靠得太近，几乎是一些杂乱无章的色块、色斑的堆砌，你甚至看不出这幅画到底画了什么，当你后退，渐渐与画面拉开了距离，于是，美呈现了出来：一幅很唯美的很有气势的油画跃然而出。

（二）结交朋友善于识别

人一生有什么样的朋友直接反映他是一个什么样的人。好朋友就是一本书,他可以打开整个你的世界,也就是我们经常说的“物以类聚、人以群分”。你只要观察他的社交圈子,从这样一个外在环境是可以看到他的内心价值取向。

孔子说在这个世界上,交朋友有“益者三友,损者三友;友直、友谅、友多闻,益矣;友便辟、友善柔、友便妄,损矣”。(《论语·述而》)

益者三友:就是友直、友谅、友多闻。

第一,这个朋友为人要正直,要坦荡,要刚正不阿,一个人不能有谄媚之色,要有一种朗朗人格,在这个世界上顶天立地,这是一种好朋友。因为他的人格可以映校你的人格,他可以在你怯懦的时候给你勇气;他可以在你犹豫不前的时候给你果决,这是一种好朋友。

第二种是友谅,也就是宽容的朋友。其实宽容有的时候是一种美德,他是这个世界上最深沉的美德之一。我们会发现,当我们不小心犯了过错或者对他人造成伤害的时候,有时候过分的苛责或批评,都不如宽容的力量来得恒久。其实有时候最让我们内心受不了的是一个人在忏悔的时候没有得到他人的怨气反而得到淡淡的一种包容。所以有一个好朋友,他会给我们内心增加一种自省的力量。宽容的朋友不会使我们堕落或者更多地放纵自己,反而会让我们从他人的内心包容上找到自己的弊病,找到自己的缺失。所以有一个宽容的好朋友,他是一种做人的情怀,他是一种悲悯,他是在这个世界上对于一花一叶、一草一木关怀中所折射出来的光芒。这是第二种好朋友。

第三种叫做友多闻。在古代,不像我们有电脑,有这么发达的资讯,有铺天盖地的媒体,那个时候人要想广视听最简单的一个办法就是交个好朋友,让你朋友所读的书来丰富你的经验。当你在这个社会上感到犹豫彷徨、有所踌躇的时候,到朋友那里以他的广见博识为你做一个参考,来帮助自己作出选择。

损者三友:友便辟、友善柔、友便妄。

第一种:友便辟,就是性情暴躁的朋友。每一个人的生活不一样,遇到的情况也不一样,很有可能遇到一件事情,你还迷茫的时候你的朋友先怒了,先告诉你这件事情不能这么做。现在青少年犯罪有好多都是打群架,打群架一不小心打出人命了就得判劳教。其实打出人命这件事情很少是单个孩子所为,往往是一群孩子裹挟在一起。我们经常看到,一个孩子当他打伤对方,甚至是误杀了对方的时候,他还不知道对方是个什么人,是哥们儿意气,觉得我朋友说了大家要去打一架。遇到这种暴躁的朋友,他一个人就像是一个炮仗捻,他可以把一群朋友心中的一种义愤点燃,而这个义愤往往是没有理由的,往往是一种盲目的意气。

坏朋友为什么把便辟这种情绪暴躁作为第一位呢?因为盲目的激情有可能会出现永远无法追回的后果。好朋友之间应该以理性为先,告诉他怎么样去过上一种没有危险的生活。

第二种:友善柔,就是脾气特别优柔寡断的朋友。过分优柔寡断,其实他在浪费你的生命能源。也可能你要去辞职了,你说有一个机会要下海或者跳槽,你去问朋友。朋友说想想吧,你现在的地方也不错呀,你要是万一走了你什么都丢掉了。我们有很多朋友都会在这关键的时候给你一种制约的力量,让你觉得还是退一步吧,还是慎重一点吧。

韩国人有一个非常形象的描述,说在这个世界上有这么一种东西,它很怪,它前脸长头发,但是后边是一个秃脑勺,这个东西迎着你走过来的时候由于它满脸头发,所以它面目不清,你不知道它是什么,你琢磨琢磨,等到它从身边走过去,你突然看清它了,你伸手去一抓,发现它后脑勺上没有头发,它已经彻底走过去了。这个东西就是机遇。

机遇就是这么一个"怪物",它迎面走来的时候你永远心存疑虑,但是等它要走的时候你却永远也抓它不着。善柔的朋友往往耽误了你身边的机遇。我们发现在这个世界上有很多事情不在于你做与不做,而在于你什么时间做是有用的。其实生活中有很多事情是有保值期的,你说一个罐头,一块糖,这个东西是不是好东西?没有说搁上十年八年还是好东西的,过了保值期它就变成了毒药。我们这一生要做的事情很多,不要被过分优柔寡断的朋友干扰了你的思维。这种朋友太多也是一种危害。

第三种:友便妄,就是那种心怀鬼胎、有心计的、以一种不择手段的方式去谋取个人利益的小人。这种人并不多见,但一旦与他们交朋友便有害了。

三、以成熟的心态处理人际冲突

人际交往中冲突是难以避免的,学会以成熟的心态应对人际冲突,才能有效化解沟通的障碍。

[案例]

一位富孀,这个老太太家财万贯,她自己想要招聘一个司机,她就在全国范围内发出招聘广告,说我要看看哪个司机的驾驶技术最好。千挑万选从众多的应聘者里面最后选出了三个人站在她面前。

她给他们出了同一道题。她说,如果我车子前方是个悬崖,我考考你们的技术,你能把车停在离悬崖多远的地方。

第一个司机说我技术好,我能把车子停在离悬崖一米的地方,稳稳地刹住;第二个司机很不服气,说我技术比他好,我能把车子停在离悬崖十公分的地方,我还能停住;第三个司机说,我不像他们俩,我远远看见悬崖我就停住了。后来老太太就录取了第三个人。

因为在这个世界上,技术永远不是最终的保障。人规避风险的理智才是根本性的前提。也就是说,这第三个人之所以被录取,不是靠他自己逞能,而是靠他的明智。

[心理故事]

鞋匠之子

第十六届美国总统亚伯拉罕·林肯出身于一个鞋匠家庭。而当时的美国社会非常看重门第。林肯竞选总统前夕,在参议院演说时,遭到了一个参议员的羞辱。那位参议员说:"林肯先生,在你开始演讲之前,我希望您记住你是一个鞋匠的儿子。"

"我非常感谢你使我想起了我的父亲,他已经过世了,我一定会永远记住你的忠告,我知道我做总统无法像我父亲做鞋匠做得那么好。"参议院陷入一阵沉默里,林肯转头对那个傲慢的参议员说:"就我所知,我的父亲以前也为你的家人做过鞋子。如果你的鞋不合脚,我可以帮你改正它。虽然我不是伟大的鞋匠,但我从小就跟随父亲学到了做鞋子的技术。”然后，他又对所有的参议员说：“对参议院的任何人都一样，如果你们穿的那双鞋是我父亲做的，而它们需要修理或改善，我一定尽可能帮忙。但是有一件事是可以肯定的，我无法像他那么伟大，他的手艺是无人能比的。”说到这里，林肯流下了眼泪，所有嘲笑都化成了真诚的掌声。

关键时的一次心灵燃烧使林肯赢得了别人包括那位傲慢的参议员的尊重。

一般来说，陷入争论中的大多数人都坚信他们的观点是正确的。如果坚持自己是对的，固执地认为别人是错的，那么争论仍将继续。如果真认为某个问题值得争论，请思考下面的问题：

1. 是否值得继续争论？

(1)我能得到我想要的东西，而又不忽视或伤害他人的感情吗？

(2)事情的结果对我现在和将来的幸福有多重要？

(3)事件的结果可能会对我的目标产生不良影响吗？

2. 争论时应该按照下面的方法来进行：

(1)把你的注意力牢牢固定在你的目标和目标的实现上，不要陷入个人之间的人身攻击和相互谩骂之中。

(2)找出双方都有认同的观点，强调这些地方，让对方看到你和他有许多共同之处。

(3)当对方阐述完他们的理由时，把他们的话重复说给他们听，保证你能准确地理解他们所讲的一切和所关心的重要方面。

3. 运用合适的场合和时机建设性地表达不满。

(1)不在众人面前向对方表达你的不满，以便于维护他的自尊。

(2)对方情绪处于愤怒、悲伤的状态下，不利于理性思考问题，应待双方冷静下来时再做沟通比较妥当。

(3)避开喧闹的环境，在幽雅的场所表达不满能更好地表现出你的诚意，对方也容易在放松的心境下接受你的意见。

(4)表达不满意见时，应提出具体的看法，避免简单化。要让对方清楚地知道，你的不满是因为什么，他错在哪里，可以从哪些方面作出改进。

(5)提出几个建议对方改进的方案，以表达你的诚意，借此也能使自己希望达到的目的落在实处。

(6)提意见之前，如能对对方的正确行为先作肯定，将能更好地传达你对对方的真诚理解，从而使对方心悦诚服地接受你的意见。

(7)贬低对方的人格，嘲笑对方的不足，进行人身攻击，拉大嗓门、拍桌子、摔椅子示威，以此给对方加压，是具有破坏性的。

课后自我心理训练

1. 将自己的认识偏见写在纸上，再用剪刀将他们剪开，丢掉这些不好的想法。

2. 请列举人际交往的价值。

(1)正常、和谐的人际交往有利于大学生心理相容，保持愉快的情绪状态。

(2)人际交往能提高大学生行为的有效性。

(3)人际交往有利于学会解决人际冲突与减少心理疾病。

(4)____。

(5)____。

(6)____。

(7)____。

(8)____。

对照你列出的人际交往价值,认真去观察一下:喜欢交往和不喜欢交往的同学,他们有什么不同?

3. 请阅读下列短文,谈谈你的感受。

一位青年人拜访年长的智者。

青年问:我怎样才能成为一个自己愉快、也能使别人快乐的人呢?

智者说:"我送你四句话,第一句是:把自己当成别人,即当你感到痛苦、忧伤的时候,就把自己当作别人,这样痛苦自然就减轻了;当你欣喜若狂时,把自己当作别人,那些狂喜也会变得平和些。第二句话是:把别人当作自己,这样就可以真正同情别人的不幸,理解别人的需要,在别人需要帮助的时候给予恰当的帮助。第三句话:把别人当成别人,要充分尊重每个人的独立性,在任何情形下都不能侵犯他人的核心领地。第四句话是:把自己当作自己。"

青年问道:"如何理解把自己当自己,如何将四句话统一起来呢?"

智者说:"用一生的时间,用心去理解。"

4. 梳理交际圈,依据人际关系网络的类型,反思自己的朋友圈子,并按照联系的密切程度、亲疏程度由大到小列出你认为是你的朋友的人的名字。

(1)非同龄人:____________________,数量________人。

(2)同龄人包括以下几种类型:

宿舍:____________________,数量____________________人。

学业:____________________,数量____________________人。

业余:____________________,数量____________________人。

请你在下面的四种朋友类型后面的横线上,按照联系的密切程度、亲疏程度由大到小列出你认为是你的朋友的人的名字。

(1)能分享快乐与痛苦的知心之友:____________________,数量______人。

(2)能鞭策自己的德高之友:________________________,数量______人。

(3)能合作去做一些事情的志同之友:____________________,数量______人。

(4)能交流思想的学问之友:________________________,数量______人。

梳理之后,问问自己以下问题:

(1)哪种类型的朋友圈子里人数最多,质量最好,对你的性格、学业和未来发展最有利?

(2)我的人际网络有哪些空白?(哪种圈子人数最少,甚至可能一个人也没有)

(3)在哪个圈子里,我更加如鱼得水?哪个圈子里我感觉到不太自在?

(4)为什么在有的人际圈子里我发展得好,另一些则不然?

(5)在与他人的交往中,存在哪些问题?这些问题如何影响我的人际网络的形成和发展?

(6)我如何填补人际网络的空白?如何维持和发展好的朋友圈子?

5. 做一个人际关系综合诊断。

指导语:

本量表共28个问题,每个问题做"是"(打√)或"否"(打×)回答。请你认真完成。然后参看后面的记分方法,对测验结果做出解释。

(1)关于自己的烦恼有苦难言

(2)和生人见面时感觉不自然

(3)过分羡慕和妒忌别人

(4)与异性交往太少

(5)对连续不断的会谈感到困难

(6)在社交场合感到紧张

(7)时常伤害别人

(8)与异性来往感觉不自然

(9)与一大群朋友在一起,常感到孤寂或失落

(10)极易受窘

(11)与别人不能和睦相处

(12)不知道与异性相处如何适可而止

(13)当不熟悉的人对自己倾诉他的生平遭遇以求同情时,自己常感到不自在

(14)担心别人对自己有什么坏印象

(15)总是尽力使别人欣赏自己

(16)暗自思慕异性

(17)时常避免表达自己的感受

(18)对自己的仪表(容貌)缺乏信心

(19)讨厌某人或被某人所讨厌

(20)瞧不起异性

(21)不能专注地倾听

(22)自己的烦恼无人可申诉

(23)受别人排斥与冷漠

(24)被异性瞧不起

(25)不能广泛地听取各种意见、看法

(26)自己常因受伤害而暗自伤心

(27)常被别人谈论、愚弄

(28)与异性交往不知如何更好地相处

记分方法:"是"得1分,"否"得0分

结果解释:

如果总分在 0 ~8 分，说明受测者善于交谈，性格开朗，主动关心别人，对周围朋友很好，愿意与他们在一起，彼此相处得不错。

如果总分在 9 ~14 分，说明受测者与朋友相处有一定的困扰，人缘一般，与朋友的关系时好时坏，经常处于起伏变动之中。

如果总分在 15 ~28 分，说明受测者在与朋友相处时存在严重困扰。其中分数超过 20 分，则表明人际关系行为困扰程度很严重，而且在心理上出现较为明显的障碍：受测者可能不善于交谈，也可能是个性格孤僻的人，不开朗，或者有明显的自高自大、讨人嫌的行为。

下面根据各个小栏上的得分，具体说明受测者与朋友相处的困扰行为及其纠正方法。

Ⅰ	题目	1	5	9	13	17	21	25	小计：
Ⅱ	题目	2	6	10	14	18	22	26	小计：
Ⅲ	题目	3	7	11	15	19	23	27	小计：
Ⅳ	题目	4	8	12	16	20	24	28	小计：

记分表Ⅰ栏上的小计分数，显示出受测者在交谈方面的行为困扰程度。

如果得分在 6 分以上，说明受测者不善于交谈，只有在极需要的情况下才同别人交谈，总难于表达自己的感受，无论是愉快还是烦恼；受测者不是个很好的倾听者，往往无法专心听别人说话或只对单独的话题感兴趣。

如果得分在 3 ~5 分，说明受测者的交谈能力一般，能够诉说自己的感受，但不能讲得条理清晰。如果受测者与对方不太熟悉，开始时往往表现得比较拘谨与沉默，不太愿意与对方交谈。但这种状况一般不会持续太久。经过一段时间的接触，受测者可能会主动与人搭话，这方面的困扰也就会随之减轻或消除。

如果得分在 0 ~2 分，说明受测者有较高的交谈能力和技巧，善于利用恰当的说话方式来交流思想感情，因而在与别人建立友情方面，往往更容易获得成功。

记分表Ⅱ栏上的小计分数显示出受测者在交际与交友方面的行为困扰程度。

如果得分在 6 分以上，说明受测者在社交活动与交友方面存在严重的行为困扰。例如，在正常集体活动与社交场合，比大多数同伴更为拘谨；在有陌生人或老师在场时，往往感到更加紧张；往往过多考虑自己的形象而使自己处于越来越被动和孤立的境地。

如果得分在 3 ~5 分，说明受测者在社交与交友方面存在一定的困扰。受测者不喜欢一个人待着，需要和朋友在一起，但却不善于创造条件并积极主动地寻找知心朋友。

如果得分在 0 ~2 分，说明受测者对人较为真诚和热情，不存在人际交往困扰。

记分表Ⅲ栏上的小计分数，显示出受测者在待人接物方面的困扰程度。

如果得分在 6 分以上，说明受测者缺乏待人接物的机智与技巧。在实际的人际交往中，受测者也许有意无意地伤害别人，或者过分羡慕别人以致在内心嫉妒别人。因此，可能受到别人的冷漠、排斥，甚至愚弄。

如果得分在 3 ~5 分，说明受测者是个多侧面的人，也许是一个较圆滑的人。对待不同的人，受测者有不同的态度，而不同的人对受测者也有不同的评价。受测者讨厌某人或者被某人讨厌，但却非常喜欢一个人或者被另一个人喜欢。受测者的朋友关系某些方面是和谐的、良好的，某些方面却是紧张的、恶劣的。因此，受测者的情绪很不稳定，内心极不平衡，常常处于矛盾状态中。

如果得分在 0 ~ 2 分，说明受测者较尊重别人，敢于承担责任，对环境的适应性强。受测者常常以自己的真诚、宽容、责任心强等个性特点，获得众人的好感与赞同。

记分表Ⅳ栏上的小计分数，显示出受测者同异性朋友交往的困扰程度。

如果得分在 5 分以上，说明受测者在与异性交往的过程中存在较为严重的困扰。也许受测者对异性存有过分的思慕，或者对异性持有偏见。这两种态度都有片面之处。也许是不知如何把握好与异性同学交往的分寸而陷入困扰之中。

如果得分在 3 ~ 4 分，说明受测者与异性同学交往的行为困扰程度一般。有时受测者可能觉得与异性同学交往是一件愉快的事，有时又可能觉得这种交往似乎是一种负担，不知道如何与异性交往最适宜。

如果得分在 0 ~ 2 分，说明受测者知道如何正确处理与异性朋友之间的关系。受测者对异性同学持公正的态度，能大方自然地与他们交往，并且在与异性朋友交往中，得到了许多从同性朋友那里得不到的东西。受测者可能是一个比较受欢迎的人。无论是同性朋友还是异性朋友，多数人对其都比较喜欢和赞赏。

第五单元 应对挫折训练

本单元学习任务

1. 通过感受挫折训练,了解挫折的内涵,认识挫折的意义。
2. 通过树立积极的挫折行为反应,调节挫折后的心理,以适应社会的发展。
3. 通过挫折承受力的训练,提高应对挫折的能力。

★ 场地

团体活动室或者可以席地而坐的空地。

★ 设备

播放音像的多媒体工具。

★ 人数

60 人左右。

训练一 正确认识挫折

※ 任务

通过感受挫折训练,了解挫折的内涵,认识挫折的意义。

做做心理游戏,体会心理历程

活动项目:成长的经历。

活动目的:让学生了解在人生的旅途中遭遇挫折是不可避免的,重要的是提高自身对挫折的心理承受力,不被挫折压垮,在挫折中前进。

活动方法:

1. 成长的经历包括几个角色和过程:鸡蛋—小鸡—兔子—猴子—人。

2. 角色扮演:扮演鸡蛋时蹲着;扮演小鸡时蹲着并把两个手放在大腿两侧;扮演兔子时半蹲着把两手举起成V字形搁头顶上方;扮演猴子时半蹲着两手一高一低分别放在额、胸前;成人时按成人的先后顺序站到指定的地点。

3. 成长过程:成长的角色都是从鸡蛋开始,然后用锤子—剪刀—布划拳的方式决定是否成长到小鸡、兔子、猴子和人。划拳过程中不管晋升到哪一等级,输者都要降到鸡蛋然后重新晋级。

4. 活动要求:在活动过程中每一个同学都要体会自己的心理历程。

活动背景音乐:《真心英雄》。

谈谈成长经历,交流心理感受

1. 将全班同学分成若干组,每组8~10人。

2. 每位同学在小组中谈自己在“成长的经历”活动中的心理历程,交流彼此的感受与体会。

学学心理知识,读读心理故事

一、挫折的概念

人生在世,每个人都不可能一帆风顺,总会遭遇许多坎坷。常言道:“人生逆境,十之八九。”对于大学生来讲,在学习、交往和生活中也免不了遇到各种各样的困境,如经济紧张、情场失意、求职不成、理想破灭……这些事件都会使我们产生紧张、焦虑、失望、悲哀、愤怒等不愉快的情绪反应,即所谓遇到了挫折。

挫折就是我们平常所说的失败或“碰钉子”,如士兵攻城不克,学生高考不理想。但心理学上的挫折是指人们在从事有目的的活动时,遇到无法克服的障碍或干扰,致使动机或目标不能达到时的情绪状态。它强调的是主体遭受失败后的情绪反应,如因高考成绩不理想而表现出来的沮丧、悲观、抑郁、懊恼等情绪。因此,心理学上的挫折与我们生活中理解的挫折不尽相同,它更强调挫折的主观感受性。因为面对同一种挫折状况每个人的感受不同,一些人眼中的成功可能是另一些人眼中的失败,所以挫折情景并不一定能导致挫折反应,关键在于对挫折的认识和感受。正如巴尔扎克所说:“世上的事情,永远不是绝对的,结果完全因人而异。苦难对于天才来说是一块垫脚石,对于能干的人是一笔财富,而对于弱者是一个万丈深渊。”

挫折有大有小,比如学习上的困难、工作中的不顺、同事间的摩擦,这些都属于不经意的小事,但积累起来却会消磨人的锐气。失去亲人则往往会对一个人的生活产生重大影响,甚至摧毁人生的精神支柱,引发人生危机。

二、引起大学生挫折的原因

引起挫折的原因一般可分为客观环境因素和个体主观因素两种。

(一)客观环境因素

有些挫折并非由主观因素造成。如一个以优异成绩考上大学的学生,本人非常渴望读书深造,但由于父母无经济能力供其上学而不得不放弃学业。

客观环境因素通常分为自然因素和社会因素两种:自然因素是指非人力所能抗拒的自然灾害等,如洪水、地震、火山爆发、台风、雪崩及人的生老病死等;社会因素是指社会生活中的政治、经济、法律、道德、宗教、文化、风俗等因素的影响,如学非所用、女大学生择业受歧视等。家庭因素、学校因素是社会因素的重要组成部分,由家庭和学校因素引起的挫折占有很大比例,如父母离异、亲人病故或学校管理方面带来的挫折等。

(二)个体主观因素

个体主观因素分为个体主观条件的限制和动机的冲突两种。个体主观条件的限制是指个人智力、能力、容貌、身材、生理缺陷或疾病所带来的限制,如色盲的学生不能进入医学院或美术学院学习,身体有残疾的人遭到别人的歧视与嘲笑等;动机的冲突是指个人在生活中同时产生两个或两个以上的动机,但由于条件的限制,这些并存的动机无法同时获得满足,从而产生难以抉择的心理状态。对大学生来讲,临近毕业时,既想继续求学深造,又想早日进入社会谋求职业以解决家庭的经济困难,这样就形成了双趋式冲突;有的大学生既想谈恋爱,又怕谈恋爱耽误学业,这就形成了趋避式冲突。

在现代社会,动机冲突是挫折的主要原因之一。其表现内容也很多,如理想与现实的冲突;竞争与合作的冲突;专业与兴趣的冲突;个人与社会的冲突等。

三、挫折的防卫机制

挫折防卫机制是指在人遇到挫折时,有意无意地寻求摆脱由挫折产生的心理压力、减轻精神痛苦、恢复正常情绪和心理平衡的自我调节与自我保护的方式。挫折防卫方式是多种多样的,常见的有升华、坚持、认同、补偿、幽默、求得注意、文饰(合理化)、移位、反向、逃避、压抑、固执、退化、逆反、攻击、冷漠等。

(一)升华

升华是指一个人在受到挫折后,将自己不为社会所认同的动机或欲望转变为符合社会要求的动机或欲望,或将自己的情感和精力转移到有益的活动中去,使低层次的需要和行为上升到高层次的需要和行为,从而将不良情绪转为社会所允许的动机和导向比较崇高的方面,以保持情绪稳定和心理平衡。升华的作用不仅可以使原来的动机冲突和受挫折后的不良情绪得到化解和宣泄,而且能够促使人获得成功。历史上很多著名科学家、艺术家和领袖人物,都是通过对挫折的升华后取得辉煌成就的。如古之文王拘而演《周易》;仲尼厄而作《春秋》;屈原放逐赋《离骚》;左丘失明写《左传》;孙膑跛脚修《兵法》;司马迁受辱著《史记》;奥斯特洛夫斯基伤残之后写出了《钢铁是怎样炼成的》这部不朽的著作;张海迪在身残之后发愤读书,终于成为一位著名的作家、翻译学者。又比如，不少大学生把嫉妒升华为奋发努力、积极进取的行为；把单相思转化为热爱集体、珍视友谊的高级情感；把性冲动转移到积极参加学校文体活动中，既宣泄了积储的性能量，又丰富了生活，陶冶了情操，等等。因此，人在遭遇挫折后，若能发愤图强，不断升华，就能扼住命运的咽喉，创造出惊人的业绩。

（二）坚持

面对挫折与失败，有人半途而废，见硬就回；有人坚持不懈，百折不挠。前者可以少碰钉子，但成功的机会也因此减少了许多；后者会多碰钉子，但成功的机会也会大大地增多。人们在形容这两种性格特征时把前者叫做懦弱，把后者叫做坚强。美国电影《阿甘正传》中的主人翁阿甘就是一位智商并不高，但他面对挫折的方法就是忽视它并坚持不懈地努力，最后赢得了人们的尊重，赢得了自己的事业，也获得了自己的生活。毛泽东同志说过，最后的胜利往往就包含在再坚持一下的努力之中。要使自己成为一个坚强的人，必须要有远大的志向、宽阔的胸怀、顽强的毅力和决不轻易服输的精神，这是战胜挫折与失败的四大法宝。

（三）认同

认同是指一个人在受到挫折后，效仿他人获得成功的经验和方法，使自己的思想、目标和言行更适应环境的要求；或者是把别人具有的那种让自己感到羡慕的品质加在自己身上，或者是将自己与所崇拜的人视为一体，以提高自己的信心、声望、地位，从而减轻挫折感。如许多大学生常常把一些历史名人、学术权威、英雄楷模作为自己的认同对象，从他们的人生经历中吸取营养、获得动力，尤其在受挫时，常拿这些榜样来鼓励自己，从而奋发进取。

（四）补偿

补偿是指人们在实现目标过程中受到挫折，或由于自身的某种缺陷而达不到既定目标时，以其他可能达到成功的活动或自己的特长来代替，通过新的满足来弥补原有欲望得不到满足和目标达不到所带来的痛苦。古人说："失之东隅，收之桑榆。"如某大学生没有当上班干部，于是便努力使自己的成绩名列前茅以表现自己的能力。如有些学生学习成绩不是特别好，但社会活动能力很强，同样可得到一种心理上的平衡和满足感。又如，某大学生恋爱失败了，便积极参加文体活动，用活动的成功来补偿失恋的痛苦。大学生适当地运用补偿作用，对维护自我形象、增进个人安全感、提高自尊心是极为有利的，但过分地运用或运用不当，就可能导致心理活动出现畸形。如某男生性格懦弱，为了证明自己是堂堂男子汉，便满口粗话、抽烟喝酒、口出狂言，这是过分运用补偿作用的结果。所以补偿活动要符合社会规范并有利于身心健康。

（五）幽默

幽默是指当一个人受到挫折处于困难或尴尬的情境时，通过比喻、夸张、寓意、双关语、谐音、谐意来机智、风趣地说出包含着希望、友好和快乐的哲理，间接地表示自己的意图，以便缓解紧张气氛，解决争端，消除不和谐因素及心理冲突，使人愉快地接受现实。一般来说，人格较为成熟的人，常懂得在适当的场合，使用适当的幽默，把原来困境的情况转变一下，大事化小、小事化了，渡过难关，较成功地去应对窘境。例如，大哲学家苏格拉底，一次正与客人谈话，他脾气暴躁的太太忽然闯进来，大骂了苏格拉底一阵之后，又拿来一桶水，把苏格拉底浇成落汤鸡。苏格拉底不但没有恼怒，反而笑了笑对客人说："我就知道，打雷之后，接着一定会下暴雨的。"本来很难堪的场面，由于苏格拉底的幽默，也就一笑了之了。

（六）求得注意

求得注意即想方设法引起别人对自己的注意，如有的学生以大声喧哗、寻衅生事、恶作剧等方式来显示自己，这是极不可取的。

（七）文饰（合理化）

文饰是指当人们在其行为未达到目标，或不符合社会规范时，为了减少或免除因挫折而产生的焦虑和痛苦，寻找种种理由或值得原谅的借口替自己辩护。如《伊索寓言》中，狐狸吃不到葡萄就说葡萄酸的行为反应。

（八）移位

移位是指将在一种情境下属于比较危险的情感或行为，不自觉地转移到另一种较为安全的情境下释放出来。如在工作中受到领导的批评，心中恼怒又不敢对领导发泄，于是回到家就冲着孩子发火。

（九）反向

行为相反于动机而行，如：自卑的同学往往表现出高傲自大；对异性充满向往，却装出不屑一顾的样子等。持反向心理的人，往往不敢正面表露自己的真实动机，于是便从相反的方向表示出来。虽然这种行为可以在一定程度上掩饰个体的真实动机，但是，掩饰包含着压抑，长期运用会从根本上扭曲自我意识，使动机与行为脱节，造成心理失常。

（十）逃避

逃避是指个体受到挫折后，不敢面对自己所预感的挫折情境，而逃避到比较安全的环境中去的行为。逃避有三个表现：一是逃到另一种现实中，如学习不好就玩游戏，沉溺其中；二是逃向幻想世界；三是逃向疾病。如某一大学生因为英语口语较差，每次上课从不开口说英语，甚至拒绝上英语听力课，不参加考试，以此来逃避失败。

（十一）压抑

压抑是指把不愉快的经历和体验压抑到无意识中，不去回忆，主动遗忘；适度的压抑有利于情绪的调整，但长期的压抑会导致更强的挫折与心理不适。

（十二）固执

当个体一而再、再而三地遭受到同样的挫折，就会慢慢失去信心，失去随机应变的能力，而形成刻板的反应方式，固执盲目地重复同样无效的行为。固执行为不同于意志力，在这种行为反应中，个体往往不能客观正确地分析失败的原因，不接受别人的意见建议，故步自封，明知方法无效亦一再重复，是一种极不明智的对抗形式。如某一大学生多次违反校规校纪，因晚归受到批评，却固执地认为自己没错，屡教不改。在大学生中，固执行为往往容易发生在一些性格内向、倔强、片面看问题的大学生身上，以及以情感为纽带形成的消极的大学生非正式团体中。固执是非理智性的消极行为，它往往使人企图通过重复无效动作以对抗挫折压力，对大学生的成长极为不利。

（十三）退化

退化又称倒退或回归，指个体遇到挫折时表现出与自己的年龄、身份极不相称的幼稚行为。表现这种行为方式的大学生往往对自己缺乏信心,看不到自己的力量,像孩子一样依赖他人,多指大人小孩状,是一种由成熟向幼稚倒退的反常现象,其本人并不能意识到。如有些学生,甚至一些学习成绩好的学生,在考试过程中,每当感觉考得不理想时就会生"病",并告诉别人自己是带病参加考试,甚至申请不参加下面的考试;有些大学生当遇到自己认为无法摆脱的困境时就离校或离家出走等。

(十四)逆反

逆反用通俗的语言来说就是"你要我朝东我偏朝西"。一般来说,个人的行为方向和他的动机方向应当是一致的。但是,当个体遭到挫折后,如果不仅一意孤行,而且对正确的事情盲目地持反抗、抵制与排斥态度,这种行为便是逆反。如某大学生因为上课时受到教师的批评,便采取逃课或不理睬教师的教学等方式来表现自己的不满。持逆反心理的人为了排除内心的不满,会采取一些不符合社会规范、不被允许的愿望和行为,产生一些反社会性行为。

(十五)攻击

攻击指大学在遭受挫折后,在情绪与行动上会产生一种对有关人或物的攻击性的抵触反应,以消除来自挫折的痛苦。攻击是一种破坏性行为,这种行为可分为直接攻击和转向攻击。直接攻击是指一个人受到挫折以后,把愤怒的情绪直接发泄到使之受挫的人或物上,如大学里发生的打架斗殴、损害公物等现象。这主要发生在一些自控力较差、鲁莽的大学生身上。转向攻击是指一个人受到挫折以后,把愤怒的情绪发泄到其他的人或物上去。如当受到老师批评时,把怒气发泄到别人身上或物品上。

(十六)冷漠

冷漠是指遭遇挫折后的一种与攻击相反的行为反应,指当个体遭遇挫折时表现出无动于衷、对事物视而不见、漠不关心的态度,失去喜怒哀乐等正常心理反应。其实冷漠并非不包含愤怒的情绪成分,只是个体把愤怒暂时压抑,以间接方式表现出来而已。这种现象表面冷漠退让,内心深处则往往隐藏着很深的痛苦,这种压抑对于自身的影响是不可小觑的。

挫折防卫机制是一种自发的心理调节机能,具有两面性:一方面挫折防卫机制可以起到使人适应挫折、减轻精神痛苦、促进其发展的作用;另一方面某些挫折防卫机制又会使人逃避现实,降低对生活的适应能力,从而导致更大挫折,甚至产生心理疾病。

合理运用挫折防卫机制,可以有效地缓解情绪上的痛苦,提高对挫折的承受能力,为人们最终战胜挫折提供条件,特别是积极的挫折防卫机制的运用,还可以促使人们面对现实,积极进取,战胜挫折,获得进一步的发展。在上述各种挫折防卫机制中,升华是最具有积极性和建设性的挫折防卫机制,坚持、认同、补偿、幽默等挫折防卫机制在很大程度上能正视挫折,承认挫折,正确分析挫折产生的主客观原因,总结经验教训,表现出自信、进取的倾向,对战胜挫折具有积极意义。求得注意、文饰(合理化)、移位、反向、逃避、压抑等方式是指当一个人受到挫折后,采取一些暂时减轻受挫感的行为方式,以解脱挫折给自己带来的心理烦恼,减轻内心的冲突与不安。固执、退化、逆反、攻击、冷漠等指当个体遭受挫折后所表现出来的带有强烈情绪色彩的非理性行为,虽然能起暂时平衡心理的作用,但不能从根本上解决问题,从长远看,会阻碍个体面对现实,并埋下心理病患的种子，影响其身心健康和全面发展。因此，挫折防卫机制虽然在一定程度上能够帮助人们提高和保持个人自尊，躲避或减轻焦虑情绪，缓解心理压力，但如果使用过度或使用不当，不仅无法减轻紧张和焦虑的程度，反而可能破坏心理活动的平衡，妨碍个人适应社会，甚至还可能造成心理异常和行为偏差。

四、挫折对大学生心理的影响

挫折对大学生心理具有消极和积极两个方面的影响。

（一）消极影响的主要表现

1. 有可能降低大学生的学习效率。学习是一种积极的思维活动，学习效率除了受个体的智力水平和知识水平的制约外，还与学习者的情绪状态、自信心等因素密切相关。大学生遭受挫折后，自信心降低，情绪状态长期处于焦虑不安之中，使原有的思维能力受到影响，从而会极大地降低学习效率。

2. 有可能降低大学生的思维创造力与生活适应力。大学生受挫后，容易引起情绪波动，如果持续遭受挫折，则可能导致神经系统的紊乱。这样不但会大大地降低大学生的思维创造力，而且也会使他们的生活适应能力大打折扣。

3. 有可能损害大学生的身心健康。大学生受挫后，整个身心都处于一种紧张、压抑和焦虑不安的状态。这种消极的心理能量如果长期得不到释放，就会损害身心健康，有时可能成为精神病发病的诱因。

4. 有可能导致大学生改变性格与出现行为偏差。当大学生遭到重大挫折或持续挫折而又无法做出相应的调整时，就会使某些行为反应形成相应的习惯模式或个性特征。如一位对爱情充满憧憬、热情开朗的女大学生，多次的恋爱失败会使其个性产生变化，她可能由外向热情变得深沉世故。同时，受挫的大学生感情容易冲动，自控能力较差，不能正确评价自己的行为及后果，可能会做出违反社会规范的事。如有些大学生受挫后，喜欢几个人一起酗酒闹事，或调唆斗殴，甚至走上犯罪的道路。

（二）积极影响的主要表现

1. 有利于磨炼大学生的性格和意志。坚强的性格和意志，往往是长期磨炼的结果。挫折能给人压力，人们所经历的挫折越多，承受挫折的能力就越强，性格也就变得越坚强。

2. 有利于增强大学生的情绪反应能力和解决实际问题的能力。当大学生面临困难时，其神经中枢受到强烈的刺激，会引起情绪激奋、精力集中，使整个神经系统兴奋水平提高，情绪反应能力大大增强。同时，在解决困难和对待挫折的过程中，大学生可以从中总结经验与方法，提高分析问题和解决问题的能力。

3. 有利于大学生正确地认识自我。许多大学生对社会、对自己有一些不切实际的想法，当他们用这些想法来指导自己的行动时，就容易遭受挫折。挫折的产生，无疑给他们吃下一粒清醒丸，使他们对自己做出合乎实际的评价，同时，也使他们对生活、对社会有较为客观的认识，从而增强其适应现实生活的能力。

课后自我心理训练

回忆自己所经历过的挫折以及它们给你的人生带来的影响，从正面和负面两个方面来分析，并补充完善下表。

发生时间	挫折经过	消极影响	积极影响
初中一年级	跟最好的朋友竞选班长，因为误会而闹翻	在一段时间内陷入孤独，心情变坏	学会处理友谊与竞争的关系，加深了对友谊的理解
刚入大学时	因竞选学生会干部失败	怀疑自己的能力，自尊受挫	比别人多了一次锻炼的机会，自己有了更多的学习时间

训练二　怎样战胜挫折

※ 任务

通过树立积极行为反应训练，调节挫折后的心理，以适应社会的发展。

做做心理游戏，体会心理历程

活动项目：榜样的力量。

活动目的：学习英雄人物，做生活的强者。

活动方法：

1. 老师准备一些战胜挫折的英雄人物的照片，让每位同学从中找到 1 ~ 2 位自己心目中的英雄。

2. 每位同学把自己心目中的中英雄承受挫折的经历和战胜挫折的例子一一列出来：

(1)____________________ (2)____________________

(3)____________________ (4)____________________

(5)____________________

活动背景音乐：《飞得更高》。

谈谈成长经历，交流心理感受

1. 将全班同学分成若干个小组，每组 8 ~ 10 人。

2. 每位同学在小组中谈谈自己心目中的英雄是如何承受挫折和战胜挫折的。

3. 每位同学在小组中谈自己成长中遇到的挫折，并与英雄的挫折经历进行比较。

4. 每位同学摘抄一句或自编一句"名言"赠送给小组的同学。主要内容是：正确对待失败和挫折。如古诗：宝剑锋从磨砺出，梅花香自苦寒来；牛顿：如果你问一个善于溜冰的人，如何取得成功，他会告诉你："跌倒了，爬起来，便会成功。"

学学心理知识，读读心理故事

人们在实现自己所追求的目标的过程中，都会遇到困难，也常常会遭受挫折。从某种意义上讲，人的一生就是不断战胜困难、战胜挫折从而获得发展的过程。困难和挫折对于人们来说，既是一种危机，也是一种挑战。

美国心理学家马斯洛曾经说过："一个人面对危机的时候，如果你把握住这个机会，你就成长；如果你放弃了这个机会，你就退化。"

所谓把握机会，就是突破困境，战胜挫折，不断促使目标实现。而人们要想抓住机遇和把握住机会，除了具有较强的挫折承受力外，还必须具有坚强的意志力。如果没有意志力，人们不可能最终克服困难，战胜挫折，也不可能实现既定目标。

一、正确对待挫折

首先应该认识到，每个人一生中都不可避免地会遇到大大小小的挫折。因为人生活在充满矛盾的社会中，这是不以人的意志为转移的。有人专门研究过国外 293 个著名文艺家的传记，发现有 127 人一生中遭遇过重大挫折。世界上各行各业凡有巨大成就者都对成功道路上的挫折有着深刻体验。美国著名科学家、大西洋第一条海底电缆的设计者威廉·汤姆逊用这样一句话概括了他的一生："有两个字能代表我 50 岁前在科学道路上的奋斗，这就是'失败'。"

其次，还应该看到挫折并不是只有弊而无利的。"自古雄才多磨难，从来纨绔少伟男。"历史上没有一个人是不经历失败就轻而易举地获得成功的。别林斯基说过："不幸是一所最好的大学。"应该看到，挫折可以增强一个人解决问题的韧性和能力。人们常说，"吃一堑，长一智"、"失败是成功之母"就是这个道理。失败可以让人积累经验，引导人们以更好的方法继续前进。挫折可以引导人走向成功，同时也能催人成熟。大学生正处于"少年不识愁滋味"的多愁善感阶段，过于顺利的人生经历使他们很少能体验到生活的艰辛与失败，在心理上表现出相对单纯、任性、冲动和过于理想化的特点。大学生在经历挫折或坎坷之后，在思想意识、行为方式、人生理想等方面会更趋于成熟，对社会和人生的看法也将会更理智、更现实，同时还有利于塑造坚强的个性。

二、善于总结经验教训

有些挫折是自己的错误造成的,比如交友不慎、麻痹大意、方法不当等。有些人因此而心情沮丧、自怨自责、自暴自弃、破罐破摔。其实,大可不必这样。“人非圣贤,孰能无过。”聪明的人并不是不犯错误,而是能很快改正错误,并且不犯相同的错误。历史上有很多伟人、英雄、科学家都犯过错误,但他们的可贵之处在于能够及时总结经验教训,调整方式方法,避免重蹈覆辙。作为大学生,当考试失败、人际关系紧张、恋爱受挫时应及时察过醒非、重整旗鼓、振作精神、改变现状,从哪里跌倒,就从哪里爬起。

从失败中吸取教训,重新塑造自己,包括四个阶段:

(一)找出失败原因

美国学者海厄特将失败原因分为九类,以此为参照可以帮助我们更好地分析自己。它们分别是:缺乏交际才能;个性、价值观念与事业、环境及合作者不吻合;害怕失败,不敢全力以赴;机遇与运气不好;不良习惯与自毁行为,不愿为成功而努力;精力过于分散,不能集中精力做事;性别与年龄歧视;管理不善;踌躇不前。

(二)重新认识自己的过去

失败能为我们带来的最大转机是赋予了我们一个重新选择自我、塑造自我的机会。失败是对事件的评判,从某种意义上说,是你自己、他人和社会对结果的一种解释。在你从失败中汲取力量、重新驾驭自己的生活时,不仅要客观地寻找失败的原因,更重要的是用积极的眼光看待过去,从中找到成功的种子。

(三)重新认识事业目标

人生是个不断探索的过程,失败有时并不是由于你的能力、学识不足造成的,而是由于你错误地选择了目标,而失败能给你一个重新思考、从错误中解脱的机会。肯德基的创始人一生从事了无数职业,都以失败告终,最后到了退休年龄时,开始搞快餐业,结果一发不可收拾,成就了今天的事业。

(四)重新认识他人

金无足赤,人无完人。世界上没有十全十美的人。很多挫折是来自于我们对他人的过高要求。受遗传与环境因素的影响,每个人的生理条件与个性因素不同。人的能力、气质、性格、观念也会有很大的差异。对他人要宽容,要体谅别人的过错和难处,允许别人犯错误和改正错误,对他人过于苛刻往往会造成人际关系上的挫折。

三、挫折需要你的一个拥抱

[心理故事]

一只鸡蛋落在地上,它悲伤地哭道:“我完了,我这只倒霉蛋。”接着就粉身碎骨,壮烈牺牲了。

一块石头落在地上,它愤怒地大叫:“谁敢跟我作对?你硬,我比你更硬!”它把地面砸了个窝,但它自己也永远待在那个窝里出不来了。它气急败坏,但无能为力。

一只皮球落在地上,它轻巧地换了一个姿势,在地上打了个滚,就又蹦蹦跳跳地走了。

鸡蛋、石头和皮球的遭遇，反映了生活中人们对待挫折的不同态度。有的人遇到了挫折，就一败涂地，再也站不起来了。有的人遇到了挫折，暴跳如雷，继续撞墙。有的人遇到挫折，轻轻一笑，改变一个方向，又上路了。

哲人黑格尔曾经说过：在人成长的道路上，如果你不懂得某个道理，生活就会安排一次挫折，让你学习；如果你还不明白，生活就再安排一次，直到你明白为止。在你成功之前，上帝经常会悄悄地告诉你，为什么你还没有成功，你应该怎么办。但是上帝不会直接告诉你，他会派一个使者告诉你，这个使者就是“挫折”。别因为这个使者相貌丑陋就不喜欢它，要知道它传递着你怎样才能接近成功的秘密。如果你怠慢它，甚至拂袖而去，那么你就永远无法揭开自己失败的谜底。握握它的手，拥抱它，跟它真诚地交流，听懂它的语言，你就会明白：挫折是个可贵的朋友，它会给你丰厚的回馈，给你的人生带来创造性的变迁。从某种意义上说，挫折是人生的里程碑。

课后自我心理训练

寻找美好的一面

世界上的一切事物，都在不断地变化和发展着，都具有两重性。逆境可以向顺境转化，顺境同样也可以转化为逆境。挫折可以使人沉沦，也可以使人猛醒和奋起，关键在于受到挫折时，能否从失败中吸取经验和教训，能否发现自己的优点和长处，从而振奋精神，重新站起。当你失望和沮丧时，如果能看到自身美好的一面，你就会突然发觉，天空原来是那么辽阔，阳光原来是那样明媚，自己并非一无是处，从而就会鼓起战胜挫折的勇气和信心，提高应对挫折的适应能力。

在找出自己美好的一面，走出自己的小圈子这一问题上，专家提供了几项具体的方法，可供大家选择。

1. 发现自己的优点

请你花点时间去发掘自己的优点，然后逐一用笔记下来。如：个人有什么专长？曾经作过什么有益的、建设性的事情？过去人们是如何称赞自己的？你一定会从中发现自己的许多优点，从而知道原来自己并不差。

2. 找出榜样人物

在认识或不认识的人中，找一个你最羡慕和敬仰的人，这个人可以是居里夫人、司马迁、毛泽东，也可以是你的老师或父母。不管是谁，他们一定有值得学习之处。找出他们所受的挫折，并与自己的挫折相比较，你就会发现，目前自己的一时失败与他们相比根本算不上什么。

3. 肯定自己的能力

每天找出三件自己做成功的事。不要把“成功”看成像登上月球那么大的事，成功可以是顺利跟医生预约了治疗时间，可以是上班一路顺利，还可以是处理的文件档案没出一个错等。

4. 培养自己某方面的兴趣

在自己的优点、专长和兴趣中找出某一项,加以特别培养,使之发展成为自己的专长。培养的专长可以是很简单的事情,如做蛋糕、剪头发、游泳、讲笑话、记电影的中英文名称……什么都可以。有了专长,就有机会当主角。

5. 发挥自己的外在美

当自己情绪低落时,不妨穿得鲜艳明丽些,化一化妆或剪一个新发型,通过改变外表来分散注意力,间接地改变坏心情。

训练三　提高挫折承受力

※ 任务

通过向自己身边的榜样或名人学习,看他们经过了哪些挫折,又是怎样战胜这些挫折的,以此提高自己应对挫折的能力。

做做心理游戏,体会心理历程

活动项目:举手仪式。

活动目的:

1. 让学生体验坚持所需要的耐心和毅力,培养学生的意志力。

2. 让学生认识到意志力的培养要从小事做起。

活动方法:

1. 全班同学按体操队形站立,每个人两只手臂伸直向前平举,身体不准晃动,坚持 10 分钟(教师可根据学生的实际情况调整时间长短),看谁坚持到最后。

2. 活动过程中播放一些激励性的歌曲或主持者喊一些激励的口号。

活动背景音乐:《阳光总在风雨后》。

谈谈成长经历,交流心理感受

1. “举手仪式”活动结束后将全班同学分成若干个小组,每组 8 ~ 10 人。

2. 针对下列问题大家一起交流:

(1) 当时间过了一半的时候,你有什么感受?

(2) 当你坚持到最后的时候,你有什么感受?

(3) 在坚持的过程中遇到了哪些困难? 你是如何克服的?

(4) 你觉得这个游戏对你的学习与生活有什么启发?

学学心理知识，读读心理故事

大学生大多数都是刚刚从父母的庇护下走出家门的，社会实践少，经受的挫折不多，意志品质的锻炼和培养普遍不足，主要表现为：意志品质的发展不充分，处理冲突的能力不强，目标调整能力差，缺乏韧性、恒心与毅力，容易受外界影响等。所以，大学生要想获得发展，实现自己的远大理想和奋斗目标，就必须在实践中不断磨炼自己，努力提高自己的挫折承受力和意志力。

一、影响大学生挫折承受力的因素

生活中每个人都会不可避免地遭受各种挫折，其中有长远的，也有短暂的，有大的，也有小的。面对这些挫折，有的人能承受，有的人则不能承受。影响一个人挫折承受力(即耐挫力)的因素有以下几方面：

(一) 思想基础

具有坚定的世界观、人生观和价值观的人，能更从容地应对挫折。思想基础是整个耐挫力的核心所在，一个人的思想觉悟高低和耐挫力成正比。就是说，觉悟高的耐挫力高，反之则低。例如，考试失败，成绩不好，有的大学生就此一蹶不振，灰心丧气，甚至几天不吃饭；有的大学生则能认真总结失败教训，不屈不挠。这说明，面对同样的挫折，由于人们的觉悟程度不同，因此表现出不同的耐挫力。

(二)生理因素

一个发育正常、身体健康的人，往往比生理上有缺陷或体弱多病的人，更具有较强的耐挫力。国外有人研究发现，体弱多病者与身体健康者在丧偶后一年内，前者比后者发病率高78%，死亡率高3倍多。例如《红楼梦》中的林黛玉，体弱多病，心理脆弱，经不起打击，耐挫力低。有些老年人往往经不起打击，挫折的承受力很低。

(三)遭受挫折的经验

有些人在生活中经常身处逆境，遇到不顺心的事情很多，遭受的挫折也多，因此能够容忍挫折，耐挫力强。有些人身处顺境，生活一帆风顺，往往缺乏战胜挫折的经验，因此，一旦遇到挫折就会产生消极情绪。心理学研究表明：在婴、幼儿期所受的刺激，可使成年期的行为更富于适应性和多变性。相反，极少受到挫折，一贯顺利、总受赞扬的人，就没有足够的机会学习和积累对待挫折的经验，他们的自尊心往往过于强烈，对挫折的承受力很低。耐挫力是可以通过平常的锻炼和学习来获取并加强的。

(四)对挫折的心理准备

如果人们思想上有遭受挫折的准备，遇到挫折后就更能容忍，否则就无法忍受。例如，对亲人的长期患病而死亡和突然死亡，前者由于有心理准备而能容忍，这是因为人们的思想意识对其情绪能发生调节和控制作用，后者因为没有充分的心理而难以接受。所以，一个能够居安思危、对挫折具有几分心理准备的人，要比一个毫无心理准备者更能承受和应对挫折。

(五)个性特征

一个人的个性(如气质、性格等)、能力、兴趣、动机、理想、信念、世界观等对挫折承受力有着重要的影响。性格开朗、乐观、坚强、自信的人挫折承受力就强;反之,性格内向、悲观、懦弱、自卑的人挫折承受力就弱。化学家诺贝尔在发明炸药的过程中,多次发生爆炸事故,弟弟炸死,父亲重伤,自己也多次被炸伤,险些丧命,但最终获得了成功。他的这种挫折承受力就是来源于他坚强的个性。此外,一个人的动机是否强烈、兴趣是否浓厚、理想信念是否坚定也都会影响其挫折承受力。如果大学生有着强烈的学习动机、浓厚的学习兴趣、坚定的学习信念,那么他就会克服学习上的一切困难,去实现其理想和目标。

(六)期望水平

一般而言,期望值越高,在遭遇失败时,经受的打击就越大,挫折感就越强,挫折的承受力越低。

(七)认知因素

认知是指我们对周围事物的想法和观点,也就是人的认识活动。挫折刺激正是通过人的认知而作用于情绪,产生种种的心理行为反应。如人们对同一挫折情境会有不同判断,有的人可能认为是严重挫折,而有的人则可能认为只是“小事一桩”而已。所以,认知不同,同一挫折对每个人造成的打击和心理压力是不同的。对挫折情境能够正确认识、对挫折损失能够作出客观评价的人,往往比那些判断有误、认识偏颇的人更能把握挫折。

(八)社会支持

正如人们常说的:“一个痛苦两人分担,痛苦就减轻了一半。”当一个人感到有可以依赖的人在关心、爱护和尊重自己时,就会减轻挫折反应的强度,增强挫折的承受力。

(九)防卫机制

一个善于运用积极挫折防卫机制的人,其耐挫能力就强。反之,则弱。

[心理故事]

一家公司招聘职工,一位高才生去考试,发榜后,见没有自己的名字,便跳河自杀。后来发现他考的分数是第一名,原来是抄分的时候抄漏了。高才生跳河后被人救起,闻知自己是第一名便去报到,老板却无论如何也不肯要他,理由是:“这么一点儿挫折便要跳河,到公司遇到了更大挫折怎么办?”

另有一位希腊人到一家公司去应聘清洁工,职员问他:“你会写字吗?”他回答:“只会写自己的名字。”于是他没被录用。后来,他发愤图强,成了一位大富翁,在自己豪华的会议室举行记者招待会。记者说:“你的经历太动人了,你该写一本自传。”他说:“那是不可能的。如果我会写字,我只能是个清洁工。”

二、提高应对挫折的能力

应对挫折的能力不是先天所赋予的,它是后天学习、实践和锻炼的结果。提高挫折承受力,不仅可以坚定意志、完善人格,而且还可以培养迎接挑战和竞争的素质。那么如何提高大学生应对挫折的能力呢?

(一)树立正确的挫折观

挫折观,即人们对挫折的认识和评价。树立正确的挫折观,首先要端正对挫折的态度。挫折是不以人的意志为转移的客观现实，是普遍存在的，随时随地都可能发生。因此，大学生要做好面对挫折的心理准备。毛泽东同志说："世界上没有直路，要准备走曲折的路，不要贪便宜。……前途是光明的，道路是曲折的。"社会的发展道路如此，人生的旅途也如此。其次要看到挫折具有两面性，挫折可能是一座埋葬弱者的坟墓，使人在成才的道路上夭折；挫折，也可能是磨炼强者的火炉，使人百炼成钢，登上成功的高峰。最后在遭受挫折时，要敢于面对它、挑战它，在挫折面前不能逃避，也无法逃避，只有设法解决它。鲍狄埃也说得好："力量不在别处，就在我们自己身上。"挫折面前没有救世主，只有自己才是命运的主人。只要我们把命运牢牢地掌握在自己手中，就会历经挫折而更加成熟和坚强，从而更有信心获得胜利和成功。

（二）树立正确的人生观、价值观

我们知道，人生观是一个人对于人生的根本看法，它直接影响一个人的心理和行为。只有树立了健康向上的人生观，才能产生正确的价值观；有正确的人生观和价值观，才能使人始终保持积极乐观的生活态度，对未来充满信心，在胜利面前保持清醒的头脑，把握情绪的波动；在困难和挫折面前沉着、坚定，保持清醒、理智，客观地分析和判断，充满勇气和力量。只有树立正确的世界观、人生观和价值观，才能正确认识和冷静处理现实生活中的各种矛盾和冲突，处乱不惊，保持乐观情绪和健康的心理状态。总之，树立正确的人生观和价值观，保持对自己充满信心、对他人充满理解、并能主动适应社会发展需求的积极心态，这是战胜一切挫折的根本点和关键。

（三）及时调整目标

哪里有人类，哪里就有追求；哪里有追求，哪里就有失败；哪里有失败，哪里就有成功。追求—失败—成功，这就是人类通往文明的奋斗之路。失败是成功之母，失败给我们带来了痛苦，但只要我们能恰当地进行心理调适，不仅不会被失败的情绪所压倒，反而还会因失败的激励不懈追求，最终取得卓越的成就。我们首先要正视失败，然后认真总结失败的经验与教训，并进一步谋求成功。挫折与失败的出现，很可能是因为目标偏高或目标系统的方向不切实际，而现实的条件无法企及，因而不妨对目标系统做一些必要的调整。柯南·道尔行医并不出色，写出《福尔摩斯》却名扬四海；杨振宁刚到美国时研究实验物理，远不如美国同行，因此他改攻理论物理，结果一举荣获诺贝尔物理学奖。这种目标调整，既可以是降低目标，也可以是改换目标。目标的调整，标志着一个人已经从心理上走出了挫折，开始了新的历程。在建立远大的目标时，应把它分解成中期、近期和当前的各种子目标。子目标的排列要由易到难，由简到繁，形成一个层层升高、步步逼近的目标体系。这样，经过努力，个体不断地实现一个个的具体目标，会使人接连获得成功的喜悦，从而产生更大的心理动力；同时，又总有一个巨大的、具有吸引力的总目标呈现在前方，能使人长久地保持旺盛的进取热情。

（四）完善自己的个性

个性不完善是导致挫折心理的重要原因。敏感脆弱型性格、依赖型性格、偏执型性格、粗暴冲动型性格、嫉妒型性格、理想型性格都是容易导致挫折的性格。另外，个性尚未定型的青少年，情绪不稳定、认识片面、自尊心与好胜心过强、理想浪漫、容易偏激、世界观不明晰、缺乏扎实的实践基础、耐力不强等，也是酝酿挫折心理的温床。一个人所遭

受的挫折,会反映出他在个性方面的一些缺点。在这方面进行反思是个艰苦的成长过程。关于个性的修炼不妨从以下几方面入手:

(1)对自己以及对周围世界持积极态度,肯定自己的能力与存在的价值。

(2)有良好的人际关系,能与他人保持正常而密切的人际交往,彼此之间能相互信任。

(3)有时间进行冷静反省,认真体验和揣摩自己和他人的各种情感与行为方式。

(4)在自己的学习、工作和交往等方面经常有成功体验。

(5)容易接受新思想、新观念、新事物,能与见解独特的人交往。

(6)寻求掌握表达自己情绪情感的方式方法,及时释放、调整自己的不良情绪。

(7)不断提高自己独立自主能力,减少对他人的依赖程度,要更多地依靠自身的能力和价值体系。

(8)有较强的灵活性和创造性,能够融会贯通、举一反三。

(9)真诚地关心他人,设身处地为他人着想,有较强的同情心。

(五)积极投身社会实践

坚强的意志品质是战胜一切困难的法宝。人的意志总是在实践中培养和锻炼出来的。大学生之所以心理承受能力弱,其中一个主要原因,就是缺乏社会实践的锻炼,缺乏艰苦生活的磨炼。大学生应积极投身实践活动,在实践中不断磨炼自己,提高自己的意志力,培养坚强的意志品质;积极参加社会实践活动,能更好地认识社会,了解国情民情,在社会这个大坐标里找到自己的位置,发现个人价值的内容和体现方式,完善自身的社会性人格和心理机制,提高战胜挫折、克服困难的能力。因此,大学生要利用一切条件积极参加各种社会实践活动,比如到贫困山区去体验生活,跟山区农民同吃同住同劳动;积极参加校园的一些公益劳动;还可以参加一些如体育比赛、知识比赛、技能比赛等竞争性强的校园文化活动,在活动中体验甜与苦、喜与怒、胜与负的酸甜苦辣,从而使自己正确对待挫折,不断增强耐挫力。

(六)学会和掌握一些调节方法

大学生在遭受挫折打击以后,可以积极主动地进行内在的消化和调适,以恢复心理平衡,防止受挫以后造成危害。因此,我们必须学会和掌握一些挫折的调适方法,并能适度、有效地运用它。一般来说,建设性调节方法,如升华、幽默等,既释放了精神能量,又获得了社会的承认和赞许,利己利人,是调节挫折心理的最佳方式。而补偿、文饰、逃避等调节方式的运用要适度,攻击性防卫反应方式则不应违反社会道德和法律。另外,还可通过降温评价、调整呼吸、转移注意力、参加体育活动、听音乐、角色扮演、比较法等方式放松自己的情绪,或者通过向人倾诉、从事剧烈运动、在没人的地方高声喊叫等方式来发泄自己的情绪等进行调节。下面介绍几种比较实用的方法:

(1)降温评价法。降温评价的基本点是:在原先评价的基础上进行降温,"这种挫折没什么了不起。"

例如:在全校运动会接力比赛中,摔伤了腿,夺冠的目标流产了。

原先的评价是:我失去了冠军,影响了全班的成绩,全班同学都会责怪我,老师也会责怪我。我对不起他们。

降温评价:我已经努力了,全班同学会理解我,老师也会理解我。

(2)呼吸调节法。运用吸气、呼气调节自己的心态,让自己平静下来。

具体操作:坐正或者站直,轻轻地吸气、呼气,想象一股清泉被吸进干渴的心田,吸足了,闭气3秒钟,轻轻吐气,想象一股浊气从胸中吐出,吐尽了。如此反复5次。

(3)角色扮演法。扮演心目中的“英雄”角色,以这样的角色面对挫折。

英国科学家贝夫里奇曾说:“有成就的科学家都具有一种百折不回的精神,因为大凡有价值的成就,在面临反复挫折的时候,都需要毅力和勇气。”面对挫折我们要增强信心与勇气,迎头搏击,笑傲挫折。挫折并不可怕,可怕的是我们对挫折的错误认识。

[案例]

轮椅上的大师

史蒂芬·霍金(1942—)是20世纪享有国际盛誉的伟人之一,英国理论物理学家,世界公认的引力物理科学巨人。人们总是把霍金和爱因斯坦、牛顿相提并论,他现在是牛顿曾担任过的剑桥大学的卢卡逊数学讲座教授,是当今世界上继爱因斯坦之后最杰出的理论物理学家。他的黑洞蒸发理论和量子宇宙论不仅震动了自然科学界,并且对哲学和宗教的发展也有深远影响。从宇宙大爆炸的奇点到黑洞辐射机制,霍金对量子宇宙论的发展作出了杰出的贡献。1974年,霍金当选为英国皇家学会最年轻的会员。

霍金一方面对艰深的宇宙进行着最为深刻的思考,另一方面一直努力进行着科普的宣传和介绍。他的科普著作《时间简史》将最艰深的理论问题与大众最普遍的兴趣结合了起来。这部著作在世界上的发行量已超过2500万册,成为世界上最畅销的科普读物。他的新书《果壳里的宇宙》获得2002年度安万特科学图书奖,该奖项是世界最知名的科普图书奖之一。目前,霍金正在着手将《时间简史》改写成适合青少年阅读的版本。

探索宇宙时空的杰出科学成就,使得霍金成为当今世界最具传奇色彩的科学家之一。但更具传奇性的是,他所有的这些贡献都是在他患卢伽雷病40余年而被禁锢在轮椅上的情况下作出的,这才真正是空前的。1963年,由于患有卢伽雷氏症(肌萎缩性侧索硬化症),他不得不被禁锢在轮椅上,他全身唯一能动的是左手的3根手指和部分面部肌肉。近年,他又在一次手术后失去了发声能力,与人交流需依靠计算机合成语音。由于患病,他瘦弱得实在令人吃惊,总是斜着头,即使笑起来也特别勉强。《时间简史》的中文译者是这样描述他第一次见到霍金时的情景:“门打开后,忽然脑后响起一种非常微弱的电器的声音,回头一看,只见一个骨瘦如柴的人斜躺在电动轮椅上,他自己驱动着电开关。我尽量保持礼貌而不显出过分吃惊,但是他对首次见到他的人对其残废程度的吃惊早已习惯。他要用很大努力才能举起头来。在失声之前,他只能用非常微弱的变形的语言交谈,这种语言只有在陪他工作、生活几个月后才能通晓。他不能写字,看书必须依赖于一种翻书页的机器,读文献时必须让人将每一页摊平在一张大办公桌上,然后他驱动轮椅如蚕吃桑叶般逐页阅读。”

人们不得不对人类中居然有以如此坚强的意志去追求终极真理的灵魂从内心产生深深的敬意。很难想象像霍金这样的残疾人,生活中的大多数事情却都要自己做,不愿意让人家帮忙。他坐着轮椅自己驱动,努力使自己像普通人一样。每天他必须驱动轮椅从他的家——剑桥西路5号,经过美丽的剑河、古老的国王学院驶到银街的应用数学和理论物理系的办公室。该系为了使他的轮椅行走便利而特地修了一段斜坡。由于他意志坚强,所以他才会不断突破生命的一个个禁区,并取得巨大的成就。1985年,他因咽喉发炎,进行了气管切开手术,手术后再也无法讲话了。医生当时说他剩下的时间没有多少年了,可是他一再突破这一预言,绽放他顽强的生命力。在医生预言之后,他写信给朋友说他很骄傲,因为他生了个儿子!尽管霍金身残如此,可他到处演讲、旅行,他的精力甚至超过了平常人。因为霍金坐轮椅,平时很难外出与人们交流,通过旅行,他就可以得到一种满足。更重要的是,他对学术活动一直很重视,也乐于做科普工作,向世界各地的人们宣传科学思想。

一个身躯行动如此艰难的人,是怎样成功地攀上科学的高峰的呢?人们设法探寻霍金的内心世界。"我觉得残疾并不影响我的研究。"他说。霍金热爱生活,在科学研究之外,家庭生活和古典音乐给了他巨大的快乐。霍金是一个生活的斗士,他的武器是乐观的生活态度。霍金念大学时的朋友诺曼·狄克斯这样评价霍金:我们可以相信,当他所热爱的东西都失去时,他不仅坚强地活着,而且伟大地活着,那么他所带给我们的不仅仅是科学的智慧,还有人类最可贵的精神。

"宝剑锋从磨砺出,梅花香自苦寒来。"同学们,你的生命如果是一把披荆斩棘的"剑",那么,挫折就是一块不可缺少的"砥石"。为了使青春的"剑"更锋利些,就勇敢面对挫折的磨砺吧!

课后自我心理训练

1. 写出挫折的坏处和好处。

(1)李明没能入党。

坏处:________________

好处:________________

(2)我们篮球赛输了。

坏处:________________

好处:________________

(3)小英失恋了。

坏处:________________

好处:________________

2. 换个角度想一想

示例:一个人要走100里路,已经走完50里,还有50里没走。

原来的认识:"唉,怎么还有一半的路要走啊?"

换一个角度认识:没想到不知不觉已经走完一半的路了。

练习:

(1)妈妈失业了,家庭经济特别紧张。

原来的认识:太糟了,谁来供我读完大学?

换个角度认识：

(2)李丽失恋了。

原来的认识：我太没面子了，没有人再爱我。我是一个失败者。

换个角度认识：

(3)中国足球队又输了。

原来的认识：

换个角度认识：

3. 以“挫折好”和“挫折不好”作为辩题组织一次班级辩论赛(也可以宿舍为单位组队参赛)。正、反方都用一个星期的时间收集资料。

[训练有感]

解读成败

——某高校学生小农

无聊与平淡的生活总是把日子拉得很长很长，常常在蓦然回首时才发觉，自己过得好累好累。不知从什么时候开始，我学会了用小心翼翼为自己制造一个保护壳，每天背负着它缓缓前行。在很多事情面前，我总是反复地掂量着，总是犹犹豫豫不敢做出决定，因为我害怕失败。

直到上了应对挫折这堂课，我才猛然发现，那个沉重的外壳，我背负了太久太久了，是该把它放下的时候了。看似简单的几个“石头—剪刀—布”，可过程却蕴涵着丰富的人生哲理。是啊，在人生的长河中，每个人都渴望成功，然而从起点站(鸡蛋)到终点站(人)，却不是每个人都能平坦地度过的，无论是谁，只要你选择了生存，那你就得穿过尘埃，走过泥泞，横跨沼泽，甚至要征服沙漠。当然，在这条路上，也有许多人尝试到了成功的甘甜。然而，成功了，不必沾沾自喜，这只是迈出了成功的第一步，而离最后的成功还有一段很长的路程。你确实离成功更近了一步了，但你还会继续面临着不可预知的失败，或许此时你脚下的终点正是你下一段路程的起点；当然，失败了也不要气馁，高考失利了，友情变质了，身体残缺了……对于这些挫折，我们更应该换个角度去思考、去面对，我们应该把生活中的这笔财富珍藏起来，让它激励着我们以更积极、更勇敢的态度面对生活。换个角度去想，你就会看到希望的曙光；换个角度去想，你就可以进入一个柳暗花明的崭新世界。

失败，它只不过是一块普通的石头，对于强者，它是垫脚石，让人站得更高，看得更远；而对于弱者，它就是阻碍人前行的绊脚石，使人一蹶不振。年轻的你是要做强者还是要做弱者呢？作为成长中的年轻人，应该以积极主动的心态去接受挫折的考验，做一个有准备的人。

第六单元　情绪调控训练

本单元学习任务

1. 通过感受情绪训练，了解情绪情感的内涵。
2. 了解情绪障碍的危害，学会正确地理解和表达情绪。
3. 通过放松训练减压的方法，学会调控和管理情绪。

★ 场地

团体活动室或者可以席地而坐的空地。

★ 设备

播放音像的多媒体工具。

★ 人数

60 人左右。

训练一　正确认识情绪与情感

※ 任务

通过感受情绪训练，了解情绪情感的内涵。

做做心理游戏，体会心理历程

活动项目：彩绘心情。

活动目的：懂得情绪调控的重要性，学习了解自己的情绪，并注意自己在情绪的理解与表达中存在的问题，提高情绪管理能力。

活动方法：

1. 将全班同学分成若干组，每组8～10人。

2. 发给每组一盒彩笔，请每个人选用自己想用的彩笔，画出自己的心情。无任何限制，只要认为能代表自己的心情即可。

3. 画好后，每个人在小组中与组员分享自己的画，并给自己此时或今天的情绪评分，评分标准是0～10分，0分表示情绪很差，10分表示情绪很好，之后说出评分的理由。

活动背景音乐：《春江花月夜》。

谈谈成长经历，交流心理感受

1. 每位学生轮流模拟天气预报员进行“一周天气预报”：在三分钟时间内，用天气预报的形式把自己这一周的心情变化描述出来，越详细越好，说明情绪变化的原因，并尽可能带有个人特色。如：

周一，本人王同学天气晴朗，平静无事，除了晚上10点左右在宿舍与张小米同学略有冷暖空气对流，造成局部小雨；周二，上午阳光明媚，感染周围的张小米同学、陈小东同学都出现难得一见的晴朗天气，但下午的时候由于受到化学测验的9级台风突击影响，温度急剧下降，据专家推测这股台风在本周五发测验成绩时还将演变成12级飓风，伴随父母寒流及暴雨；周三，听说班级篮球队失利，王小花同学心脏地区遭受4.3级地震，整个下午都乌云密布，连张小米请吃肯德基也不能改变这股低气压的肆虐……

2. 所有学生完成活动后小组讨论分享：

(1)你是否能从其他组员的“天气预报”中得到关于他情绪变化的信息？

(2)你在生活中是如何表达自己的情绪的？有没有希望跟大家分享的小故事？

(3)你还有什么表达情绪的好方法吗？

学学心理知识，读读心理故事

[心理故事]

快乐与悲哀

一个老太太有两个女儿，大女儿嫁给一个卖雨伞的，二女婿则靠卖草帽为生。

一到晴天，老太太就唉声叹气，说：“大女婿的雨伞不好卖，大女儿的日子不好过了。”可一到雨天，她又想起了二女儿：“又没有人买草帽了。”所以，无论晴天还是雨天，老太太总是不开心。

一位邻居觉得好笑，便对老太太说：“下雨天你想想大女儿的伞好卖了，晴天你就去想二女儿的草帽生意不错，这样想，你不就天天高兴了吗？”

老太太听了邻居的话，天天脸上都有了笑容。

情绪与人的生活密切相关，它会伴随人的一生。而不断进步、日趋复杂的社会为现代人带来了日益凸显的情绪危机，来自生活、学习、工作、环境和精神孤独等方面的压力，使许多人受到了情绪失调的困扰。很多证据显示:情绪成熟的人,在人生各个领域都占优势,对生活的满意度也比较高。但是在生活中能做到情绪成熟确实很不容易,几乎每个人都曾受到不良情绪的困扰,大学生当然也不例外。

控制情绪是一件相对困难的事情,因为情绪是一种复杂的心理历程。一般意义上讲,情绪是指人们在内心活动过程中所产生的心理体验,或者说,是人们在心理活动中对客观事物的态度体验。

一、情绪的功能

情绪在我们的生活中扮演着重要的角色,一般可以将情绪的功能大致归纳如下:

(一)生存的功能

由于生理反应与情绪密切相关,所以当我们遇到危险状况时,我们马上会有紧张害怕的感觉,同时心跳加快、呼吸急促、分泌肾上腺素……从而产生“奋力对抗”或“落荒而逃”的反应,以保护自己,避开危险。情绪就如心理的“保安系统”,一旦身边的人和事对我们的身心构成威胁,这个“保安系统”就会发挥作用,发出相应的警报信号,这样,我们就可以及时地采取适当的应对措施保护自己不致受“伤”。

(二)人际沟通的功能

人与人之间最重要的是情感的交流。情绪的表达可以增进人际的沟通,有着非常重要的信息传递和情感调节作用。比如轻松、热情、喜悦、宽容和善意的情绪表达,会促进人际的沟通和理解;而冷漠、猜疑、排斥、偏执、嫉妒和轻视的情绪反应,则会构成人际交往中的障碍。

(三)动机性的功能

情绪如同“发电机”,它可以源源不断地产生能量,用以推动人的各种活动,使我们拥有一个积极进取和对社会有贡献的人生。比如有力、自信、勇敢等令人心情舒畅的感受,被称之为动力性情绪,会引导并维持你的行为达到特定的目标。

然而在我们的生命中,不可避免地要产生令人不快的情绪,比如愤怒、忧郁、怨恨、焦虑、嫉妒等,有人称之为耗损性情绪,因为这些情绪在一定程度上会耗磨我们的能量。但是,这些表面上负面的情绪若不过量还是有其积极价值的,因为在感受痛苦的同时,我们也得到了探索和成长的机会。

二、情绪的特性

情绪是与生俱来的,是人类所共有的,无论后来衍生成哪一种情绪类型,都具有以下几种特性:

(一)情绪是由刺激引发的

情绪不会无缘无故地产生,必有引发的刺激对象。例如遇到喜欢的人、听到别人赞美的语言、享受了美味的食物等,都可让我们心情愉悦;反之,拥挤的人群、恶臭的空气等,都会让我们烦躁不安。除外在刺激外,还有一些其他的内在刺激也会引起情绪。例如身体状态不好、内分泌失调等,都会引起我们种种情绪。

（二）情绪是主观的经验

同样的刺激事件，对每个人所引发的情绪并不一定相同。因为情绪本身是主观的经验，情绪的发生常常是个人认知判断的结果，因此，情绪的内在或外在反应因人而异，具有相当的个别性或主观性。情绪的个别差异表现在情绪的内涵、强度与表达方式的不同，因此我们应学习尊重每个人不同的情绪感受。

（三）情绪具有可变性

情绪并非固定不变，它随着我们身心的成长与发展、对情境的知觉能力，以及个人的经验与应变行为而改变。此外，引发情绪的刺激与情绪的反应也会随之改变，会因当时的心情与认知判断的结果不同，而表现出不同的情绪。

三、情绪的种类

中国早期的医书《内经》将情绪分为五情，以后又演变为七情，即喜、怒、哀、思、惊、恐、忧。华生（1924 年）认为人类有三种基本情绪：害怕、愤怒和爱；伍得沃夫（1928 年）根据面部的表情将情绪分类为六类：害怕、生气、厌恶、轻蔑、爱与快乐、惊讶；普朗契克（1980 年）则认为有害怕、生气、厌恶、惊讶、欣喜、悲伤、接受和期待等八种情绪。

一般意义上，根据情绪的强度以及持续时间，心理学家把情绪分为心境、激情、应激三类。

（一）心境

心境是一种比较微弱、深入而持久的情绪状态。心境具有弥漫性。它不是关于某一事物的特定体验，而是以同样的态度体验对待一切事物。心境与人们通常所说的“心情”比较一致。在舒畅的心境下，人们对一切事物都产生欢快情绪的体验，甚至觉得花草树木都在“微笑”、“点头”，惹人喜爱。在消极的心境下，人们往往以不良的情绪看待事物，做事枯燥乏味，无精打采。

心境持续时间有很大差别，某些心境可能持续几小时，另一些心境可能持续几周、几个月或更长的时间。心境持续时间的长短取决于引起这种心境的客观刺激的性质和个体的个性特点。在客观刺激方面，影响心境持续时间的因素是事件对个体的重要性。事件越重大引起的心境越持久，如失去至亲往往使人长时间沉浸在悲伤和郁闷的心境中。个体的个性特点也能影响心境的持续时间，同一事件对某些人的心境影响小些，而对另一些人的影响则较大，性格开朗的人往往时过境迁很容易开始新的生活，而性格内向的人则容易耿耿于怀。因此，心境持续时间长短，与人的气质、性格有一定的关系。

心境对人的生活、工作、学习和身体健康有很大影响。如《红楼梦》里的林黛玉总被凄凉的心境所包围，导致她感情的苦闷和身体的病弱日益加重。

（二）激情

激情是一种强烈的、短暂的、爆发性的情绪状态。激情通常是因为个人遭遇到了对自己而言意义十分重大的事件，在突然间受到强烈刺激产生的结果。如重大成功后的狂喜，惨遭失败后的绝望，亲人突然死亡引起的极度悲伤等都是激情状态。激情区别于心境的一个重要特点是，人处于激情状态时有明显的生理变化和外部行为变化。例如，盛怒时全身肌肉紧张，双目怒视，紧握双拳；狂喜时眉开眼笑，手舞足蹈；极度恐惧、悲痛和愤怒之后，可能导致精神衰竭、晕倒、发呆等。而心境不会引起明显的生理和外部行为上的变化。

激情常有巨大的心理能量，如果得不到适当的宣泄，会对人的身心造成伤害，如有人在狂喜、狂怒、大惊的时候会心跳骤停，甚至会死亡。此外，当人处在激情状态时，意识领域变得狭窄，理智作用下降，容易做出轻率、鲁莽的行为，造成不良影响，如激情犯罪。然而控制激情是完全可能的，在激情发生的最初阶段如果有意识地加以控制，就能将危害性减轻到最低限度。因此，要善于控制自己的激情，做自己情绪的主人。当然，激情并不总是消极的，我国卫星发射成功时人们的兴高采烈，运动员在奥运会上取得金牌时的欣喜若狂，这些激情包含着强烈的爱国主义情感，是激励人上进的强大动力。

（三）应激

应激是在出乎意料的紧张与危急状况下出现的情绪状态，是人对意外的环境刺激作出的适应性反应。如飞机在飞行中，发动机突然发生故障时，驾驶员紧急与地面联系着陆；正常行驶的汽车意外地遇到故障时，司机紧急刹车等。在这些情况下人们所产生的一种特殊紧张的情绪体验，就是应激状态。

四、情商

情商（EQ，情感智商）是由美国心理学家丹尼尔・高尔曼提出的，他认为：利用智力测验或标准化的成就测验来衡量一个人的智力，并预测其未来的成败，实际上比不上利用情绪的特质来衡量它更具有意义。情商是相对于智商（IQ）的一个概念，是情绪、情感商数的简称，也是情绪评定的量度，是指个人对情绪的把握和控制、对他人情绪的揣摩和驾驭能力，以及对人生的乐观程度和面临挫折的承受能力。

情商一般包含以下五种能力：

（一）认识自己的情绪的能力

这种能力包括：从自己的生理现状、情感体验和思想中辨认自身情绪的能力；通过语言、声音、仪表和行为从他人、艺术作品、各种设计中辨认自身情绪的能力；能了解自身真实感受的能力；能对人生大事做出正确选择的能力；能准确表达情绪以及表达与这些情绪有关的需要的能力；能区分自己情绪表达中的准确性和真实性的能力。

认识情绪的本质是情感智商的基石，当个人某种情绪刚一出现个人就能即时察觉，做到自我觉知，这是情商的核心与基础。心理学家的研究成果表明：“不了解自身真实感受的人必然沦为感觉的奴隶”；“掌握感觉才能成为生活的主宰，才能对婚姻、工作等人生大事作出正确的选择”；“没有能力了解自己的感情的人，也不能了解别人的感情”。

（二）妥善管理情绪的能力

情绪管理是指能够自我安慰，能够调控自我的情绪，使之适时、适地、适度。这种能力具体表现在通过自我安慰和运动放松等途径，有效地摆脱焦虑、沮丧、激怒、烦恼等因失败而产生的消极情绪的侵袭，使自己不陷于情绪低潮中。这方面能力低的人常需要与低落的情绪交战；而这方面能力高的人可以自我安慰，具备摆脱焦虑、烦恼或不安的能力及控制自身情绪的能力。

（三）自我激励的能力

所谓自我激励能力是为服从某一目标而自我调动、指挥个人情绪的能力。它是情商的重要内容，包括："始终保持高度热情"，这是一切成功的动力；"不断明确目标"，即能根据主客观情况的变化，不断给自己制定目标，促使自己不断前进；"情绪专注于目标"，这是集中注意力、发挥创造力所绝对必需的。拥有自我激励能力的人能够集中注意力，自我把握，发挥创造力，积极热情地投入工作，并能取得杰出的成就。缺乏这种能力的人，则易半途而废。

（四）认知他人情绪的能力

认知他人情绪的能力包括：以开放的心情接受各种情绪的能力；根据所获得的信息判断他人情绪的能力；观察自己与他人有关的情绪的能力。具有这种能力的人，能通过细微的社会信号敏锐地感受到他人的需要与欲望，具有能"感受别人的感受"的"同理心"，能分享他人的情感，对他人的处境感同身受，又能客观理解和分析他人情感。此种能力强者，特别适合从事监督、教学、销售与管理的工作。

（五）人际关系的管理能力

人际关系的管理能力是一种管理他人情绪的艺术。大体而言，人际关系的管理就是调控自己与他人情绪反应的技巧。这种能力包括展示情感、富于表现力与情绪感染力，以及社交能力（组织能力、谈判能力、冲突能力等）。

情商与智商虽然不同，但并不冲突，每个人都是两者的综合体。多数人都是情商与智商协调发展，研究表明：情商还是大学生人格能否健全、完整发展的重要因素。专家发现，学业上的聪明与情绪的控制关系不大，再聪明的人也可能因情绪失控而铸成大错。美国哈佛大学心理学教授丹尼尔·高尔曼认为，"情商"是个体最重要的生存能力，是一种发掘情感潜能、运用情感能力来影响生活各个层面和人生未来的关键性品质要素。他还认为，在人的成功要素中，智商只占20%，而80%是受情商的影响。因此，情商是发自内心的智慧，不仅决定着现实智力水平的发挥，还可预示未来良好的发展趋势。因此，情商是当代大学生综合素质中的一个重要方面，并在一定程度上影响着大学生综合素质中其他方面的提高。

课后自我心理训练

制作"情绪词典"

1. 依序将你所想的情绪写在空白的本子上，一页只写一种情绪。可以配合每一页的情绪，挑选几张杂志人物的生活照片，或是拍下自己的照片，或是为每一种情绪画上插图，作为每一种情绪的提示。

2. 仔细揣摩、描述照片中人物可能的心情感受，并举例说明自己何时有过相同的感觉，当时发生了什么事，有谁在场，你的情绪如何，你当时作何反应与处理；如果难以揣摩或说不出来时，你也可以问问别人对此情绪的生活体验，以助于你对情绪的了解。

3. 与同学进行情绪词汇表演竞猜。首先进行分组，几个人负责表演，其他人则负责猜题。表演者根据指导者从"情绪词典"中拿出的题目，不能说话，只能用肢体动作或面部表情表演出来让其他人猜。

训练二 学会正确地理解和表达情绪

※ 任务

了解情绪障碍的危害,学会正确地理解和表达情绪。

做做心理游戏,体会心理历程

活动项目:察言观色龙虎榜。

活动目的:学会辨识、理解他人的情绪,提高人际沟通能力。

活动方法:

1. 将全班同学分成若干组,每组 8 ~ 10 人。

2. 提供一组人物的各种面部表情,请同学表演出这些情绪让其他同学猜:微笑、愤怒、害羞、惊讶、悲伤、紧张、恐惧等。

3. 最会表演和最会猜的同学荣登“龙虎榜”。

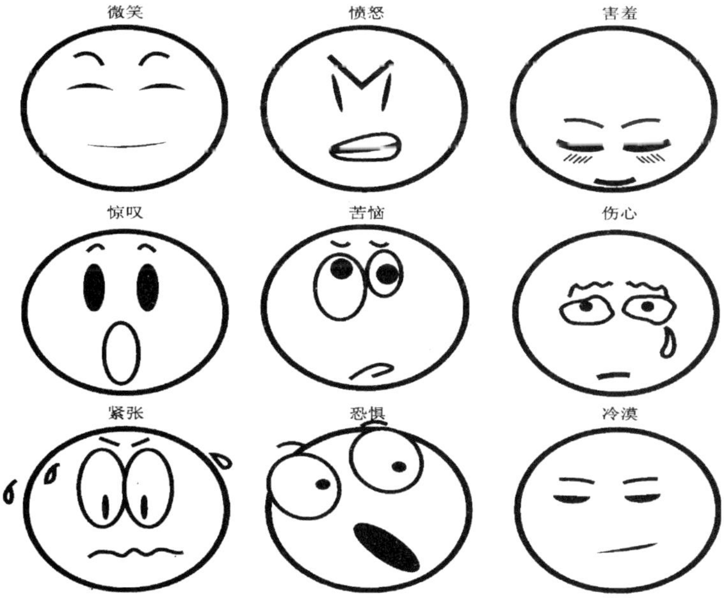

(供参考的情绪图片样式)

4. 活动过程中播放肖邦 A 大调前奏作品 28 号。

谈谈成长经历，交流心理感受

1.“察言观色龙虎榜”活动结束后讨论与分享：

(1)你看到的卡片上显示的是什么表情？

(2)你是根据什么判断出这种表情的？

(3)想象一下，在现实生活中你是否看见过谁出现过这样的表情？他(她)为什么有这样的表情？

(4)除了根据面部表情，你还可以根据什么判断一个人的情绪？

2. 角色表演：

(1)探索内倾的自我谴责型消极情绪的表达。

小周最近非常消沉，主要是考入目前的职业学院，总觉得对不起父母，总认为自己不争气，有时甚至怀疑自己怎么这么笨……

请小组讨论：小周的消极情绪主要有哪些？该怎么帮他走出消沉？他又该如何释放自己的消极情绪？

(2)探索外倾的怨恨他人型消极情绪的表达。

课堂上，老师突然批评一个学生，叫他不要讲话，而事实上是他同桌在对前排同学讲话。

小组讨论：如果是我被冤枉，我会有什么样的反应？

把成员的不同反应写出来，全体成员讨论哪种反应最合理。

如果大家认为都不尽合理，那么什么样的表达才算合理呢？

学学心理知识，读读心理故事

[心理故事]

林则徐“制怒”

林则徐性子很急，办事有时毛毛糙糙，经常出些差错。于是他的父亲就给他讲了一个“急性判官”的故事。

从前有一个判官，由于他非常孝敬父母，所以每遇到不孝顺的犯人，他就判得特别严。一天，有两个人拉来一个年轻人，要判官严惩。他们说：“这个年轻人是个不孝之子，他不仅骂他娘，还动手打她。我们把他捆了起来，可他还是不停地骂，我们就用东西把他的嘴堵住了。像他这样不孝的后生可恨不可恨？”判官一听，立刻火冒三丈，就喊：“来人呀，打这个逆子五十大板。”这个年轻人想开口申辩，可是嘴被堵着，有话没法说，只好挨了五十板子，屁股被打得血肉模糊。

过了一会儿，有个老太婆拄着拐杖急匆匆走进来，边哭边焦急地说：“请大人救救我们，刚才有两个盗贼溜进我家后院，想偷我的牛。我儿子捉住他们，要送他们到官府来，可是寡不敌众，两个强盗反把我儿子捆走，不知弄到何处去了。求大人帮忙，赶紧替我找找儿子。我就这么一个孝顺儿子……”判官一听,心想“坏了”,忙叫人把那两个捆人的人找来,但他们早已溜走了。老太婆一看,被打昏过去的年轻人正是自己的儿子,惊叫了一声,昏倒在地。

林则徐知道父亲的深刻用意,将“急性判官”的故事牢牢记在心里。为了时时警惕自己性情急躁、容易发怒的毛病,他专门做了一个“制怒”的横匾,挂在自己的书房,时刻提醒自己。

一、大学生情绪健康的标准

健康的情绪是健全人格的必要条件之一。一般而言,情绪的目的性恰当、反应适度,不带有幼稚的、冲动的特征,符合社会规范的要求,就是情绪健康的标准。

(一)情绪健康的特点

心理学家索尔指出了情绪健康的八个特点:

(1)独立,不依赖父母。

(2)能增强责任感及工作能力,减少与外界接触的渴望。

(3)去除自卑情结、个人主义及竞争心理。

(4)适度的社会化与教化,能与人合作,并符合个人良心。

(5)成熟的性态度,能组织幸福家庭。

(6)培养适应,避免敌意与攻击。

(7)对现实有正确的了解。

(8)具有弹性以及适应力。

(二)大学生情绪健康的标准

对大学生来说,情绪健康的标准为:

(1)情绪的基调是积极、乐观、稳定的。

(2)能够调节、控制或避免不良情绪。

(3)情绪反应适度,善于表达、疏解自己的情绪。

(4)健康的情绪是由适当的原因引起的。

(5)情绪反应的强度与引起它的情境相适应。

(6)情绪反应能随着客观情境的变化而转移。

二、大学生常见的情绪障碍

大学生正处于人格发展的完善阶段,其身心发展和生活环境都有其独特性,自我控制和自我调节能力尚待提高,而社会期望值高,竞争压力大,就使得他们易受紧张情绪的困扰,表现出焦虑、抑郁、愤怒、嫉妒、冷漠等不良情绪状态。这些负面情绪如果强度过大,次数过多,持续时间过长,就会直接导致情绪障碍。

(一)焦虑

焦虑是十分常见的现象,是一种类似担忧的反应或是自尊心受到潜在威胁时产生担忧的反应倾向,是个体主观上预料将会有某种不良后果而产生的不安感,是紧张、害怕、担忧相混合的情绪体验。

焦虑是大学生常见的情绪状态，当他们在学习、工作、生活等方面遭遇挫折或担心需要付出巨大努力的事情要来临时，便会产生这种体验。实验证明，中等焦虑能使学生维持适度的紧张状态，注意力高度集中，促进学习。但过度焦虑则会对学生带来不良的影响。

大学生常见的焦虑有自我形象焦虑、学习焦虑与情感焦虑。自我形象焦虑是担心自己不够漂亮，没有吸引力，体貌过胖或矮小等，也有的因为担心粉刺、雀斑等影响自我形象而引起的焦虑；这类焦虑主要与自我认知有关，需要通过调整自我认知重新接纳自我，建立新的自我形象。学习焦虑是与学习有关的焦虑如考试焦虑，在学生情绪反应中最为强烈。情感焦虑多数是由于恋爱受挫而引发的自我否定，认为自己不具备爱人与被爱的能力，因而过度担心引起焦虑。

（二）抑郁

抑郁症状不单指各种感觉，还指情绪、认知与行为特征。抑郁最明显的症状是压抑的心情，表现为仿佛掉入了一个无底洞或黑洞之中，正被淹没或窒息。抑郁的人对未来感到悲观，同时还伴随身体症状，如常常乏力，起床困难，更严重时睡眠方式都将改变，睡得太多或者早晨醒得太早，并且不能再次入睡。也可能出现饮食紊乱，吃得过多或过少，随之而来的是体重激增或剧减。抑郁是一种持续时间较长的低落、消沉的情绪体验，它常常与苦闷、不满、烦恼、困惑等情绪交织在一起。

抑郁的主要症状：压抑的心情；消极的自我观念，兴趣或快乐减退；自我抱怨与负罪感；体重激增或剧减；睡眠困扰（很难入睡或早醒）；易激动或行动迟缓；注意力不集中；想死或自杀。

一般来说，这种情绪多发生在性格内向，孤僻、敏感多疑、依赖性强、不爱交际，生活遭遇挫折，长期努力得不到回报的大学生身上。那些不喜欢所学专业，或有人际关系处理不当、失恋等问题的大学生也容易产生抑郁情绪。

（三）愤怒

愤怒是由于客观事物与人的主观愿望相违背，或因愿望无法实现，人们内心产生的一种激烈的情绪反应，是精力充沛、血气方刚的青年时期的大学生常见的一种消极情绪。如有的大学生因一句不顺耳的话或一件不顺心的小事而暴跳如雷；有的因人际协调受阻而怒不可遏、恶语伤人；有的因别人的观点或意见与自己相左而恼羞成怒。如此种种遇事缺乏冷静的分析与思考，只图一时之快、逞一时之勇的好激动、易动怒的不良情绪，在一些大学生身上时有体现。这种情绪对大学生的影响是极其有害的，因而有人说："愤怒是以愚蠢开始，以后悔结束。"

[案例]

一位大一女生的自述

我来自一个并不富有但也比较宽裕的家庭，父亲非常爱我，但在我童年中，发生过重大的创伤性生活事件，从此以后，我不再相信任何人，也不再相信很多人确信不移的情感比如友谊、爱情等。我想通过努力学习离开原来的生活环境，开始新的生活，摆脱童年生活的阴影。来到大学后，看到同学们都快乐无忧地生活着，长久潜藏于心的愤怒悄悄地滋长着，我不知道如何化解与排解这种情绪，便经常翻同学的书柜和床位，将他们正在看的参考书藏起来，我并不是为了看书而只是为了能看到他们焦虑、着急的样子，只有这样我内心的愤怒便找到了宣泄的出口。有一次，我将同学的存折悄悄取出，并将钱全部花掉以化解我心中的愤怒。

（四）嫉妒

“嫉妒是万恶的根源，美德的蟊贼。”——塞万提斯

“在人类的一切情欲中，嫉妒之情恐怕要算作最顽强、最持久了。”——培根

“嫉妒者比任何不幸的人更为痛苦，因为别人的幸福和他自己的不幸，都将使他痛苦万分。”——巴尔扎克

嫉妒是指看到他人在某些方面胜过自己时所引起的不快甚至是痛苦的情绪体验。当看到别人比自己强时，心里就酸溜溜的不是滋味，于是就产生一种包含着憎恶与羡慕、愤怒与怨恨、猜嫌与失望、屈辱与虚荣以及伤心与悲痛的复杂情感。

嫉妒是自尊心的一种异常表现，在大学生中普遍存在。具体表现为当看到他人学识能力、品行荣誉甚至衣着打扮超过自己时内心产生的不平、痛苦、愤怒等感觉；当别人身陷不幸或处于困境时则幸灾乐祸，甚至落井下石，在人后恶语中伤、诽谤。嫉妒是一种情绪障碍，它扭曲人的心灵，妨碍人与人之间正常的交往。

［案例］

学生A和B是某名牌大学的学生，大学期间两个人是形影不离的好友，在研究生学习期间，两人同时参加出国考试并被美国的两所大学录取，只因A申请的学校排名高于B申请的学校，B膨胀的嫉妒心使她无法面对A优于她的现实，于是，她以A的名义向A申请的学校写了一封信，拒绝去美读书，当A得知最终结果时，她无论如何不能相信这个事实，而B的理由只有一条：嫉妒。

这一致命的弱点毁掉了两个青年的前程。

（五）冷漠

冷漠是指人对外界刺激缺乏相应的情感反应，凡事漠不关心、冷淡、退让。如有的大学生对周围的人和事漠不关心，对集体和同学态度冷淡，对自己的前途命运、国家大事等漠然置之，似乎自己已看破红尘、超凡脱俗。于是，把自己游离于社会群体之外，独来独往，对各种刺激无动于衷。这种冷漠的情绪状态，多是压抑内心情感情绪的一种消极逃避反应。具有这种情绪的人从表面上看虽表现为平静、冷漠，但内心却往往有强烈的痛苦、孤寂和压抑感。

冷漠比攻击更可怕！冷漠会带来责任感的下降、生活意义的缺失与自我价值的放弃，可以说是有百害而无一利的消极情绪体验。克服冷漠最根本的在于改变认知，发现生活的意义，发现自我的价值，改变长期以来形成的对人生消极的看法；正确认识自我与他人、个体与社会，并不断矫正自己的非理性观念；从行为上，应积极投身于各种有意义的活动，融入集体中，进行积极的自我暗示与自我提升。

三、正确表达自己的情绪

了解自己的感受后，在适当的时候准确地表达出来也很重要。如果别人没有心情或者没有时间关注你的情绪，而你自己又没有意识到这点时，沟通也可能受阻，你的情绪可能得不到理解或正确解读。

以生活中常见的朋友约会迟到的例子来看，你之所以生气是因为他让你担心，在这种情况下，你可以婉转地告诉他："你过了约定的时间还没到，我好担心你在路上发生意外。"试着把"好担心"的感觉传达给他，让他了解他的迟到会带给你什么感受。而不适当的表达是指责他："每次约会都迟到，你为什么总是这样？"你指责对方，同样会引起对方的负面情绪，他就会变成一只刺猬，忙着防御外来的攻击，他的反应可能是："路上塞车嘛！有什么办法，你以为我不想准时吗？"如此一来，两人开始争吵，就别提什么愉快的约会了。如何"适当表达"情绪是一门艺术，需要用心去体会、揣摩。

我们常常无法向他人表达我们的真实情绪，是因为我们通常持这样一些误解：自己认为这样的表露会让自己难堪；认为只要不说出自己的感觉就可与对方维持和谐关系；相信别人"应该"知道自己的感受，不需要自己告诉他们等。然而事实是：没有人会"读心术"，没有人可以真正懂得我们主观的感受，除非我们表达我们的感受，别人才有机会更了解我们的立场观点与原则。但我们在表达情绪时容易犯下面这样的错误：弄不清楚自己的感受，所以乱发脾气；不敢直接表达情绪，所以一言不发，冷漠相对；一味指责对方；夸大过错；拒人于千里之外；讨好别人等。

掌握良好的时机表达自己的情绪很重要，要在对方方便时请他聆听我们的感受，而我们表达情绪时的有效方式应是以平静、非批判的方式叙述情绪的本质，描述而不是直接发泄。

课后自我心理训练

活动：情绪大联唱。

无论是科学研究还是现实经验都告诉我们，音乐可以帮助我们放松心情、调节情绪。倾听一首精心选择的优美音乐，就像与一位经验丰富的心理咨询师交谈一样让人愉悦。

如音乐《如果感到快乐你就拍拍手》，自己可以将歌词进行改编，变成针对情绪表达的舞蹈音乐。一边唱歌，一边作出相应动作。

如果感到快乐，你就拍拍手（动作）；

如果感到愤怒，你就跺跺脚（动作）；

如果感到无奈，你就耸耸肩，耸耸肩，我们大家陪你一起耸耸肩（动作）。

如果感到悲伤，你就哭一哭（动作）；

如果感到害怕，你就抖一抖（动作）；

如果感到紧张，你就深呼吸，深呼吸，我们大家陪你一起深呼吸（动作）。

如果感到着急，你就抓抓头（动作）；

如果感到兴奋，你就大声笑（动作）；

如果感到疲惫,你就伸伸腰,伸伸腰,我们大家陪你一起伸伸腰(动作)。

如果感到心烦,你就跳一跳(动作);

如果感到孤单,你就握握手(动作);

如果感到无聊,你就转三圈,转三圈,我们大家陪你一起转三圈(动作)一……二……三……四……

咦,你怎么多转了一圈呀?呵呵。

训练三　情绪调控的方法

※ 任务

理解情绪调控的可训练性;通过放松训练减压的方法,学会调控和管理情绪。

做做心理游戏,体会心理历程

活动项目:冥想放松训练。

活动目的:

1. 带领学生放下压力,体验放松的感觉。
2. 教会学生通过放松训练来减压的方法。

活动方法:

请在你的座位上坐下,找一个让自己感到舒服的姿势坐好。我们要稍微停一下让你找好位置。让你的双脚微微打开与肩同宽,双臂可在身旁放松。现在请闭上你的眼睛,倾听着我的声音。当你听到我的声音,你将体验到一种美妙放松的感觉。你会发现全身的肌肉都将完全放松。去感觉你的呼吸,不要刻意用力地呼吸,只要感觉到你的呼吸变得缓慢而深沉。在你吸气的时候,气会被带到腹部下方,并且你会意识到在你每次吸气时,你的小腹都会微微鼓起。在呼气时,将所有的气完全呼出,将自己的烦恼也一起呼出。你感到全身非常沉重,一直沉到地板里去了,感到你自己深深地陷入地板里越来越深。你感到很平静,全身正在放松,你慢慢地呼吸,吸气、吐气、吸气、吐气。你的全身感到非常放松,所有的紧张和压力都消失了,随着你脖子后肌肉的放松而消失了。延伸到脊椎下方以及整个胸部的肌肉也放松了。你的全身已经放松了。你的手臂和双手感到非常沉重,松软地摆在两旁。而你的双脚延伸到你的脚掌,也开始感到非常放松,你的全身正渐渐地往下沉,越沉越深,全身感到温暖而放松,在你下沉的时候放松吧,越来越放松,让我们放松地倾听自然美妙的声音。

想象你现在站在一个撒满阳光的海滩上。在这里每件东西都沐浴在阳光里,在你的面前就是一望无际的大海,碧蓝色的海水温柔而沉静。湛蓝的天空中太阳洒下柔和的光芒,你看到远处有白色的海鸥在飞翔,它们的歌唱声和海浪声一起组成了大自然的合唱。

空气中充满了温暖的阳光,你可以听见海水在你脚边冲刷海岸的声音,一切是那么美好、安静、安详又充满生气,你是自然的一部分。当你在海滩漫步时,你能感觉到细小金黄的沙砾从你的脚趾缝间穿过,你甚至能嗅到湿润的空气中有股淡淡的海咸味。你慢慢地沿着海滩走向一处宁静的港湾,你来到了这个港湾,阳光在海面上闪闪发光,你整个人都融入了自然,感到自己很平静安详。在海湾的一角海水清澈见底。暂停一下看看自己在水中的倒影吧。在你的心中升起一股暖流,你的脸上浮现出微笑,因为你现在已经抛开了生活的压力,它们已经不再把你压得喘不过气来,你现在是自由的,健康的,可以尽情地享受阳光。尽管你会在生活中遭遇阻碍却再也没有外在的力量可以掌控你,除非你将掌控权交给它们。现在把自己的心灵想象为一个撒满阳光的海滩,而你正在这个美丽的海滩漫步……漫步……享受宁静与充实。

现在你要离开你的沙滩,温暖的阳光、金黄的沙滩、湛蓝的大海,都在你的背后慢慢淡化,你回到了你的座位上来。现在开始慢慢地恢复你的意识,观察你的呼吸,注意到在你休息的时候,你的呼吸多么平静和缓慢。现在开始有点刻意地去呼吸,让每次的吸气延长一点、加深一点。而当你呼气时,感受到丰盛的精力,散布在你的全身。现在我们要开始活动一下你的脚掌和脚指头,然后将你的头从一边转到另一边,张开你的双眼,眨眨眼睛来适应光线,现在要伸展你的身体,高举双手超过头部,伸展、伸展、用力地伸展。呼气,开口用力呼出所有的气,这是新的一天,慢慢让自己坐起来,感受平静、安详还深深地留在你身体里面,还将会一直留在你心里。

放松过程中播放背景音乐:《平湖秋月》。

谈谈成长经历,交流心理感受

冥想放松训练结束后讨论与分享。

1. 将全班学生分成若干组,每组 8 ~ 10 人。

2. 请学生分享放松过程中的感受,如“放下压力,放松的感觉如何?”“为什么有时候我们总是感觉无法放松?”

3. 鼓励学生把活动中的放松方法应用到日常生活中。

学学心理知识,读读心理故事

[心理故事]

一次萧伯纳在街上行走,被一个骑车的冒失鬼撞倒在地,幸好他没有受伤,只虚惊一场。

骑车人急忙扶起他,连连道歉。可是萧伯纳却作出惋惜的样子,说:“可惜你的运气不好,先生,你如果把我撞死了,你就可以名扬四海了!”

一、情绪的 ABC 理论

美国临床心理学家阿尔伯特·艾利斯(Albert Ellis)在 20 世纪 50 年代创立了理性情

绪疗法，他认为情绪并不是由某一诱发事件本身直接引起的，而是由经历这一事件的个体对这一事件的解释和评价引起的。这一理论也称为情绪困扰 ABC 理论，其中 A 是指诱发性事件（Activating Event），B 指个体遇到诱发性事件之后产生的相应信念（Belief），即他对这一事件的想法、解释和评价，C 是指在特定的情景下，个体的情绪及行为的结果（Conseqence）。例如：当一名大学生因考试成绩平平（A）而焦虑甚至产生抑郁时（C），这是因为他有这样的信念（B）：大学生应当在各方面都是比较优秀的，出类拔萃的，否则情况就非常糟糕。

非理性信念的特点是绝对化、过分概括化。艾利斯认为，非理性信念主要包括十条：

一是每个人都应该得到对自己重要的人的喜爱与赞许。

二是每个人都必须能力十足，在各方面有成就，这样的人才是有价值的。

三是有些人是坏的、卑劣的、恶性的，因为他们的恶行，他们应该受到严厉的责备与惩罚。

四是假如发生的事情是自己不喜欢或不期待的，那么它是糟糕的、很可怕的，事情应该是自己喜欢与期待的那样。

五是人的不快乐是由外在因素引起的，一个人很少有或根本没有能力控制自己的忧伤和烦闷。

六是一个人对于危险或可怕的事物应该非常担心，而且应该随时考虑到它可能发生。

七是逃避困难、挑战与责任要比面对它们容易。

八是一个人应该依靠别人，而且需要有一个比自己强的人做依靠。

九是一个人过去的经历对他目前的行为是极重要的决定因素，因为某事曾影响一个人，它会继续，甚至会永远具有同样的影响效果。

十是一个人碰到种种问题，应该有一个正确、妥当及完善的解决途径，如果无法找到解决方法，那将是糟糕的事。

二、情绪的可调控性

人人都是自己情绪最好的医生，你能使自己痛苦，也能使自己快乐。我们可以成为情绪的主人，而不是任由情绪控制我们的思考、行为和感受。一个人的情绪管理能力也不是一成不变的，而是可以通过训练加以提高和改善的。

[心理故事]

有一个男孩脾气很坏，于是他的父亲就给了他一袋钉子，并且告诉他，当他想发脾气的时候，就钉一颗钉子在后院的围篱上。第一天，这个男孩钉下了 40 颗钉子。慢慢地男孩可以掌握他的情绪，不再乱发脾气，所以每天钉下的钉子也跟着减少了，他发现控制自己的脾气比钉下那些钉子来得容易一些。终于，父亲告诉他，现在开始每当他能控制自己的脾气的时候，就拔出一颗钉子。时间一天天地过去了，最后男孩告诉他的父亲，他终于把所有的钉子都拔出来了。

每人心中都有把“快乐的钥匙”，但我们却常在不知不觉中把它交给别人掌管。一位女士抱怨道:"我活得很不快乐,因为先生常出差不在家。"她把快乐的钥匙放在先生手里。一位妈妈说:"我的孩子不听话,让我很生气!"她把钥匙交在孩子手中。一位男人说:"上司不赏识我,所以我情绪低落。"这把快乐钥匙又被塞在上司手里。婆婆说:"我的媳妇不孝顺,我命真苦!"年轻人从文具店走出来说:"那位老板服务态度恶劣,把我气炸了!"这些人都做了相同的决定,就是让别人来控制自己的心情。当我们允许别人掌控我们的情绪时,我们便觉得自己是受害者。对现状无能为力,抱怨与愤怒或为我们唯一的选择。我们开始怪罪他人,并且传达这样一个讯息:"我这样痛苦,都是你造成的,你要为我的痛苦负责!"并要求他们使我们快乐。

思考:生活中,我有多少次把快乐的钥匙交给了别人?

三、以合适的方式宣泄情绪

宣泄情绪的方法很多,有些人会痛哭一场,有些人会找三五个好友诉苦一番,还有一些人会逛街、听音乐或逼自己做别的事情,比较糟糕的方式是喝酒、飙车,甚至自杀。宣泄情绪还有一个很重要的目的,就是在于给自己一个理清想法的机会。下面介绍几种暂时缓和情绪的方法。

(一)身心松弛法

紧张焦虑的情绪,不仅影响人的正常生活,降低工作、学习的效率,而且还会伴随一些生理症状,如血压升高、头痛、气喘、肌肉紧张、呼吸快而浅、心跳强而快、失眠或嗜睡等。而通过对身体各部分的主要肌肉进行系统的放松练习,可以抑制这些伴随紧张而产生的生理反应,从而减轻心理上的压力和紧张焦虑的情绪。

(二)迅速找到社会支持

在情绪不稳定的时候,找人谈一谈,具有缓和、抚慰的作用。因此,建立个人的支持体系,在你需要的时候,有家人、亲戚或好友可以听你倾诉,这是非常重要的。这些人在平常就要常常保持联络,必要的话还要花点时间将这些社会支持的联络方式牢记在心,以便在需要帮助的时候,我们可以条件反射般迅速地找到他们,让他们帮助巩固即将决堤的洪水般情绪。

(三)转移注意力

转移注意力就是把注意力从引起不良情绪反应的刺激情境转移到其他事物上去或者从事其他活动的自我调节方法。当出现情绪不佳的情况时,要把注意力转移到使自己感兴趣的事上,如:外出散步,看看电影、电视,读读书,打打球,下盘棋,找朋友聊天,换换环境等,有助于使情绪平静下来,在活动中寻找到新的快乐。这种方法,一方面中止了不良刺激源的作用,防止不良情绪的泛化、蔓延;另一方面,通过参与新的活动特别是自己感兴趣的活动而达到增进积极的情绪体验的目的。

(四)适度宣泄

过分压抑只会使情绪困扰加重,而适度宣泄则可以把不良情绪释放出来,从而使紧张情绪得以缓解。台湾作家罗兰在《罗兰小语》中写道:"情绪的波动对有些人可以发挥积极的作用。那是由于他们会在适当的时候发泄,也在适当的时候控制,不使它泛滥而淹没了别人,也不让它们淤塞而使自己崩溃。"情绪宣泄的方法有很多种,如倾诉、哭泣、高喊等。适度的宣泄可以把不快的情绪释放出来，使波动的情绪趋于平静。必须指出，在采取宣泄法来调节自己的不良情绪时，必须增强自制力，不要随便发泄不满或者不愉快的情绪，并且要采取正确的方式，选择适当的场合和对象，以免引起意想不到的不良后果。

（五）自我安慰法

当一个人遇有不幸或挫折时，为了避免精神上的痛苦或不安，可以找出一种合乎内心需要的理由来说明或辩解。这种方法，对于帮助人们在大的挫折面前接受现实，保护自己，避免精神崩溃是很有益处的。比如，对于失恋者来说，想到"失恋总比结婚后再离婚要好得多"，便可减轻因失恋带来的痛苦。因此，当人们遇到情绪问题时，经常用"胜败乃兵家常事"、"塞翁失马，焉知非福"、"失之东隅，收之桑榆"等词语来进行自我安慰，达到自我激励、总结经验、吸取教训之目的，将有助于保持情绪的安宁和稳定。

（六）交往调节法

某些不良情绪常常是由于人际关系矛盾和人际交往障碍而引起的。因此，当遇到烦恼时，主动地找亲朋好友交往、谈心，能够起到缓和、抚慰、稳定情绪的作用。人际交往还有助于交流思想、沟通情感，增强自己战胜不良情绪的信心和勇气，能让我们更理智地去对待不良情绪。

课后自我心理训练

1. 把握情绪模板比赛

（1）给每位成员三分钟的时间，思考自己常因什么感到郁闷，倾向哪种情绪发泄方式（自我谴责还是愤怒他人），自己认为自己的郁闷指数在10星中占据几星。

（2）实例摘引：

在日本的某些企业，工人与管理者关系紧张，常发生暴力事件。在心理学家的建议下，一些企业设立了"特种员工室"，里面有经理、车间主任等人的偶像，用塑料或沙袋制成。工人可以对特定偶像任意地拳打脚踢，发泄不满情绪而无人干涉。"特种员工室"设立后，暴力事件明显减少了。

请成员分析"特种员工室"的工作原理。

2. 范例演讲比赛

显示模版（请学生用自己的行为填空）。

如果有一天醒来，发现自己被悲伤、自怜、失败的情绪包围，我将这样与之对抗：

沮丧时，我__________；悲伤时，我__________；病痛时，我__________；恐惧时，我__________；自卑时，我__________；不安时，我__________。总之，今天我要学会把握自己的情绪。

范例演讲稿：

如果有一天醒来，被悲伤、自怜、失败的情绪包围时，我将这样与之对抗：沮丧时，我引吭高歌；悲伤时，我开怀大笑；病痛时，我加倍努力；恐惧时，我勇往直前；自卑时，我换上新装；不安时，我提高嗓音。总之，今天我要学会把握自己的情绪。

用比赛的方式进行，选出最佳演讲稿和最佳演说家。

分享格言：弱者任情绪控制行为，强者让行为控制情绪。

3. 自控能力测试

人体的节律同大自然的节律一样，是周期性有规律的活动。但是，来自外部的各种刺激会导致人体节律的紊乱。这就需要有较强的自控能力。你的自控能力如何？请认真看完下列各题，选“是”计1分，选“否”计0分，做完后将总分与结果对照。

（1）每天起床后练半小时到一小时的气功。 是（ ）否（ ）

（2）每天早餐的气氛活跃且时间充裕。 是（ ）否（ ）

（3）常常放开嗓子纵情吟唱。 是（ ）否（ ）

（4）入睡前和起床后，能反复地给自己说几句鼓励的话。 是（ ）否（ ）

（5）对不愉快的事情从不纠缠，并很快忘记。 是（ ）否（ ）

（6）与其心事重重，还不如直言或马上采取行动。 是（ ）否（ ）

（7）精神不愉快时，往往通过体育活动进行调节。 是（ ）否（ ）

（8）遇到必须做的事情和问题，能放下其他事情，专心致志地考虑解决办法。

是（ ）否（ ）

（9）遇到什么人都不会说俏皮话。 是（ ）否（ ）

（10）经常阅读自己非常尊敬的伟人传记，并自我勉励。 是（ ）否（ ）

（11）有面对任何困难的勇气，能冷静地观察分析问题，从而找出问题的症结。

是（ ）否（ ）

（12）自信无论什么事情都能获得成功。 是（ ）否（ ）

（13）就寝前总结当日的事情，心情宽松地入睡。 是（ ）否（ ）

（14）上厕所的时间比较有规律。 是（ ）否（ ）

（15）能有计划地安排闲暇娱乐，无忧无虑地度过每一天。 是（ ）否（ ）

测试结果倾向：

0～6分：自控能力较差。对精神缺乏自我管理意识，经常有忧伤、焦躁、恐惧等情绪压力。

7～11分：自控能力较好。能经常保持爽朗松弛的心情和清醒理智的头脑。

12～15分：自控能力很强。善于情绪的转控，不拘小节，踏实肯干，乐观处世。

第七单元　个性完善训练

本单元学习任务

1. 了解气质、性格、能力的基本知识，通过测试了解自己气质的特点，有意识地完善自身的气质。

2. 学习、了解克服不良个性和调适人格障碍的方法。

3. 学习、掌握完善个性的方法及技巧。

★ 场地

团体活动室或者可以席地而坐的空地。

★ 设备

播放音乐的多媒体工具。

★ 人数

60 人左右。

训练一　个性心理结构的认知

※ 任务

通过项目训练，了解气质、性格、能力的基本知识，通过测试了解自己的气质，知道自己性格的优缺点。

做做心理游戏，体会心理历程

活动项目：心之探索——气质、性格测试。

活动目的：通过测试，了解自己的气质类型及其特点，并在以后的学习、生活中注意克服自己气质的消极面，发扬其积极面。

活动方法：

1. 对照测试题（见本单元末附录部分）分别进行气质测试、性格测试。

2. 确定自己的气质类型和性格类型。

活动背景音乐：《幻想曲》。

谈谈成长经历，交流心理感受

“心之探索——气质、性格测试”活动结束后小组讨论与分享：

1. 将全班同学分成若干组（最好以宿舍为单位分组），每组 8 ~ 10 人。

2. 根据测试结果与小组同学交流：自己属于什么气质类型？属于什么性格类型？各有什么优缺点？

3. 本小组（本宿舍）的同学属于哪几种气质类型？哪几种性格类型？将来在学习、生活和工作中怎么和不同气质类型、不同性格类型的人相处？

学学心理知识，读读心理故事

培养良好的个性品质是大学生保持心理健康的重要途径。大学阶段是大学生个性心理特征的定型阶段。在这个阶段，随着大学生自我意识能力、社会认知能力等迅速形成并逐步趋于成熟，其个性心理也会迅速趋于成熟。因此，引导大学生正确认识个性、控制不良个性特征、完善自我个性，对其保持心理健康具有特别重要的意义。

个性差异主要体现在两个方面：个性心理倾向性和个性心理特征。个性心理倾向性是指一个人所具有的意识倾向和对客观事物的稳定态度。它包括需要、动机、兴趣、理想、信念、世界观。个性心理特征是指一个人身上经常表现出来的本质的、稳定的心理特点，它包括气质、性格和能力。个性心理特征是个性的重要组成部分。

一、气质——心理活动的动力特征

1. 什么是气质

气质一词常被人们提起，例如，我们常听人们说“某人特别有气质”、“某人气质不俗”等。这是把气质理解成了相貌、仪表、举止和风度等的说法。心理学上所说的气质与上述意义上的气质并不完全吻合，但它与“脾气”、“禀性”却颇为相似。

气质是个性心理特征之一。它是个体天生固有的心理活动的动力，是高级神经活动类型在人的行为和活动中的体现，是情绪和活动发生的强度、均衡性和灵活性方面典型的、稳定的心理特征，它不以活动的内容、动机和目的为转移。例如，有的人活泼好动、反应灵敏；有的人安静沉稳、反应迟缓；有的人直率、热情、易冲动；有的人孤僻、体验深刻等。人与人在这些心理特征方面的差异或相似，就表现为气质的异同。

气质具有天赋性、稳定性和可变性。气质在很大程度上是由遗传因素决定的。初生的婴儿，有的大声啼哭，活泼好动，对外界刺激反应迅速；有的哭声微弱，安详宁静，对外界刺激反应比较缓慢。实践证明，年龄越小，气质的表现越明显，气质的各种特征越清楚。小孩的遗传因素越接近,气质的表现就越接近。

气质一旦形成,就比较稳定且不易改变。俗话所说的“江山易改,禀性难移”就是这个意思。但由于生活和教育特别是早期教育的影响,在一定限度内,气质也可以发生一定的变化。实践证明,遗传对气质的影响有随着年龄增长而减弱的趋势,而环境对气质的影响有随着年龄增长而增强的趋势。因此,气质还是具有可塑性的。

2. 气质类型及其表现特点

[案 例]

看戏前的插曲

前苏联心理学家做过一个实验,故意让四个不同气质的人一起去看晚场戏,以观察其反应。四人到了戏院时,戏已经开演了。按照戏院规定,演出开始后,观众一般不能再擅自入场走动。检票员建议大家暂时在大厅休息等候,待第一场结束中间休息时再进去。胆汁质的人性急,当时就与检票员吵了起来,并不顾阻拦强行闯了进去;多血质的人机灵,趁着检票员没注意,悄悄溜到了楼上,恰巧有空位,就坐下来看戏;黏液质的人性情沉稳,做事有耐心,从不越雷池一步,此时,按照检票员的要求,耐心地等候,直到第一场结束中间休息时才进去;抑郁质的人感到十分沮丧,再也提不起看戏的兴致,转身回家去了。

不同气质类型的人,其性情、行为也不同,具体特征如下:

(1)胆汁质

它属于兴奋而热烈的类型,是高级神经活动强而不平衡的灵活的兴奋型在人的行为和情绪等方面的表现。基本特征是直率、热情、精力充沛、情绪易冲动、心境变化剧烈等。

属于这类气质的大学生有理想,有抱负,有独到见解,反应迅速,行为果断,表里如一。他们在言语上、面部表情上和体态上都给人以热情直爽、善于交际的印象。他们不愿受人指挥,而喜欢指挥别人。他们一旦认清目标,就希望尽快实现,遇到困难也百折不挠,有魄力,敢负责;但自制力较差,往往比较粗心,容易感情用事,有时会有刚愎自用和鲁莽的表现。

(2)多血质

它属于敏捷好动的类型,是高级神经活动的强而平衡灵活的活泼型在人的行为和情绪等方面的表现。基本特征是活泼、好动、敏感、反应迅速、喜欢与人交往、注意力容易转移、兴趣容易转变等。

属于这类气质的大学生易于适应环境的变化,性情活泼、热情,人见人爱,善于交际。他们在群体中精神愉快,相处自然,常能机智地摆脱窘境。他们在工作和学习上肯动脑筋,善于出主意、想办法,常表现出较强的工作能力和较高的办事效率。他们对外界事物有广泛的兴趣,不安于机械、刻板、循规蹈矩的工作,易于接受新事物。但他们的情绪不够稳定,表情丰富且外露,体验不深刻。

(3)黏液质

它属于缄默安静的类型,是高级神经活动强而平衡的不灵活的安静型在人的行为和情绪等方面的表现。基本特征是安静沉稳、反应缓慢、沉默寡言、情绪不易外露、注意力集中、善于忍耐等。

属于这类气质的大学生反应较迟缓,无论何事力求稳妥,深思熟虑,不做无把握之事,在各种复杂的环境中都能表现出较强的自制力。他们外柔内刚,沉静多思,很少流露出内心的真实情感。他们在与人交往时,态度持重适度,不卑不亢,不爱抛头露面或作空洞的清谈。他们行动缓慢而沉稳,有板有眼,严格恪守既定的生活秩序和工作制度。所以,属于这类气质的大学生具有坚忍不拔、埋头苦干等特点,适宜做需要长时间集中注意力的有条不紊的工作。但由于他们过于谨慎,所以不善于随机应变,习惯于墨守成规,做事缺乏灵活性。

(4)抑郁质

它属于呆板而羞涩的类型,是高级神经活动弱的抑制型在人的行为和情绪等方面的表现。基本特征是孤僻、行动迟缓、体验深刻、善于观察别人不易觉察到的事物等,具有内倾性。

属于这类气质的大学生在生理上难以忍受或大或小的紧张气氛,厌恶那些强烈的刺激,如恐怖镜头、动物吼叫等,经不住环境的变化,适应能力很弱。他们感情细腻而脆弱,常因小事引起情绪波动。他们情绪体验的方式较少,并且极少外露自己的情感,但内心体验却相当强烈。他们心里有话宁愿闷在心里,也不愿向别人诉说,常生闷气。与人交往时,显得腼腆、扭捏,在陌生人面前很拘束,喜欢独处。他们的兴趣、爱好不广,有孤僻表现。

属于这类气质的大学生在一个团结友爱的集体中,可能是个极易相处的人,尤其善于周到地领会别人的意图,能觉察到别人不易觉察的细小事物和微弱变化,对力所能及的工作也能认真负责地完成。他们遇事三思而后行,求稳不求快,因而显得迟缓刻板。他们在学习、工作一段时间后,常比别人更感疲倦;面对困难的局面表现出怯懦、自卑和优柔寡断。

有关研究表明,属于上述四种类型中的某一气质的人是少数;大多数人是主要具有某一种气质类型的特征,同时又兼有另一种气质类型的某些特点,即属于复合型。

3. 大学生应如何看待自己的气质特征

(1)应认识到气质类型及其特征虽然贯穿于我们行为活动的方方面面,但它并不会对一个人的品德、智力发展水平以及将来的成就、贡献和价值起决定性作用。这是因为任何一种气质类型都既有其积极的一面,也有其消极的一面。比如,胆汁质学生的自信,既可表现为学习上有韧性、有独立见解,也可表现为自负、傲慢;多血质学生的灵活,既可表现为聪明好学、肯动脑子,也可表现为爱耍小聪明,满足于一知半解;黏液质学生的迟缓,既可表现为学习踏实、有条不紊,也可表现为不开窍、反应迟钝;抑郁质学生的多思,既可表现为思想深沉、学习认真,也可表现为疑心重、好幻想等。无论哪一种气质类型的大学生,都有可能成为优秀学生,也都有可能成为后进学生;将来都有可能成为具有强大创造力的对社会有重要贡献的人,也都有可能成为智力平庸的一事无成者。

因此,气质事实上并无好坏优劣之分,关键在于我们能否善于发挥气质类型中积极的一面,扬其所长,抑制并克服气质类型中消极的一面,避其所短。

(2)我们还应认识到,虽然气质是天生的,但其具有可塑性,也是可以改变的。尽管这种改变是缓慢的，但通过自身的努力，改变某些消极的气质因素仍有其积极的意义。这就要求我们在学习和工作过程中，学会观察、分析和吸收周围人的良好气质特征，选择合适的交往方式，长久以后，我们的思想和行为就会因气质的变化而改变。

不同气质类型的学生要正确对待自己的气质，扬其所长、避其所短。如胆汁质的学生，宜多自我鼓励，充分挖掘自己气质中积极的一面，不要轻易发怒，要注意培养和磨炼自己的自制力，沉着冷静地对待事物，约束自己的任性行为。多血质的学生，要适当给予自己更多的活动机会和任务，从中受到更多的教育，养成扎实、专一、坚持到底的作风和树立克服困难的决心。黏液质的学生，则要尊重自己的想法，做事前要有充分的考虑时间。而抑郁质的学生，就要多参加集体活动，主动与人交往，提高自己的社会交往能力等。

有意识地使自身的气质完善化，最重要的是要加强意志的培养。顽强的意志能使人驾驭自己的气质，而不做气质的奴隶。

4. 气质对学习、生活及未来实践活动的影响

（1）多血质和胆汁质的学生一般精力充沛，不易疲劳；抑郁质的学生一般易疲倦，需要注意适当地休息。

（2）多血质和胆汁质的学生能够同时注意许多事物，善于应对复杂的局面；黏液质、抑郁质的学生即使对于简单的作业，都要准备和沉思，对于一个小小的障碍或意外情况，都会给予长时间的注意。

（3）多血质和胆汁质的学生对新教材的讲授特别感兴趣，新的知识会使其精神焕发，轻松兴奋，感到极大的满足，而对复习旧教材则缺乏兴趣；抑郁质、黏液质的学生对新教材也有兴趣，但在学习时常常感到困难和疲惫，在复习旧教材时，则表现得轻松自如，感到自己处于主动、支配的地位，对基本掌握了的新内容，其思维有惊人的准确性和明确性。

（4）一般地说，多血质和胆汁质的学生比抑郁质的学生能做更多的事情。

虽然气质因素在一定程度上影响着我们的学习与生活，但它并不能最终决定我们智力发展的水平和成就的大小。据考证，俄国的四位著名作家就是四种不同气质类型的典型代表：赫尔岑具有多血质特征；普希金具有明显的胆汁质特征；克雷洛夫属于黏液质；而果戈理属于抑郁质。他们的气质类型虽然各不相同，却并没有影响他们在文坛上取得同样的杰出成就。

二、性格——个性差异的最鲜明表现

1. 人的个性差异首先表现在性格上

人们在描述某人的特点时，总喜欢从他或她的性格特征去描述，如友善、公正、开朗、坚强、负责、细心、谦虚、自律等。文学家在塑造人物形象时，也是通过集中刻画人物的性格特征使人物的形象鲜活起来的。例如，哈姆雷特的优柔寡断；葛朗台的吝啬贪婪；林黛玉的多愁善感；诸葛亮的足智多谋等。由此可见，性格是一个人的个性最鲜明的表现，是人与人之间差异的主要方面。

性格一词，源于希腊文，原意是特征、标志、属性或特性。心理学对性格的界定是：个

人对客观现实所持的稳定的态度以及与之相适应的习惯化的行为方式。也就是说，一个人在生活过程中接触到形形色色的人、事、物时，会根据自己的认识对它们、同时也对自己产生一种稳定的、评价性的心理倾向，如肯定或否定、赞成或反对、满意或不满意等，这就是态度。态度会支配人的行为，有什么样的态度就会表现出什么样的行为方式，如追求或放弃、接纳或拒绝、保持或改变等。时间久了，逐渐稳定下来的态度和形成习惯的行为方式就构成了一个人独具特色的性格特征。人的个性差异也首先表现在性格上。

性格是人的稳定的个性心理特征。这是因为，一方面，性格是在不断发展的社会生活条件、各种形式的教育影响以及自身的实践锻炼下，长期塑造而成的；另一方面，这种比较稳定的对现实的态度和行为方式，贯穿于人的全部行为活动中，在类似的甚至不同的情境中都会表现出来。比如，一个诚实正直的人，在对集体、对他人的态度上会表现出实事求是、公正廉洁的品德，对自己的缺点错误不会隐瞒，勇于剖析自己，对学习和工作也是严肃认真的。如果一个人只是偶然地表现出上述某些特点，那么就不能说其具有诚实正直的性格特征。只有那些能从本质方面表现一个人个性的性格特征，才具有性格的意义。

性格和气质有着互相渗透、彼此制约的联系，但二者又有所区别。气质不是人的性格中的某种外来东西，而是有机地包括在性格结构之中的。首先，气质影响着性格的动态方向，渲染性格特征，从而使性格特征具有独特的色彩。比如，同样是助人为乐的性格特征，多血质的学生在帮助别人时，往往动作敏捷，情感明显外露；而黏液质的人则可能动作沉着，情感内隐。其次，气质可以影响性格特征形成和发展的速度。比如，对于自制力的形成，胆汁质的人需要经过极大的努力和克制，而抑郁质的人则用不着特别抑制自己就能办到。再次，性格对气质的影响也是很明显的，性格在一定程度上可以掩盖或改造气质，使它服从于生活实践的要求。具有坚强性格的人可以克制和遏制气质中的某些消极方面，发展积极的方面。比如，驾驶员所应具备的沉着的性格特征，在形成过程中就有可能改造胆汁质的容易冲动和不可遏制的特征。

性格和气质的主要区别是，气质更多地体现神经类型基本特性的自然影响，是神经类型在行为、活动中的直接表现；而性格更多地受社会生活条件的外来影响，是在神经类型的基础上形成的暂时联系系统。所以，某些气质类型和某些性格之间不存在对应关系。不同的气质类型可能会形成相同的性格特征，相同的气质类型也可能会形成不同的性格特征。

同时，我们也应该知道，性格在人的个性中处于核心的地位。这首先是因为性格具有社会评价的意义，人们可以对某种性格特征的社会价值进行评判。例如，诚实或欺骗、仁慈或冷酷、勇敢或怯懦、勤奋或懒惰、认真或敷衍、宽容或尖刻等等。以上性格特征在任何社会条件下，都具有明确的积极或消极的价值倾向。相比之下，能力与气质就不具有直接的社会评价意义，而且对个人而言也难以确定其绝对的高低或好坏。因为每个人在能力上各有所长，也各有所短；每个人的气质类型在面临不同的环境与行为活动时，也都会表现出有利或不利的一面。因此，一个人个性的优劣主要从性格上体现出来。其次，性格还制约着能力与气质的发展方向和表现形式，如勤奋造就天才，懒惰荒废才华；又如认真的性格会使原本脾气急躁的胆汁质的人可以忍受琐碎、细致的工作，而敷衍的性格也会使原本沉静、稳重的黏液质的人工作时丢三落四、出错不断。因此，人与人的个性差异首先是性格的差异，而不是能力水平、气质类型的差异。要具备健康的个性，最重要的是培养良好的性格。

2. 性格类型

性格的分类标准很多，一般根据人的性格的不同，可将性格分为内倾性格和外倾性格两种类型。一般认为，外倾是一种客观的心态，内倾是一种主观的心态，这两种心态彼此排斥。一个人可能在某些时候是外倾的，而在其他时候是内倾的。但是，在一个人的一生中，通常是其中的一种心态占据优势。如果是客观的倾向占据优势，即可认为其性格是外倾的；如果是主观的倾向占据优势，即可认为其性格是内倾的。

性格外倾的人，心理活动倾向于外部，经常对外部事物表示关心。他们性格开朗活泼，善于交际。他们不愿独自苦思冥想，而要依靠他人或集体活动来满足个人情绪的需要。他们也善于在集体活动与群体交往中表达自己的情绪和情感。他们自由奔放，当机立断，动作快，不拘小节，易作出轻率举动。

性格内倾的人，很少向别人显露自己的喜怒哀乐。他们在情感方面经常自我满足，珍视自己内心的体验。他们在外人面前容易害羞，说话紧张，不愿在大庭广众面前抛头露面，做事深思熟虑，但也因此缺乏实际行动，常给人困惑、忧虑、闷闷不乐之感。

心理学家对外倾性强和内倾性强的人进行了研究，结果表明：长期苦恼的人偏向于内倾；领导品质与外倾性格呈正相关；内倾性或外倾性与智力水平的高低无关；外倾性强的人，他们的手部运动、语言反应和决断简单事物的能力，要优于内倾性强的人。一般来说，外倾性强的人适于培养成开拓型人才，成为实业家或领导管理人才；内倾性强的人适于培养成学术型人才或从事精细的工作，如会计师、实验人员等。心理学研究还表明，性格类型的心态特征与气质一样，不能成为一个人的事业成败和社会价值大小的决定因素。唐朝诗人李白具有外倾性格特征，而杜甫则具有内倾性格特征。对此，严羽《沧浪诗话》云："子美不能为太白之飘逸，太白不能为子美之沉郁。"但这并没有妨碍他们各自都成为大诗人。

3. 大学生喜欢什么样的性格

大学生喜欢的性格一般如下：(1)聪明乖巧，能理解人；(2)亲切；(3)温和；(4)诚实；(5)富于幽默感，脸上经常挂着笑容；(6)能倾听别人的意见；(7)容貌漂亮，但首先必须心地善良；(8)经常照顾别人；(9)头脑灵活；(10)话题广泛，说话富有感染力；(11)能力强；(12)爽直，不自命不凡。

此外，以下几点也很重要：①信守与人约定的时间，不随便迟到、早退等；②自己喜欢娓娓而谈，但同时也能很好地倾听别人的谈话；③可以与之进行愉快的交谈；④表里如一，可以信赖；⑤克制谦让，不出风头；⑥不讲别人的坏话；⑦礼貌周到；⑧不食言，不信口开河；⑨态度明朗，不阴阳怪气。

总的来说，大学生普遍喜欢如下性格：善于控制自己，情绪稳定，能力较强，适应能力较强，待人忠厚、开朗、温和、亲切，富有同情心，善于交际等。

4. 大学生具有哪些性格特征

性格是由许多个别特征组成的复杂的心理结构。大学生的性格特征可以从以下四

个方面进行分析:

(1)性格的态度特征

这是指大学生对现实所持有的一惯态度和稳定的行为方式,主要是指其处理各种社会关系方面的性格特征。它是大学生性格的主导方面,突出地体现了大学生个性的本质。如:在对待社会、集体和他人的态度上,有些学生表现出热爱集体、有社会责任感、守纪律、富有同情心、助人为乐、正直诚实、有礼貌等良好的性格特征;有些学生则表现出缺乏社会责任感、个人第一、自由散漫、冷酷无情、虚伪、粗暴等性格特征。又如在对待学习、工作、劳动的态度上,有些学生表现出勤奋、认真、细致、创新和节俭等良好的性格特征;有些学生则表现出懒惰、粗心、保守、浪费、敷衍了事等不良性格特征。再如,在对待自己的态度上,有些学生具有严于律己、谦虚、自信、自尊、大方等良好的性格特征;也有少数学生具有自负、自傲、自卑、羞怯等不良性格特征。

(2)性格的意志特征

大学生在行动中经常表现出的种种意志努力就是性格的意志特征,它构成了大学生性格的重要方面。大学生性格的意志特征主要表现在以下四个方面:

①行为目标方面。比如,对专业学习是具有明确的目标还是被动应付,是具有独立的见解还是易受暗示。

②对行为的控制能力方面。比如,是主动地约束自己,克服冲动的行为,还是放任自流,惊慌失措等。

③对突发事件或意外变故的处理能力方面。比如,在困难或紧急情况下能否迅速、准确地作出抉择,是坚决果断还是优柔寡断,是勇敢还是胆怯等。

④长期工作、学习中表现出来的态度和行为方面。比如,有恒心、坚忍不拔,还是半途而废、缺乏勇气等。

(3)性格的理智特征

大学生在认知的态度和行为方式上,经常表现的特征是性格的理智特征。

①在感知方面性格的理智特征主要有:a. 被动感知型和主动感知型。前者易受环境刺激的影响,易受暗示;后者凭个人的爱好、兴趣进行观察,自己的主见不易被环境刺激所干扰。b. 详细分析型和概括型。前者特别注意细节,后者则更注重于事物的一般轮廓。c. 快速型和精确型。前者力图尽快完成任务,不是细致地感知材料,而是常常以种种推测来代替感知;后者总是精细地感知材料,不放过任何可疑之处。

②在记忆方面性格的理智特征主要有:主动记忆或被动记忆;有信心记忆或无信心记忆;记忆中持续现象的强型或弱型。

③在思维方面性格的理智特征主要有:是独立地提出问题,还是回避问题,或是宁愿借用现成的答案;是富于创造性,还是好钻牛角尖;是深思熟虑,还是粗心大意。

④在想象方面性格的理智特征主要有:主动想象或被动想象;狭窄想象或广阔想象;大胆想象或抑制想象。

(4)性格的情绪特征

大学生在情绪活动的强度、稳定性、持久性和主导心境等方面,经常表现出来的特征是性格的情绪特征,又称性情。

①情绪强度方面的特征，表现为受情绪的渲染和支配的程度，以及情绪受意志控制的程度。有的学生情绪一经触发就比较强烈，全部活动都被情绪支配；有的学生情绪体验则比较微弱。

②情绪稳定性方面的特征，表现为情绪的起伏波动程度。有的学生容易激动，情绪不易控制；有的学生则比较稳定，情绪起伏缓慢，也易控制。

③情绪持久性方面的特征，表现为情绪持续时间的长短。有的学生持续时间长，有的学生持续时间短。

④情绪主导心境方面的特征，是指不同主导心境在学生身上稳定表现的程度。有的学生总是表现出欢乐、振奋；有的学生则总是表现出抑郁、沉闷。不同的主导心境鲜明地反映出不同的气质和性格特征。

大学生以上四个方面的性格特征不是彼此孤立的，而是相互联系、相互区别的，它们共同构成了一个有机的完整系统。

以上对于大学生四种性格特征的描述，主要是侧重于两种极端情况，现实中表现更多的则是中间的过渡状态。比如，性格的理智特征，不能认为不主动就一定是被动，实际上可能是比较主动或稍微主动等。

三、能力——活动成功的最基本的个性条件

大学生的能力发展具有独特的发展特征，大学生能力素质的培养是实施素质教育的重要内容。虽然文化素质的提高，直接影响着能力素质的培养，但能力素质的形成和发展较知识的获得要慢得多，有其鲜明的个别性和稳定性，所以能力素质和文化素质的发展是不同步的。在大学阶段，加强对大学生能力素质的研究，揭示大学生能力发展的规律和特点，对高等教育及其大学生的自我教育、自我完善有着十分重要的意义。

1. 能力的概念

能力是个性心理特征之一，它在我们的学习、工作和生活中发挥着至关重要的作用。

那么，究竟什么是能力，能力都包括哪些因素呢？

能力是人们成功地完成某种活动所必需的并直接影响活动效率的个性心理特征。比如，一个人在音乐活动中，表现出具有强烈的节奏感，这种节奏感就是其音乐活动的一种能力。

能力总是和行为活动联系在一起的，它在行为活动中形成，在行为活动中发展，并在行为活动中表现出来。但不能认为所有行为活动中表现出来的心理特征都是能力。比如急躁、冷静、活泼、沉着等气质和性格特征，虽然也和活动能否顺利进行有一定的关系，但它们不是完成活动所必须具备的最直接、最基本的心理条件，因而也不能称之为能力。

2. 大学生的能力构成

（1）学习能力

学习是大学生的主要任务，也是大学生的基本行为活动。要成功地完成大学的学习任务，除了要具备一定的智力外，还必须具备自学能力、发现能力和表达能力等。

自学能力是指在教师的指导下，不依赖教师，自己可以独立有效地进行学习的能力。当今世界，科学技术飞速发展，知识不断更新，培养大学生的自学能力十分重要。培养自

学能力，就是要使大学生善于阅读教科书和参考书，善于查找文献资料，尤其是善于在网上搜集信息，善于使用工具书、写读书笔记及制作资料卡片等。

发现能力是指主动获得知识的能力。所谓发现，不只是限于那种寻求人类尚未知晓的事物的行为，而是包括用自己的头脑亲自获得知识的一切行为。

表达能力是指将自己的认识、情感、愿望表达出来并使他人理解和接受的能力。表达能力包括口头表达能力和书面表达能力两种。

(2)科研能力

科学研究是大学生学习的一项重要任务。科学研究活动主要由建立假设、搜集资料、分析资料、作出结论四个步骤组成。要完成科研活动的四个步骤，必须具备高度的观察力、丰富的想象力及良好的思维能力、操作能力和创造能力等。

(3)操作能力

操作能力主要是指专业学习中所必须具备的动手能力和实践能力。比如，理工农医类专业的实验能力，社科类专业的社会调查能力等。

(4)组织管理能力

组织管理能力越来越成为当代大学生必须努力培养的一种能力。组织管理能力主要包括综合分析能力、表达能力、谋略能力、决断能力、指挥协调能力、应变能力、创新能力和社交能力等。

(5)创造能力

创造能力是产生新思想、新发现和创造新事物的能力。它是成功地完成某种创造性活动所必需的心理品质。

3. 大学生的能力差异分析

能力存在着个性差异，这种差异表现在质和量两个方面。能力的质的差异表现为能力类型的不同和每个人有不尽相同的特殊能力；能力的量的差异表现在能力发展水平的高低和能力表现的时间差异上。

(1)能力类型的差异

大学生在知觉、表象活动、记忆、语言和思维等方面各具特点，显示出个性差异。

在知觉方面，有些大学生属于综合型，其知觉特点是概括性强，善于从总体上把握，但分析能力较弱；有些大学生属于分析型，他们对细节感知清晰，但整体性、概括性较差；还有的大学生属于分析综合型，他们的知觉特点介于上述两种类型之间。

在表象活动方面，有些大学生视觉表象占优势，属于视觉型；有些大学生听觉表象占优势，属于听觉型；更多的大学生各种表象无明显差异，属于混合型。

记忆类型方面的差异，有些大学生对直观形象的材料容易记住，属于形象型；有些大学生对概念、数字容易记住，属于逻辑型；也有些大学生记忆特点介于两种类型之间，属于中间型。

大学生在语言和思维上也同样存在着类型差异。有些大学生的语言和思维含有丰富的形象和情绪因素，属于生动形象的类型；有些大学生的语言和思维则表现出概括性、逻辑性的特点，属于逻辑联系的类型；更多的大学生则属于中间型。

(2)特殊能力的差异

在特殊能力方面，大学生之间的差异表现得更为明显。比如，有些大学生具有文学才能，表现出容易富有感情地感受现实的影响，具有敏锐的观察力、丰富的想象力和高度发展的语言表达能力；有的大学生具有一定的科研能力，表现出极为细致的观察力、清晰的想象力和思维能力；还有的大学生组织能力特别强，有较强的交际和活动能力，对事物敏感，善于团结他人，有较强的号召力和感染力。

大学生要通过各种教育和教学活动才能发展其特殊能力。比如，许多同学把培养操作能力看得非常简单、非常容易，认为那都是一些“粗活儿”，不愿在这方面花费时间和精力。其实，科学上的许多“细活儿”都是离不开“粗活儿”，轻视“粗活儿”的人，也很难在“细活儿”上取得成绩。

(3)能力发展水平上的差异

大学生在能力发展水平上也存在着差异。比如，有些大学生综合能力高度发展，显得样样能干；有些大学生各方面能力均比较差，干什么都不行；还有些大学生能力平平，处于中等水平。心理学研究证明，大学生这种能力发展水平上的差异在人数上大体呈正态分布，即能力发展水平高和能力发展水平低的人数较少，属于中等发展水平的占大多数。

大学生能力发展水平上的差异是客观存在的，但现行的教学方法和内容主要适合大多数中等发展水平的学生。为了使不同发展水平的学生都能在原有基础上得到提高，教师必须在重视大多数学生的同时兼顾两头：对于能力发展水平较低的学生，则应采取适当的措施给予帮助，可适当降低要求，以增强其自信心，激发其学习兴趣；对于那些能力水平较高的学生，要给予特殊的训练和培养，使其潜力得到更好的发挥；对于那些能力处于中间状态的学生，则应注意引导他们向知识的深度和广度进军，使他们“吃得饱”、“吃得好”。

(4)能力表现先后的差异

能力表现的先后上也有差异。有的大学生童年就显露出某些方面的优异才能，即所谓“早慧”。除了要有较好的先天条件外，后天教育得当也是其能力高度发展的决定性因素。有的学生则到大学三、四年级甚至毕业之后才表现出非凡的才华。

[案例]

有这样三个孩子：一个孩子4岁才会说话，7岁才会写字，老师对他的评语是：“反应迟钝，思维不合逻辑，满脑子不切实际的幻想。”他曾经还遭受到退学的命运。另一个孩子曾被父亲抱怨是白痴，在众人的眼中，他是毫无前途的学生，艺术学院考了三次还没考进去，他叔叔绝望地说“孺子不可教也”。第三个孩子经常遭到父亲的斥责：“你放着正经事不干，整天只知道打猎，捉耗子，将来怎么办?”所有教师和长辈都认为他资质平庸，与聪明不沾边。这三个孩子分别是爱因斯坦、罗丹和达尔文。

课后自我心理训练

1. 小组讨论：心理学上的“气质”与我们平常说的“气质”有什么区别?

2. 小组讨论后完成下表：从正面和负面两个方面来分析自己的气质、性格和能力特征,并写出自己努力的方向。

气质测试结果	多血质:__分;胆汁质__分;黏液质__分;抑郁质__分。 属于__气质类型。
用形容词描述自己的气质、性格、能力特征	正面:
	负面:
完善人格	组员希望我改变的方面:
	我希望改变的方面:
	立即行动,措施:

训练二　不良个性的克服

※ 任务

通过项目训练,学习、了解克服不良个性和调适人格障碍的方法。

做做心理游戏,体会心理历程

活动项目:我的个性图画

活动目的:

1. 画出自己,了解自己的个性特征。

2. 与组员分享自己的绘画,了解他人,彼此熟悉。

活动方法:

1. 将全班同学分成若干组(最好以宿舍为单位分组),每组 8 ~ 10 人。

2. 每组发彩色笔一套,在 5 分钟内每位同学用最能代表自己的色彩和图案(人物、动物、风景或其他任意图画)画出自己,并签名。

活动背景音乐:《浪漫玫瑰》。

谈谈成长经历,交流心理感受

“我的个性图画”活动结束后讨论与分享:

1. 与组员分享自己的个性图画,解释自己的个性图画的含义(它是怎么体现自己的个性特点的)。

2. 组员之间可以相互提问,提出对图画的看法,以便同学之间相互了解和沟通。

学学心理知识,读读心理故事

美国斯坦福大学一位教授曾经对 1500 名智商在 140 分以上的超常学生做了长达几

十年的跟踪研究。在研究中他把这些人中成就最高的150人和成就最低的150人进行比较，发现他们在智力上相差甚微，而能否取得成就的主要原因在于性格特征的差异。因此，良好的性格对大学生成才、提高自身素质和促进个人健康成长都具有重要的意义。

卡耐基说：一个人的成功85%归于性格，15%归于知识。

不良性格不仅影响事业的成功，而且也会成为致病的因素。现代医学研究证明，人的个性，特别是性格，与疾病的关系极为密切。不少人受先天遗传和后天生活的影响，形成了有害于身体健康的某些性格特征。如性情急躁、缺乏耐心、嫉贤妒能、易激动、爱发怒等。因不良性格而患病甚至身亡的事例，古今中外，屡见不鲜。比如三国时的周瑜，因嫉妒诸葛亮的才能和胆识，怒气攻心吐血而亡。在现实生活中，因悲愤、发怒、狂喜导致心脑血管疾病突发而死亡的例子也时有所闻。因此，克服不良性格对增进心理健康有重要意义。

一、如何克服不良性格

1. 如何矫正A型性格

1950年美国的弗里德曼和罗森曼发现，在冠心病患者中有一种特征性的行为模式，他们将其称之为“A型行为类型”（或称A型性格）。1959年他们提出“A型行为的人易患冠心病”这一假说，后来经不少的研究者进行多年的研究，确认A型行为是引发冠心病的危险因素之一。A型行为的人有着明显的性格特征：争强好胜、抱负过人、不甘落后、追求成功、固执、性格急躁、具有时间紧迫感、具有攻击性、情绪易波动等。弗里德曼认为，A型行为具有“时间紧迫感、过分的竞争性和敌意”两个核心成分。A型行为者不断地挣扎，要在少而又少的时间内完成多而又多的事情。面对个人竞争，A型行为者表现为易怒、激动和急躁。有的研究还发现，A型性格特点的人，如果行为表现为退缩和防御，心情不开朗，情绪偏于抑郁、低沉和内敛，对自己过于克制，常把怨恨和愤怒情绪压抑在心里，往往容易患癌症。

与A型性格相反的称为B型性格，他们的性格特点表现为安宁、松弛、容易相处、抱负较低、顺从、沉默、节奏慢等，他们做事不慌不忙，只求安安稳稳，一板一眼。据调查，A型行为的人冠心病的发病率比B型行为的人高2.37倍，而且得了冠心病以后，复发率比B型行为的人高5倍。

人的性格与身心健康有着密切的关系，这已经得到世界上许多人的关注和重视。性格是心理因素中最本质的东西，因此它制约着人的一切心理活动，尤其是情绪反应活动。一个性格急躁、紧张而又争强好胜的人，一旦遇到不顺心的事，就比其他人的情绪反应更强烈，更易陷入焦虑、愤怒和仇恨的情绪状态之中，这无疑会成为发病因素。

那么，如何矫正A型行为，形成良好的性格呢？一般有以下几种方法：

（1）自我观察法。指导A型行为者去观察并记录自己每天引起时间紧迫感、竞争性、敌意等行为特点的活动，以期得到自我控制。

（2）自我约束法。A型行为者制定个人契约，以便在某种特殊的场合改变或约束特定的A型行为特点。

具体而言，可以从以下几个方面进行自身的性格修养：

(1)确定自己的生活目标,集中精力去做无愧于此生的工作。

(2)放弃作一个超人的企图。

(3)培养美学知识和欣赏能力,听听音乐,看看展览。

(4)选择一些人作知心朋友,而不只是泛泛之交。

(5)时间的安排要留有余地。不要打断别人的谈话,要耐心地听讲,不要心不在焉地想别的事情。

(6)不要把别人正在慢条斯理地干着的事抢过来,除非是在别人实在干不了时,最好是耐心地加以指导、帮助。

(7)避免和那些总是让自己生气的人接触。因为他们也可能是一直同你比试高低的A型行为者。

个性的修养不必操之过急,哪怕做到一两条,也是很大的进步。有了良好的开端,很快就会尝到甜头,并逐渐形成习惯。

2. 怎样克服狭隘心理

狭隘的人往往固执己见,听不进他人之言,习惯按照自己固有的框框、模式去批评、抱怨他人的言行,没有宽广的胸怀,好嫉妒,爱挑剔,遇事斤斤计较。狭隘的人方法单一,思路狭窄,态度、观点极端;在交往中容易伤害他人,使人际关系恶化;狭隘还会给自己带来无端的烦恼,影响自己的情绪和在他人心目中的形象。

矫正狭隘的不良性格,应注意以下几点:

(1)尝试改变以自我为中心的态度和思维模式,从他人的角度去看周围的世界,设身处地地去理解、体会他人的言行、态度。

(2)要善于悦纳自己不喜欢的事物,要培养宛如海洋、天空一样的宽阔胸怀,要意识到个人的渺小,这样才能胸怀坦荡。

(3)要博学广闻。一个学习努力、知识渊博、经历丰富的人就不会固守狭隘的偏见,就能高瞻远瞩,放眼看四方。

(4)在处理具体事务上要学会宽容,要学会以同情、博爱的态度来对待他人。

3. 如何克服惰性

《颜氏家训》说:“天下事以难而废者十之一,而以惰性废者十之九。”惰性往往使许多大学生虚度时光、碌碌无为。惰性集中表现为拖拉,可以完成的事不去立即完成,今天推明天,明天推后天。结果,事情没做多少,青春年华却在无休止的拖拉中流逝殆尽了。

当你陷入惰性时,可能有如下表现:

(1)你打算做一件事,或最终答应去做一件事——然而你不是从心里愿意去做这件事,与此同时,有更吸引你的事,使你顾此失彼。

(2)你有明确的目的去做某件事,你完全不应该延误这件事,你也觉察到延误行为的不利或几乎没有妙处可言,可你仍然在拖延你已经决定要做的事。

(3)你由于延误了时间而怨恨自己,或为自己拖延时间找些借口,或改变初衷放弃原计划,另做一件事来弥补,或干脆将其束之高阁,不再问津。

(4)你继续一误再误,无休止地拖下去。

(5)你在最后一刻勉强完成了事情,或晚于时间完成,或由于功亏一篑而不得不放弃努力。

(6)以拖延的“恶果”为教训,你已决心下不为例,再不发生类似的现象。然而,时隔不久,当你碰上比较复杂的、难以对付的,尤其是短时间内不能作出决定或完成的事情时,你又“旧病复发”。

产生惰性的首要原因就是试图逃避困难的事,贪安逸,怕艰苦,积习成性。人一旦长期躲避艰辛的工作,就会形成习惯,而习惯又会发展成不良性格倾向。产生惰性的第二个原因与对时间的估价有关。某些大学生总以为今天短而明天长,今天事多,明天事少。殊不知今天和明天是个相对概念,再说明天的事不一定少,可能还会有意料之外的事。因此,把今天应当完成或通过努力可以完成的事情推到明天是不明智的。造成惰性的第三个原因是因为头绪太多,目标不明确,缺乏应有的计划性和条理性,结果东抓一把,西抓一把,似乎很忙,其实没有忙到点子上,做了许多“无用功”,往往一事无成。

惰性不仅影响学习、工作的效率,还容易滋生急躁、焦虑的情绪,妨碍其他工作的进行。因此惰性与成就是无缘的。在当今社会,竞争和效率是主旋律,赢得时间就是赢得了更多的机会,获得了更多的主动权,从而为成功奠定了更为坚实的基础。所谓“时间就是生命,就是效率”就是这个道理。

那么,如何战胜和超越惰性呢?

第一,要充分意识到惰性的危害性,这是战胜惰性的出发点。

第二,要找出惰性在自己身上的主要表现和产生的主要原因,下决心克服安逸享乐的思想,培养坚毅的品格。

第三,要学会根据自己的实际能力,科学地安排时间,制订切实可行的计划,言必信,行必果。在学习和工作中要时刻提醒自己讲效率。

第四,今日事,今日毕。要有意识地督促自己将可以立即完成的事做完,这样就会有如释重负的欣喜感和成就感,就会满怀信心地去做以后的事。如此训练,就会逐步动摇惰性存在的根基。

4. 如何改变怯懦性格

[案例]

怯懦使他无法表现自己

刚入大学的小贾在接受咨询时讲道:“我害怕在公众场合讲话,害怕回答问题,害怕同陌生人交往。其实我的内心有许多的想法,我也想同身边的人交往,但我做不到。我出生在农民家庭,从记事的时候起,就注定了自己在父亲的拳脚底下长大。我很怕父亲打我,从不敢惹是生非,经常受人欺负。五六岁时,有一次跟小伙伴玩手枪,不知怎么搞的,那手枪丢了,小伙伴咬定是我偷的,并逼我交出来。其实并不是我偷的,看看自己又瘦又小的身体,再看看小伙伴凶神恶煞的模样,我很胆怯,只好从家里拿来自己的手枪给了别人。在小学、中学我都受人欺负,他们叫我干什么我就干什么,别人值日,让我代值,我也不敢反抗,因此别人叫我‘胆小鬼’和‘受气包’。有一次,上课时想上厕所,但不敢请假,最后竟尿湿了裤子。”

怯懦的人在生活中常以“老好人”的形象出现。怯懦者害怕面对冲突,害怕别人不高兴，害怕伤害别人，害怕丢面子……总之，由于“怕”，他们总是委曲求全，习惯了忍气吞声以求得相安无事。但实际上，这种个性往往给个人交往带来诸多不利。过多的退让纵容了别人不适宜的行为和态度，让对方不把当事者放在眼里。另一方面，当事人在作出过多退让后，往往会产生一种自我挫败感，导致自我评价和自信心下降，不利于个性发展。

克服怯懦个性，首先要从观念上强化自己作为人的权利和尊严。有时我们需要作出适时的、有分寸的忍让和妥协，但这要有一个限度，否则便会物极必反。当平等、尊重的权利受到侵害时，每个人都应进行有理、有利、有节的斗争。这样做或许会引起对方的不满、敌意或冲突，但从长远来看有利于完善他人和自己的个性。

其次，在行动上改变自己，增强自信。以下几点建议可供参考：见人迎着对方走过去，不要总是躲避；身体站直，挺起胸膛与对方讲话，这样会使自我感觉良好，对方也会对你刮目相看；与人讲话时盯住对方的眼睛，如果开始时不易做到，可以盯着对方的鼻梁，总之不能低着头；讲话时声音要清晰，不要吞吞吐吐，事先演练是加强效果的好办法；学会保持适当沉默，不要急不可待，这样可以有更多的时间思考，也便于稳定情绪；有些谦逊的词语，如“我不行”、“对不起”等会助长对方的自负态度，应注意尽量少用；学会说“不”，对自己不喜欢做的事，如果别人提出要求，要勇于拒绝。

5. 怎样克服急躁性格

急躁主要表现为冒失、莽撞、不稳健，遇事不冷静，做事急于求成，解决问题不深入细致，只是走马观花、浮光掠影，做事往往半途而废。急躁者往往成事不足败事有余，甚至祸及他人。急躁者大多缺乏耐心、细致、严谨、恒心和毅力，因而可能给学习、生活、交往带来不少麻烦。

要克服急躁的性格，须注意以下几点：

(1)遇事三思而后行。在行动之前要多深思，耐心地从多个角度考虑，多问几个为什么，不要急于行动。

(2)培养耐心、稳健的作风。在实践活动中有意识地锻炼自己，做事一步一个脚印，稳步前进，否则欲速则不达，甚至还会前功尽弃。

(3)从容不迫、锲而不舍。为了克服急躁性格，必须在学习、生活中同自己急躁的行为作斗争，培养自制力和恒心。

二、怎样调适人格障碍

在生活中，你也许会遇到这样一些同学，他们能够处理日常事务，在某些方面，如学习成绩上可能也非常出色，但他们与别人格格不入，我们习惯称这一类人“脾气古怪”。这种古怪在他们的一言一行中都可以体现出来，心理学上称这一类人患有人格障碍症。

1. 如何消除偏执猜疑

[案例]

偏激执拗的小王

小王是某职业技术学院旅游专业一年级的学生，平时喜好争辩，并且喜欢夸大困难。

他总是神经紧张，很难放松，对别人指手画脚，一旦遭到他人批评，立即想方设法给以反击。他平常对人总是绷着脸，一副冷冰冰的样子，没有幽默感。他喜欢夸耀自己客观、理性、非情绪化，但缺乏顺从、温柔的情感。

偶尔，他也能给人一种强健、雄心勃勃和有能力的印象，但更多的时候则表现为敌意、猜疑、固执和防御。他经常害怕失去自主性，害怕事情会不按他的想法进行。除非是绝对信任，通常回避亲密关系。除非自己做领袖，他经常不参加集体活动，处处表现出以自我为中心和自我的强大。他对机械、电子、自动化感兴趣，而对艺术或美学则不感兴趣。他对每个人的权力、地位都十分了解，对超过自己的人嫉妒万分，对才能低于自己的人的蔑视之情溢于言表。

这是偏执型人格的典型表现。偏执型人格的基本特征如下：①没有充分的依据，便预料自己会遭人伤害和摧残；②未经证实便怀疑朋友或同学的忠诚和诚实；③从温和的评论和普通的事件中露出羞辱和威胁的意向；④对嘲笑与羞辱绝不宽恕；⑤不愿信任别人，无端害怕别人会利用他的信任来反击他；⑥很容易感到自己受轻视，并且立即报以恶意与反击；⑦未经证实，便怀疑恋人或配偶的忠实。以上七点特征只要满足了其中四点，便可判断为偏执型人格。偏执型人格的调节方法如下：

［方法一：认知调节法］

具有偏执型人格的人喜欢走极端，这与其头脑里的非理性观念相关联，因此，要改变偏执行为，首先必须分析自己的非理性观念。如：

——我不能容忍别人一丝一毫的不忠。

——世界上没有好人，我只相信自己。

——对别人的攻击，我必须立即给予强烈反击，我要让对方知道我比他更强。

——我不能表现出温柔，这会给人一种不强健的感觉。

我们来对这些观念进行改造，除去其中极其偏激的成分：

——我不是说一不二的君王，别人偶尔的不忠应该原谅。

——世界上好人和坏人都存在，我应该相信那些好人。

——对别人的攻击，马上反击未必是上策，我必须首先辨清是否真的受到了攻击。

——我不敢表示自己真实的情感，这本身就是虚弱的表现。

每当你产生偏执的观念时，就把改造过的合理化观念默念一遍，以阻止自己的偏激行为。有时会不知不觉地表现出偏执行为，事后应分析当时的想法，找出当时的非理性观念，然后加以改造，以防下次再犯。

［方法二：行为禁止法］

在行动上，你可以采用行为禁止法。例如，当对某一件事你忍无可忍即将要发作时，你对自己默念如下指令："我必须克制自己的反击行为，我至少要忍 10 分钟。我的反击行为是过分的，在这 10 分钟内，让我分析一下有什么非理性的观念在作怪……"

采用这种方法后，不久你就会发现，每次你以为怒不可遏的事，只要忍上几分钟，用理性观念加以分析，怒气便随之消减。不少你认定对你极具威胁的事，在忍上几分钟后，你会发现灾难并未降临，自己只不过是在捕风捉影罢了。

2. 怎样进行分裂型人格的自我治疗

[案例]

胆小如鼠的小刘

小刘已是高职二年级的学生了，可他还是一副小猫咪的样子。在日常生活中，我们总是见到他表现得过分胆小、羞怯。他犹如生活在黑暗中的土拨鼠，几乎不与周围的人接触，给人一种古怪的感觉。他喜欢做白日梦，但缺乏表达自己感情的能力。他既不苟言笑，也不会发怒，对生活总是逃避退缩，忍辱负重。

这是分裂型人格的典型表现。分裂型人格的主要特征是：①关联观念（排除关联妄想）；②过度的社会焦虑，例如有陌生人在场时表现出极度不安；③古怪的信念与想法；④异常的知觉经验，例如幻觉等；⑤古怪或离奇的行为和外表；⑥除了至亲外没有亲密的朋友或知己（或仅有一个）；⑦古怪的语言表达，例如语言有贫乏、离题、模糊或不适当的现象；⑧不适当的或拘束的情感，例如糊涂、冷漠，很少有应答的姿态或表情；⑨多疑或偏执的观念。只要满足其中五项，即属于分裂型人格。

有这种人格障碍的人通常会被焦虑、抑郁和其他的烦恼不安情绪所困扰。在极度紧张的情况下，具有这种人格的人会表现出暂时的精神病症状，但通常在时间和强度上都不足以诊断为一种真正的精神病。对于分裂型人格，由于其与精神分裂症相关，单纯采用自我疗法是很难奏效的，必须考虑家庭的帮助和支持。

[调整方法]

艺术疗法：对于分裂型人格障碍，艺术疗法是一种有价值的方法。既然是在观念、思维、行动上与常人相异，那么可以参加艺术活动，使这种相异之处通过正常的途径得以纠正。艺术疗法是根据心理学相关原理设计的。其理论根据是：一个人如果把生命能量过度流注到潜意识，就会产生幻觉与稀奇古怪的念头，加之一个人的能量是有限的，你的能量如果大多数流入潜意识，你面对现实生活的能量就自然会减少。艺术疗法就是要把能量从潜意识深处拉出来，在舞蹈、绘画、雕塑和音乐的领域里，在自由自在的艺术领域中，你的自我得到解放。

3. 怎样改变表演型性格

[案例]

喜欢引人注意的小李

小李具有强烈的情绪反应和自吹自擂、装腔作势的行为特点，表现为喜欢引起他人的注意和关心，爱虚荣；总是希望有事情发生；常把自己的感觉和情感加以夸张，从而加深他人对自己的印象；善变，爱挑逗；要求别人多，内心真情少；喜欢以自我为中心；依赖性较强，常需要别人的保护和支持；有时也善于玩弄点手段或威胁他人。他有时颇像"人来疯"的小孩，总是想引起人们的注意和赞许。为了这些他常常不惜使出种种过分的花招。他并不总是让人讨厌，有时也挺讨人喜欢，但因为他情绪多变，不真实，所以得到的只能是他人的一时之悦。

这是典型的表演型性格。表演型性格的判断标准如下：①持续地寻求或要求安慰、赞同或表扬；②在外表和行为上有不适当的挑逗性；③对身体吸引力过分关注；④用不恰当的夸张来表达情绪；⑤当自己不是他人的注意中心时，便感到不舒服；⑥情绪变化很快且狭隘；⑦以自我为中心，所作所为追求当时的满足，对稍迟的赞许和遇到的挫折无法忍受；⑧言语过分印象化，缺乏具体描述。以上特征只要具备其中四项即属于表演型性格。

［自我疗法一：情绪调整法］

具有表演型性格的人情绪表达太过分，旁人常无法接受。所以要改变这种情况，首先要做的便是向你的亲朋好友作一番调查，听听他们对你的看法。例如：

——对并不十分好笑的事哈哈大笑。

——对一件小事故作惊诧。

——动不动就泪流满面以表示自己的激动。

对他人的看法，你应完全接受，然后仔细想想自己的上述情绪表现哪些是有意识的，哪些是无意识的；哪些是别人喜欢的，哪些是别人讨厌的。对别人讨厌的要坚决改正，而别人喜欢的则力求适中；对无意识的表现，你将其写下来，放在醒目处，不时自我提醒一下，或在事后请好友对自己今天的表现作一个评价，然后从中体会自己情堵表达的过火之处。只要在每一次过分的情绪表露之后进行反省，以后就会达到越来越自然的程度。

［自我疗法二：认知改造法］

仅对情绪进行调节而不解决认知上的问题，表演型性格还是很难被彻底改变的。艾利斯的埋性情绪疗法指出，每一种不良情绪中都包含不良的认知观念。因此，用认知疗法认识、改造不良情绪的表现是必须做的工作。如冷静地分析一下自己在每一次夸张情绪表现时的不良观念。例如：

情绪：因一件小事的不顺而勃然大怒。

认知：我不能容忍一丝一毫的失败。

对于这类不良观念，必须合理地加以改造。在进行改造时，你可以向同学或朋友请教，然后达成合理的认知。例如：

认知：失败是难免的，我应及时吸取教训；再说失败是成功之母，小事不顺并不是件坏事。

情绪：对小事上的不顺叹口气就够了。

在进行了以上认知改造以后，应将认知改造的结果付诸现实，并经常进行自我反省。

［自我疗法三：升华法］

有表演型性格的人十分喜欢与人交往，注重别人对自己的评价。他们在交往中常常把兴趣集中在自我表现上，如果表现方法不当，或别人对自己的评价不高，他们就陷入深深的焦虑中。对此，如果把兴趣转移到表演艺术中去，原有的积蓄能量将得到转移，从而得到升华。当然，也可以结合自身的优势，把原来无聊的自我表现欲转化到其他方面如时装设计、美容等有价值的工作中去。

4. 如何改变自恋型人格

[案例]

极端自我的小赵

小赵是个独生女，在日常生活中，表现出过分地关心自己，以自我为中心，还喜欢自夸。小赵常幻想自己了不起、有才学、有美貌；期待别人的欣赏，总希望有人对自己特别关注；不能接受别人的建议和批评，以极端的眼光看人，不是把人说得很好，就是说得一无是处，很难理解别人的苦处和难处。

自恋型人格的基本特征如下：①对批评的反应是愤怒、羞愧或感到耻辱（尽管不一定马上表露出来）；②喜欢指挥别人，要别人为自己服务；③过于自高自大，对自己的才华夸大其词，希望被人特别关注；④坚信自己关注的问题是世界上独有的，仅能被某些特殊的人物所了解；⑤对无限的成功、权力、光荣、美丽或理想、爱情有非分的幻想；⑥认为自己应享受他人没有的特权，渴望持久的关注和赞美；⑦缺乏同情心；⑧有很强的嫉妒心。如果出现以上特征中的五项，便属于自恋型人格。

由于具有自恋型人格的人缺乏同情心，所以人际关系往往处理得很糟，因而他们容易产生孤独抑郁的心情，加之不切实际的高目标，有自恋型人格的人容易在各方面遭受失败，而又对失败的承受力特别差，往往会形成恶性循环。

[自我疗法一：消除自我中心观]

自恋型人格的最主要特征是以自我为中心，而人一生中哪一阶段最以自我为中心呢？是婴儿期。由此可见，具有自恋型人格的人的行为实际上是退化到了婴儿期。因此，要改善自己的自恋型人格必须了解自己的婴儿化的行为。现在，把你自认为讨厌的人格特征和别人对你的批评罗列下来，看看有多少婴儿期的成分。例如：

——渴望持久的关注与赞美，一旦不被注意便采用偏激的行为。

——对别人的东西垂涎三尺，对别人的成功无比嫉妒。

通过回忆童年，你可以发现以上人格特点在童年便有其原型。例如：

——总是渴望父母的关注与赞美，当父母忽视你一点儿时，你便用耍赖、捣蛋或作出稀奇古怪的动作来吸引父母的注意。

——总想占有一切，别的小朋友有的，我也要有。

明白了自己的行为是童年幼稚行为的翻版后，你首先必须自我告诫：

——我必须努力工作，以取得成就来吸引别人的关注与赞美。

——各人有各人的好东西，我要争取我应该得到的，但不能嫉妒别人应有的。

自恋型人格有三大特点，即极端化、理想化与自我中心主义。著名心理学家威廉·詹姆斯关于克服这些缺陷曾经说过这样一段话："如果可能的话，我要成为这样一个人：既英俊，又富有，又穿着高雅，又是个杰出的运动员，还一年赚100万，是个天才，美食家，风流浪子，既是慈善家，又是政治家、武士和非洲丛林的探险者。……但这根本不可能……为了使其中一个现实化。我必须检查这份清单，从中挑出那个我要压上全部赌注的角色，其他的一切就必须抛弃了。"一个人想十全十美，结果肯定是一事无成，我们在获得的同时必须放弃许多东西。

[自我疗法二：爱的艺术]

对自恋型的人来说，只抛弃以自我为中心还是不够的，还必须学会爱别人。生活中最简单的爱的行动是关心别人，尤其是当别人需要帮助的时候。只要在生活中多一颗爱别人的心，你的自恋症就会减轻。

5. 如何改变回避型人格

［案例］

他为什么要逃避自我

小马是某计算机软件职业技术学院二年级的学生，他不安于自己的孤独，想与人交往，但又害怕被人拒绝或嫌弃；渴望得到别人的关心和体贴，却又由于害羞而不敢亲近他人。所以，他从不主动与同龄人交往，不愿意到陌生的环境中去，非常害怕见陌生人，以致孤独少友，沉默寡言。

回避型人格的特征如下：①很容易因他人的批评或不赞同而受到伤害。②除了至亲之外，没有好朋友或知心人（或仅有一个）。除非确信受欢迎，一般总是不愿意介入他人的事务之中。③对需要人际交往的社会活动总是尽量逃避。④在社交场合总是沉默不语，怕惹人笑话，怕回答不出问题。⑤害怕在别人面前露出窘态。⑥在做那些普通的但不属于自己常规中的事时，总是夸大潜在的困难、危险或可能的冒险。只要符合以上特征中的四项，便属于回避型人格。

这类人最明显的特点是疏远他人，甚至有对自我的疏远，对自己都持旁观态度。然而，有回避型人格的人又常常是内心冲突的优秀观察者。他们有自强自立的需要，表现为足智多谋。但为了维持自力更生的生活方式，他们常常会有意识或无意识地限制自己的需要。

回避型人格的另一特点是有一种追求卓越的强烈愿望。他们渴望成功，渴望成为独一无二的人。对于未来，他们有丰富的幻想，但又畏惧竞争。他们压抑自己的情感，希望一切仅凭理性思维得到解决，所以有不少奇思妙想出自这类人的头脑。

［自我疗法：反向观念法］

具有回避型人格的人大都伴有认知歪曲现象，因此，调整的重点应放在改正认知歪曲现象上。反向观念法是指与自己原有的不良自我观念唱反调，原来是以自我为中心，现在则逐步放弃自我中心，学习设身处地为他人着想；原来爱走极端，现在则学习从多方面考虑问题；原来喜欢一切事情都按规则去做，现在则可以偶尔放松一下，学习无规则地自由行事。

具有回避型人格的人的观念可能是这样的：

——我必须是出类拔萃的。

——我必须万事谨慎。

——少介入他人的事务，以免麻烦。

现在按照反向观念法，把以上错误观念改变成合理的、健康的观念，如：

——我希望自己是出类拔萃的，只要经过努力，我会有所收获的。

——我必须做事谨慎，但并不排除勇敢与进取，即使失败，也可以当作一次有益的经验。

——不管他人的闲事,但如果他人有难,我应当尽力相助。

采用反向观念法克服缺点可通过自我分析来进行。先分析自己的错误观念,然后提出相反的改进看法,在生活中努力按新观念办事。这种自我分析也可以定期进行。认识上的错误往往是无意识的,通过自我分析,把无意识的东西上升到有意识的自觉的层面上,这对于改进不良心理状态大有好处。

6. 如何改变依赖型人格

[案例]

喜欢依赖别人的小孙

小孙已是大三的学生了,可是总给人独立不起来的感觉。在日常生活中,小孙总是缺乏自信心,即使自己有较强的能力,也事事依赖他人的帮助。小孙缺乏判断力,遇事老是优柔寡断,事事依靠别人替自己拿主意。

依赖型人格的特征为:①在没有从他人那里得到大量的建议和保证之前,对日常事务不能作出决定;②让别人为自己作大多数的重要决定,如该在何处生活,该选择什么职业等;③因为害怕遭人遗弃,明知他人错了,也随声附和;④很难单独开展计划或做事;⑤为讨好别人甘愿做自己不愿做的事;⑥独处时有不适和无助感,或竭尽全力以逃避孤独;当亲密的关系中止时感到无助或崩溃;⑦经常被遭人遗弃的幻觉折磨;⑧很容易因未得到赞许或遭到批评而受到伤害。只要符合上述特征之中的五项,即属于依赖型人格。

有依赖型人格的人对亲近与归属有过分的渴求,这种渴求是强迫的、盲目的、非理性的,与真实的感情无关。依赖型性格的人宁愿放弃自己的个人趣味、人生观,只要他能找到一座靠山,时刻得到别人对他的温情就心满意足了。依赖型人格者的这种处世方式使得他越来越懒惰、脆弱,缺乏自主性和创造性。由于处处委曲求全,他会产生越来越多的压抑感。

[自我疗法一:习惯纠正法]

依赖型人格者的依赖行为已经成为一种习惯,他应做的第一步是清查自己的行为中有哪些事是习惯性地依赖别人去做,有哪些事是自主决定的。将自主意识很强的事归纳在一起,你如果做了,则当作一件值得庆贺的事,以后遇到同类的情况应坚持做;如果你没有做,以后遇到同类情况则应要求自己去做。对自主意识中等而没有按自己意愿做的事,提出改进的想法,并在以后的行动中逐步实施这种想法。另一方面,将已经按照自己意愿做的事常规化。对自主意识较差的事,可以采取分级行动法逐步强化、提高自主意识。

[自我疗法二:重建自信法]

如果只是简单地破除了依赖的习惯,而不从根本上找原因,那么依赖行为也可能复发。重建自信法就是要从根本上对其予以解决的方法:

第一步,消除童年不良印迹。依赖型的人主要是缺乏自信,自我意识十分缺乏,这与童年期的不良教育在心中留下的自卑印迹有关。现在努力回忆童年时期父母、长辈、朋友对自己说过的具有不良影响的话。如:

——你真笨,什么也学不会。

——你这么懒,长大以后将一事无成。

——瞧你笨手笨脚的,我来帮你做。

以上的这些话语我们都十分熟悉。你的依赖性就是在这些不良说法的影响下逐步形成的。父母对孩子的溺爱和禁锢使孩子缺乏独立性。假如你已经有较强的依赖性,则必须把上述话语仔细整理出来,然后一条一条加以认知改造。

第二步,重建勇气。你可以选择一些略带冒险性的事去做,每周一次。例如:

独自一人到附近的风景点作短途旅游。

独自一人去参加一项娱乐活动,如卡拉 OK、跳舞等。

当你决定独立地生活时,犯错误与失败是在所难免的,你绝不能一遭挫折即退避三舍,而应坚定信念走下去,路就在你自己的脚下。

课后自我心理训练

你有没有不良性格或人格障碍?如果有,该怎么办?

训练三　个性的完善

※ 任务

通过项目训练,学习、掌握完善个性的方法及技巧。

做做心理游戏,体会心理历程

活动项目:制作木桶。

活动目的:帮助参与者深入认识自己的人格特质,特别是认识自己人格中需要完善的方面,提高自觉塑造健康人格品质的紧迫感和自觉性。

活动方法:

1. 将全班同学分成若干组,每组 8 ~ 10 人

2. 每人将白板纸裁成约 10 厘米长、2.5 厘米宽的长方形,共准备 10 小块,并画上 10 等分的格子。

3. 在白板纸中写出最能代表自己的个性,对自己学习、工作、生活乃至事业影响(含有利和不利影响)较大的人格特征的 10 个词或句子,并以 10 分制分别给自己的某项人格特点打分。如“果断”某同学打 7 分,在白板纸 7 等分处截断。

4. 最后将 10 块白板纸围成小木桶。

活动背景音乐:《世外桃源》。

谈谈成长经历,交流心理感受

“制作木桶”活动结束讨论与分享。

1. 成功、幸福和财富如同盛在木桶里的水，人格的种种特质犹如围成木桶的一块块木板，木桶能盛下多少水并不取决于最长的那块木板，却取决最短的那块板。那么，现在请认真观察你人格的木桶，看看：哪块板最短？哪些板还得加长？你打算怎样加长这些短板？

2. 在小组分享中谈出自己看了自己的“木桶”及别人的“木桶”的感受。

学学心理知识，读读心理故事

良好的个性是心理健康的根本标志。重视个性的培养，既是健康的需要，也是发展的需要；既是现实的需要，又是未来的需要。因此，大学生要勇敢地面对挑战，不断完善自己的个性。

一、个性发展的影响因素

一个人的个性，即个性倾向和个性心理特征，是在个体素质的基础上，通过后天社会生活经历形成的。大学生生活的家庭、学校、团体和所接触的社会范围，构成了他们的社会生活环境。个体在这样的社会环境中所处的地位、承担的义务和责任、与其他成员交往的方式就构成了其个性发展的可能性和现实性因素。

1. 家庭环境与个性发展

家庭环境是对人的个性影响最早的因素。虽然家庭环境对大学生的个性影响已经比儿童时期小得多，但在儿童时期形成的个性心理定式还会对大学生的个性完善产生一定的影响，因为个性心理特征是十分稳定的因素，一旦形成将会长时期影响人的生活实践。

家风对子女个性品质形成的影响表明，子女良好的个性品质，如坚强的意志、稳定的情绪、自发的努力与友好的态度等都产生于家庭的和善作风，如信任、民主精神与容忍态度（相关系数较高）。追溯我国一些大学生个性品质形成的家庭因素，父母性格开朗、家风民主的，子女性格也比较乐观、开朗，善于与人相处；父母的娇惯和溺爱，往往导致子女性格孤僻、任性、无主见；从小丧失或缺乏父母照顾的子女，往往独立性较强，但任性；由于家庭出身而受到社会歧视的学生，容易形成冷漠、沉默寡言和敏感的性格；父母不和或离异对子女的性格也有较大的影响。家庭对大学生个性形成的影响表现出如下特点：

（1）进入大学以前的个性，已基本形成了大学生个性社会化的基调，这个基调会成为大学生塑造个性心理的基础，并会对大学生个性的进一步形成产生重要影响。

（2）尽管大学生活环境会不断地改变大学生的个性，但家庭因素导致的某些个性仍会左右着大学生的学习和生活。有关调查资料表明，学生家庭环境不同，学习成绩也会有明显差异。

（3）家庭环境的差异是导致大学生个性多元化的主要因素。同时，如果家庭、学校和社会对大学生的影响产生矛盾，还会减缓大学生个性的社会化进程。

2. 学校环境与个性发展

学校环境是对大学生个性影响最大的因素。学校是通过各种活动有目的、有计划地向学生施加教育的场所。学校环境主要通过以下几个方面对大学生的个性产生影响。

(1)学校教育和管理的总体影响

校风、班风都会对大学生个性产生影响。学校经常向学生进行价值观念和行为准则教育,就会逐渐形成大学生特有的性格,并且在某种程度上掩盖其原来的气质。尤其是大学班集体对学生性格的形成会有很大的影响,而且学生在班集体中所处的角色也有助于其性格特征的形成。

(2)大学教师对大学生个性心理特征的形成和发展有着重要影响

大学教师不但是知识的传授者,而且还是大学教育的直接执行者和事实上的管理者,他们对大学生个性心理特征的形成和发展的影响,贯穿于大学生活的各个领域和阶段。教师的一言一行,都会使学生作出相应的评价。这种评价结果,决定了学生对教师的遵从态度和内容模仿,长期下去,自然会影响到学生的个性。

(3)教学内容和手段对大学生个性的培养起着重要作用

就个性心理特征而言,不同专业对学生的吸引力有较大差别,如进入缺乏吸引力的专业,专业思想难以稳定,不仅会影响到个体社会化目标的实现,还会影响到个性倾向性的形成和个性心理品质的完善等。因此,如何根据专业学习和未来职业的要求,发展和完善自己的个性,是每个大学生都会遇到和需要解决的问题。

3. 社会环境与个性发展

社会环境对大学生的个性心理特征的影响是多方面的,而且它对大学生的影响可能会把单纯由家庭或学校导致的个性掩盖起来,从而带有明显的社会环境的烙印。

(1)社会潮流的影响

社会潮流反映了在大多数人的意愿的基础上形成的公众性的社会活动。它以一个国家、一个社会集团在一定时期的主导意识为基础。社会潮流对大学生个性发展的制约和影响很大,其特点表现为与社会潮流相符合的个性特点会迅速发展起来,违背社会潮流的个性特点将受到极大的抑制。处于心理特征迅速形成、日臻成熟时期的大学生,对社会潮流的反应更敏锐。因此,有人说大学是社会的晴雨表。

(2)社会习俗的影响

社会习俗在群体中有广泛的基础,它潜移默化地在大学生的个性形成中发挥作用。当大学生想从事一些创造性活动时,常受到来自传统习俗势力的阻挠,这是在大学生个性形成过程中造成理想与现实心理矛盾的重要原因之一。

(3)社会竞争的影响

竞争是推动社会进步的强大精神力量,在参与竞争的过程中,自信心、进取心、创新精神、英雄主义和顽强拼搏精神等心理品质就会逐步发展起来。目前我国能够接受高等教育的,都是高考成绩较好的学生,在他们的个性中,自尊、自信、争强好胜、荣誉感、进取心等都表现得比较突出。这些个性特点有两重性,如果引导得当,可以成为积极的精神力量;如果引导不当,则会导致大学生狂妄自大、争名逐利,成为消极的精神因素。

(4)社会角色的影响

社会角色是指一个人在社会关系中所处的地位、从事的社会职业、担任的社会职务。个体在社会中扮演的角色,决定了他在社会实践中承担的社会责任、拥有的权利和义务。

长期在这样的社会实践中锻炼,就会形成一种心理素质,在处世原则、分析问题的观点、语言风格、工作作风、行为举止等方面都会表现出来。比如,长期担任班干部的学生与没有经过这方面锻炼的学生,在独立性、组织能力、表达能力、责任心、荣誉感等方面,都有明显的差异。

二、个性培养的目标

国内外学者就个性培养的目标提出了各种建议,这里我们综合各种观点,结合大学生的特点提出以下培养目标:

(1)思路开阔,头脑开放,尊重并愿意考虑各方面的不同意见,富有创造性。

(2)准备并乐于接受新的生活体验、新的思想观念、新的行为方式,欣赏新鲜的东西。

(3)客观而公正地认识现实及他人,并能积极、肯定地看待自我、他人、自然与社会,并与之建立和谐而愉快的关系。

(4)言行坦诚、率直。

(5)注重现在与未来,守时惜时,有很强的时间观念,办事讲效率。

(6)富有自主性,具有独立于文化背景和环境之外的意志力,坚信依靠自己的知识和能力可以获得成功和发展。

(7)尊重他人,待人真诚。与朋友有较深厚的感情,能赢得他人的信任。

(8)具有民主的作风,对他人的态度不因教育程度、经济地位等因素而变化,尊重他人的信仰、态度、观念。

(9)具有理性感和幽默感,有广阔的胸怀和宽容心、同情心。

(10)具有坚强的意志,能为自己的目标而合理地调节、控制自己的行为。

以上目标可供参考,它不是唯一或标准的模式,大学生应根据自身的特点和发展需要,灵活掌握,促使自己的个性更加完善。

三、如何培养良好的个性

确定个性培养目标后,为了完善个性,还要找到个性的培养途径,使培养目标得以实现。具体途径主要有以下几种:

1. 加强自我修养

大学生的自我意识发展到趋于成熟的阶段,其理想志向已基本确立,对人生的看法已初步形成。他们关心并力求全面、正确地评价自己的个性品质特点,希望并努力使现实中的自我逐渐接近理想中的自我。所以,大学生应力求以自我修养为主,这对个性心理特征的形成起决定性作用。大学生的自我修养,主要从以下几个方面着手:

(1)开展批评与自我批评

大学生的良好品质的养成,必然得益于正确地开展批评和自我批评。正确认识自己是自我批评的前提,每个大学生都要能够客观地、全面地认识自己,清醒地把握自己思想变化的情况,及时察觉并纠正自己的缺点、错误。还要敢于公开认错,勇于改正错误,积极开展同学间的批评与自我批评,这不仅是帮助同学进步的正确途径,同时,也是锻炼自己个性心理品质所不可缺少的一环。

(2)见贤思齐,见不贤而内省

此话是孔子对学生的要求,意思是看见贤人,便应该向他看齐,学习他的长处和优点;看见不贤的人,便应该自己反省,检查自己有没有同其类似的毛病。大学生要学会把别人当作镜子,用别人来对照自己。作为有进取心的大学生,应该善于把他人的长处集于一身,并能抵御一切不良行为的影响,注意用反面的东西对照检查自己。

(3)慎独

慎独的意思是说在个人独处、无人知情、无人监督的时候,不做任何不道德的事情。要做到这一点,完全要依靠自己在实践中所形成的信念的力量,这是自我修养非常重要的方面。每个大学生都应努力培养这种崇高的精神境界,自觉地严格要求自己,表里如一,把自己培养成品格高尚的人。

(4)写日记

日记是"吾日三省吾身"的最好方法。写日记的过程实际上是自己与自己的一种对话,也是一种自我反省、评价和勉励。大学生的个性发展,若将日记作为心灵的镜子自鉴,无疑会在每天都得到良师益友一样的指教。因为日记中的我通常比现实中的我更清醒、更理智、更高明。久而久之,现实中的我就会同化为日记中的我、理想中的我。

2. 不断学习,丰富知识

人的知识愈广博,个性便愈臻完善。刻苦学习、增长才学的过程也是人格化的过程。现实生活中,许多大学生的个性缺陷,例如狭隘、自卑、固执、粗鲁等,是源于知识的贫乏,"知识就是力量",知识也具有人格的力量。

3. 面向社会,勇于实践

社会是个大舞台,一个人只有通过社会生活的锻炼才能把握好自己的角色,形成自己独特的个性。学习活动可以培养个性,但绝不是唯　的途径。大学生社会实践的内容丰富、形式多样,通常有义务劳动、勤工助学、科研活动等几种形式。积极参加义务劳动,能培养关心社会、责任感强、勤奋、耐心细致、乐于奉献等优良品质,使学生对国家、集体、劳动有科学的认知。义务劳动还能培养学生热爱祖国、团结协作等高尚情操。勤工助学是目前大学生中最普遍的社会实践行为,这反映了市场经济观念的盛行和大学生自立、自强的意识倾向。实践证明,积极参加勤工助学的大学生大多具有头脑灵活、思路开阔、独立性强、富于创造性、善于交往、自信、果断、讲效率等良好个性特征。这些学生知识面广,社会经验丰富,毕业后大多能很快地适应新的工作环境。目前,大学生的勤工助学正向智能型、创造型发展,并和科研活动紧密联系起来。大学生的科研活动,主要是指大学生利用所学的知识和技能独立或协助老师进行发明创造、课题攻关等活动,这些活动的显著特征是智能性、创造性,具有很高的学术价值和经济效益。科研活动可以促进大学生自主、严谨、细致、有恒心、民主、协作、思路开阔、诚实、公平等良好品质的培养,是完善和培养个性的重要途径。

4. 养成良好习惯

个性的重要内容是行为方式,良好的个性必然要求有良好的行为方式,而这往往表现为良好的习惯。而不良个性特征大多表现为许多不良习惯。例如,鲁莽的人有急躁、冲动、冒失等行为习惯,而自信的人大多有稳健、从容的行为习惯。因此,培养良好个性的一个重要途径是培养良好的习惯,而良好习惯有助于改变个性的内在品质和结构。

要培养良好的习惯,就要确定合理的目标模式,这样才会有参考和依据。确定目标模式,一方面要靠提高自身的认识水平,制定科学、合理的目标;另一方面可依据现实生活中具有良好个性的人所具有的特点,取其精华作为自己的目标。要从每一件眼前的事做起,"不积小流,无以成江海";要有"锲而不舍"、"滴水穿石"的恒心、毅力和耐心。只有经过长期艰辛的锻炼和考验,才能实现自己确定的完善个性的目标。

5. 积极参与活动

个性的塑造和培养是一个社会化的过程,自然也离不开个体在生活中的形式多样的活动。交往和活动的载体是集体,因此大学生在学习之余应该有意识地积极参加各种集体活动、社团活动,主动和同学、老师交往,使自己融入集体之中。

目前,大学生的集体活动主要有两类:一类是班级活动,另一类是社团活动。班级活动对于培养组织纪律观念、关心他人、团结协作精神等品质有重要影响;社团活动主要以兴趣爱好为组织原则,在这样的活动中,学生们可以施展自己的才能,广泛汲取他人性格和学识的精华,获得全面发展的机会。社团活动对于培养独立性、创造性、自信心、宽容、热情、开朗等个性品质有积极的推动作用。如果在这些活动中担当领导的角色,会有力地促进自信、果断、细致、热情、坚毅、成熟、创造性等品质的培养,会加速个性的完善。在广泛的交往和集体活动中,还可以通过别人对自己个性的反馈,及时进行调节,使自己的个性得到优化。个性的培养不是封闭的自我设计,需要跳出"自我"的狭小天地,走向丰富多彩、生机勃勃的集体,在交往和活动中完善自我。

课后自我心理训练

活动:我是一朵玫瑰花。

活动方法:

1. 该活动在宿舍进行。

2. 每位同学用纸折成小纸框,在框边写上"某某同学玫瑰花瓣收集处"。

3. 将纸折叠并剪成若干片玫瑰花瓣形,每位同学用简短的词句在花瓣上分别写出其他同学人格若干个特点,并染上自己认为最能代表该同学人格特点的颜色,投入该同学的"玫瑰花瓣收集处"小纸框中。

4. 阅读各自花瓣片的内容,与他人交流分享,并将花瓣合成一朵玫瑰花,观察代表自己人格的这朵玫瑰花的颜色特点。

附:测试量表

1. 气质测试量表(气质测验 60 题)

请认真阅读下列各题,对于每一题,你认为很符合自己情况的,在题号前面写上" +2",比较符合的写上" +1", 介于符合与不符合之间的写上"0",比较不符合的写上" -

1”,完全不符合的写上“ -2”。

(1)做事力求稳妥,一般不做无把握之事。
(2)遇到可气的事就怒不可遏,想把心里话全说出来才痛快。
(3)宁可一个人干事,不愿很多人在一起。
(4)到一个新环境很快就能适应。
(5)厌恶那些强烈的刺激,如尖叫、噪音、危险镜头等。
(6)和人争吵时,总是先发制人,喜欢挑衅。
(7)喜欢安静的环境。
(8)善于和别人交往。
(9)羡慕那种善于克制自己感情的人。
(10)生活有规律,很少违反作息制度。
(11)在多数情况下情绪是乐观的。
(12)碰到陌生人觉得很拘束。
(13)遇到令人气愤的事,能进行自我克制。
(14)做事总是有旺盛的精力。
(15)遇到问题总是举棋不定,优柔寡断。
(16)在人群中从不觉得过分拘束。
(17)情绪高昂时,觉得干什么都有趣;情绪低落时,又觉得什么都没意思。
(18)当注意力集中于某一事物时,别的事很难使自己分心。
(19)理解问题总比别人快。
(20)碰到危险情景,常有一种极度恐惧感。
(21)对学习、工作、事业具有很高的热情。
(22)能够长时间做枯燥、单调的工作。
(23)符合兴趣的事情,干起来劲头十足,否则就不想干。
(24)一点小事就能引起情绪波动。
(25)讨厌做那种需要耐心、细致的工作。
(26)与人交往不卑不亢。
(27)喜欢参加热烈的活动。
(28)爱看感情细腻、描写人物内心活动的文学作品。
(29)工作、学习时间长了,常感到厌倦。
(30)不喜欢长时间谈论一个问题,愿意实际动手干。
(31)宁愿侃侃而谈,也不愿窃窃私语。
(32)别人总是说我闷闷不乐。
(33)理解问题常比别人慢些。
(34)疲倦时只要短暂的休息就能精神抖擞,重新投入工作。
(35)心里有话宁愿自己想,不愿说出来。
(36)认准一个目标就希望尽快实现,不达目的,誓不罢休。
(37)学习、工作同样一段时间后,常比别人更疲倦。

(38)做事有些莽撞,常常不考虑后果。
(39)老师讲授新知识时,总希望他讲得慢些,多重复几遍。
(40)能够很快地忘记那些不愉快的事情。
(41)做作业或完成一件工作总比别人花的时间多。
(42)喜欢运动量大的剧烈运动或参加各种文艺活动。
(43)不能很快地把注意力从一件事转移到另一件事上去。
(44)接受一个任务后,就希望能把它迅速解决。
(45)认为墨守成规比冒风险强些。
(46)能够同时注意几件事物。
(47)当我烦闷的时候,别人很难使我高兴起来。
(48)爱看情节起伏跌宕、激动人心的小说。
(49)对工作抱认真严谨、始终如一的态度。
(50)和周围人的关系总是相处不好。
(51)喜欢复习学过的知识,重复做能熟练操作的工作。
(52)希望做变化大、花样多的工作。
(53)小时候会背的诗歌,我似乎比别人记得更清楚。
(54)别人说我"出语伤人",可我并不觉得这样。
(55)在体育活动中,常因反应慢而落后。
(56)反应敏捷、头脑机智。
(57)喜欢有条理而不甚麻烦的工作。
(58)兴奋的事常使我失眠。
(59)老师讲新概念,常常听不懂,但是弄懂了以后就很难忘。
(60)假如工作枯燥无味,马上就会情绪低落。

确定气质类型:
(1)将每题得分填入下表相应的"得分"栏内;
(2)计算每种气质类型的总得分数。

胆汁质	题号	2	6	9	14	17	21	27	31	36	38	42	48	50	54	58	总分
	得分																
多血质	题号	4	8	11	16	19	23	25	29	34	40	44	46	52	56	60	总分
	得分																
黏液质	题号	1	7	10	13	18	22	26	30	33	39	43	45	49	55	57	总分
	得分																
抑郁质	题号	3	5	12	15	20	24	28	32	35	37	41	47	51	53	59	总分
	得分																

①如果某类气质得分明显高出其他三种,均高出4分以上,则可定为该类气质。如果该类气质得分超过20分,则为典型型;如果该类得分在10~20分,则为一般型。

②两种气质类型得分接近，其差异低于3分，而且又明显高于其他两种，高出4分以上，则可定为这两种气质的混合型。

③三种气质类型得分均高于第四种，而且接近，则为三种气质的混合型，如多血－胆汁－粘液质混合型或粘液－多血－抑郁质混合型。

一般来说，正分值越高，表明被试者越具有该项气质的典型特征；反之，分值越低或越负，表明越不具备该项特征。

2. 性格测试量表

本量表包括Ⅰ～Ⅴ共5个部分测验，其内容与统计方法如下：比较下面A、B两种提问，如果你的性格符合于A时，就在A栏内的□中画出一个“○”。当你的性格符合于B时，就在B栏内的□中画上一个“○”。如果对A和B均无法确定哪一个符合你的情况时，就在C栏内的□中画上一个“○”。

Ⅰ

A	A B C	B
1. 在众人面前有些心慌，不能自然地谈话	□ □ □	在众人面前能沉着、镇静地谈话
2. 不善于结交朋友	□ □ □	善于结交朋友
3. 单独一个人，能把身心沉静下来	□ □ □	不和朋友在一起，身心沉静不下来
4. 初次与人会面，不能融洽地谈话	□ □ □	即使是初次会面，也能融洽地谈话
5. 不善于领导别人	□ □ □	总是喜欢领导别人
6. 不会感情用事，善于克制，即使令人气愤的事，也不显露出来	□ □ □	感情极易冲动，往往不能克制，喜怒无常
7. 集会时常常选择后边座位	□ □ □	集会时，尽量坐在前排
8. 自己明白的问题，不愿在众人面前回答，有点害羞，所以经常保持沉默	□ □ □	不论何时何地，自己明白的事情，都能轻松愉快地进行回答

Ⅱ

A	A B C	B
1. 不善于选择参考书，去书店买书时，往往犹豫不决	□ □ □	在书店里，只要认为是好的参考书立即决定买下
2. 自己的思想不愿意暴露出来	□ □ □	自己的思想毫不在乎地向别人暴露
3. 被人称为是个爱讲道理的人	□ □ □	被人称为是个轻率的人
4. 自己拿定的主张，不管别人怎样讲，也不想改变	□ □ □	听到别人的意见，就迅速改变自己的主张
5. 午休时，喜欢在教室里呆着，不愿出去活动	□ □ □	午休时，喜欢到操场上轻松愉快地玩
6. 对议论感兴趣	□ □ □	对议论不感兴趣

7. 虽然有人教我，可是，还是有些问题不能理解	□ □ □	别人教我的问题，能马上都明白
8. 碰到难题时，能努力思考，直到解决为止	□ □ □	一碰到不能解决的问题，就立即停止学习

Ⅲ

A	A B C	B
1. 当考试成绩不好时，就变得颓丧，没有精神再继续学习下去	□ □ □	即使成绩不好，却认为失败是成功之母，毫不介意
2. 经常认为自己的能力不行，常常有自卑感	□ □ □	认为人总是有成功的时候，也有失败的时候
3. 认为自己天生的运气不好	□ □ □	对于有志气的人来说，道路是很宽广的
4. 在重要的考试中，往往担心是否会出错	□ □ □	我认为错了就改，对考试不太介意
5. 一考虑到自己的力量是否足够，就不能确定前进的道路	□ □ □	只要能做的事，即使做不好，也没关系
6. 总是担心这次考试会失败而感到不安	□ □ □	我想即使把考试放在心上，也没有什么用
7. 我很关心朋友的成绩	□ □ □	我不关心朋友的成绩
8. 对自己的前途有时不抱希望	□ □ □	对自己的前途总是抱有希望

Ⅳ

A	A B C	B
1. 自己一个人呆着，有时感到有点不安	□ □ □	自己一个人也能很镇静地呆着
2. 总是担心别人对自己有什么看法	□ □ □	不介意别人对自己有什么看法
3. 常常注意自己的仪容	□ □ □	不介意自己的仪容
4. 一有羞耻的思想总是忘不掉	□ □ □	即使有羞耻的思想，也能马上忘掉
5. 房间不整理好，身心平静不下来	□ □ □	即使房间里杂乱无章，也能把身心平静下来
6. 在学习中，非常担心有讲话声、收音机或电视机等声音的干扰	□ □ □	不介意讲话声、收音机或电视机等声音的干扰
7. 非常注意交通安全，唯恐发生交通事故	□ □ □	不注意交通安全，时常有冒险的行动
8. 向老师提问题时总有点羞怯、疑虑	□ □ □	不懂的地方，能随便向老师提问

Ⅴ

A	A B C	B
1. 情绪总是镇静的	□ □ □	碰到一点事情,情绪就爱波动
2. 只要认为是好的参考书,就能长期使用它	□ □ □	一看到朋友有新的参考书,马上就想换一下
3. 学习时,能够始终平心静气地坐在书桌旁	□ □ □	学习时,一会儿站着,一会儿坐着,总是定不下心来
4. 在编制可靠的计划后,才开始学习	□ □ □	由于编制的学习计划往往不能执行,所以一开始学习就无计划
5. 能认真完成课外作业	□ □ □	常常把课外作业忘掉
6. 人们说我是能专心致志的人	□ □ □	人们说我无论干什么事都不能专心致志
7. 在学习中,如有朋友邀请,能婉言拒绝	□ □ □	在学习中,一有朋友来邀请,就停止了学习
8. 在学习中,即使碰上喜欢看的电视节目也不去看	□ □ □	在学习中,想干什么就去干,想看什么就去看

确定性格类型的方法如下:

(1)A 栏中填一个○为 0 分,B 栏中填一个○为 1 分,C 栏中填一个○为 2 分。

(2)把 5 个测验的得分分别填入得分栏,然后依据等级分数换算表把求得的等级分数也填入表中。

(3)在“性格雷达”图的 Ⅰ ~ Ⅴ 线上,取各分测量等级分数,用线连起来。以中间的 3 为标志,在它的外面为外向性格,在它的里面为内向性格。

等级分数换算表

得分范围	等级分数	评价
2 分以下	1	相当内向型
3 ~ 5 分	2	稍微内向型
6 ~ 10 分	3	两向型
11 ~ 13 分	4	稍微外向型
14 分以上	5	相当外向型

测验分数汇总表

分测验	得分	等级分数
Ⅰ		
Ⅱ		
Ⅲ		
Ⅳ		
Ⅴ		

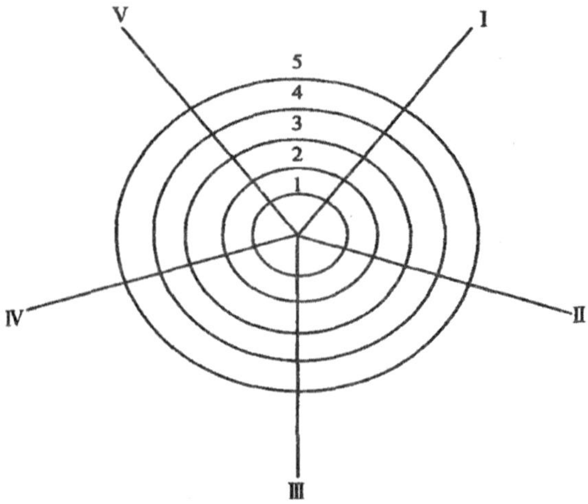

性格雷达图

性格类型表

内向型			外向型	
孤独型	寡言、谨慎、消极、孤僻	I	开朗、积极、善辩、适应	社交型
思考型	沉思、自省、重理论	II	讲实际、实干、进取	行动型
失去自信型	自卑感、内疚	III	自命不凡	自负型
不安全型	守规矩、清高、胆小	IV	大方、草率、无忧无虑	乐天型
冷静型	慎重、沉着、安稳	V	敏感、情绪冲动	感情型

第八单元　学会学习训练

本单元学习任务

1. 认识大学的学习,了解大学教育的特点。
2. 掌握学习的方法,提高自主学习能力。
3. 学会利用学校的宝贵资源,更好地完善自我。

★ 场地

团体活动室或者可以席地而坐的空地。

★ 设备

播放音乐的多媒体工具。

★ 人数

60 人左右。

训练一　认识大学的学习

※ 任务

认识大学的学习,了解大学教育的特点。

做做心理游戏,体会心理历程

活动项目:我的大学。
活动目的:拓展学生的思维训练。
活动方法:

1. 教师引入：老师拿起一支铅笔，叫学生尽可能多地想出铅笔有什么用途；在规定时间（如三分钟）内让学生报告自己想出了多少种用途，多者给予表扬（并请他们在班上念出来），统计全班同学共想出多少种用途。

2. 将全班同学分成若干组，每组 8 ~ 10 人。

3. 每人在十分钟内完成“大学五个最”：

进入大学后，我最满意的是：________________________________；

进入大学后，我最高兴的是：________________________________；

进入大学后，我最关心的是：________________________________；

进入大学后，我最想做的是：________________________________；

进入大学后，我最担心的是：________________________________。

活动背景音乐：《栀子花开》。

※ 谈谈成长历程，交流心理感受

“我的大学” 活动结束后讨论与分享。

1. 每位同学在小组内交流自己“大学五个最”的内容。

2. 每位同学谈谈自己对大学的感觉，交流彼此的感受与体会。

3. 每位同学谈谈大学的学习与中学的学习有什么不同，并交流体会。

4. 活动要求：

（1）各小组推选一名组长记录和总结本组讨论情况；

（2）同学们要认真思考，积极投入讨论与交流中。

学学心理知识，读读心理故事

从中学到大学，由于环境的改变，学习方式也与中学有很大差异，很多同学由于不了解大学学习的特点，所以入学很久仍未能很好地适应。

一、认识大学的教育

教育部高等教育司司长张尧学在分析中国高等教育所面临的挑战时指出，当今世界，经济活动全球化，知识经济方兴未艾，科学技术国际化。在这个大背景下讲，目前的大学生 10 年、20 年、30 年之后就是国家的栋梁。为了培养大学生的可持续发展能力，为今后的发展打下基础，大学要培养学生以下几个方面的能力：

第一，交流能力。大学生要学会交流，学会与人相处。不仅是在国内交流，还要学会在国际舞台上如何交流，融入到国际背景之中。这就需要有文化，需要人文和科学的融合。需要学好语言，不仅是英文，还要学好中文，甚至是地方的语言和文字。

第二，动手能力。学习，学是读书，习是动手，学习是两者的结合。但目前存在的问题是学生动手能力不够，造成创新能力不够，适应不了当前的社会经济发展需要。动手能力至少包含两个方面：一是拿起来能干，二是干得好。可现实中“但求做出，不求第一”

往往是我们的通病。

第三，创新能力。创新能力包含几个方面，即找问题、出思路、想办法、巧实现、能表达等。这包括工程和生产，以及产品的推广、销售和管理等方面的能力。找问题是一个观察、发现和抽象的过程。出思路是一个逻辑思考过程。实现是动手的过程。表达是推广、抽象、协作、思考等过程的总和，是创新活动中必不可少的部分。表达能力和动手能力紧密相关。目前我们的学生表达能力不够强，有时做的东西很好，但就是讲不出来。表达不仅包括讲还包括写以及多种多样的表达形式，比如多媒体、动画，等等。现在的学生缺乏严格意义上的表达基础训练。

第四，社会适应能力。现在的社会千变万化，一个人不可能靠在学校里学的那点东西适应千变万化的社会。现在有些高校对学生适应能力的培养重视不够，酿成了很多不应该发生的悲剧。

[案例]

小张是某名牌大学酒店管理专业的本科毕业生，身材匀称，长相不俗，应聘一家大酒店的管理职位，这家酒店人力资源部的负责人在仔细研究了小张的资料后，感到颇为满意，准备让她面试。小张很高兴，因为这是她经过认真比较和筛选后觉得很满意的单位。这天小张如约来到酒店。负责面试的是一位精明能干的副总经理和几位相关的工作人员。在经过简单的询问之后，那位副总经理说："这里有间客房，正在打扫，你能不能马上把床铺好？"

"我不会铺……"小张有点儿难为情。

"那么，你会不会端托盘呢？"副总又问。

"也不会……"小张更加不好意思。

副总与其他几位工作人员经过一番商议，最后说："真对不起，我们不能录用你，因为你不符合我们规定的基本条件和基本要求。"

小张为何没有通过面试？答案是她缺乏动手能力。

与此相应，一位电子科技大学软硬件开发与程序设计专业的本科毕业生，怀揣着毕业证和学士学位证书到昆明、贵阳等地应聘时发现，自己在大学学到的能够迅速运用到实际工作中的东西远远不够。在征得父母的充分理解后，他下决心"开倒车"，报考了高级技工学校并被录取。

这几年，大学生回炉读技校现象越来越普遍，这也从一个侧面反映了社会对技能人才呈现越来越大的需求。大学生回炉读技校，给人们带来的启示也相当深刻。学历不能与能力画等号，学历代表的未必是真才实学，一纸文凭走遍天下的历史将宣告结束。正如一位企业家在阐述人才见解时所说，一个熟练工人，即使没有大学文凭，但如果他所从事工种的工作很出色，又是企业非常需要的，有什么理由不给他发高薪？中国已经开始推行就业准入制度，任何人在拥有学历证书的同时，还必须拥有职业资格证书，这是国际上通行的做法。我们的高校必须采取有力措施调整学科专业结构，并切实加强职业技能培训，广大学生要彻底转变观念，主动适应社会。大学毕业生到技校回炉恰恰适应了这一要求。中国加入 WTO 后，企业对技术工人的需求如何？据天津市统计局企业调查队对 60 家企业技术工人情况的调查显示，虽然企业对技术工人需求总量比例变化不大，但是对高级技工需求趋旺。预测未来5年技术工人的合理结构为:高级技师占3.67%,技师占7.97%,高级工占22.05%,中级工占35.48%,初级工占30.83%。同时,企业对技术工人的基本技术素质要求普遍提高。企业纯技能型技工需求已经不再旺盛,转而对“技能+智能”混合型技工需求较多。

大学是人一生中最后一次系统地接受教育的机会,是我们人生独立的起点,是梦想起飞的地方,我们将在这里找到真正的自我。

二、认识大学的学习

如果说中小学的学习生活是“河港溪流”,那么大学的学习生活就是“汪洋大海”,没有了“堤岸”护航的大学生要去“大海”中求学,只有主动的学习者才能到达“彼岸”。正确的价值观和目标是我们必不可少的“舵手和航向”,经历规划、奋斗、成功这样一个行动过程是必然的,而且我们的“航程”将是艰难曲折的,我国著名学者王国维用三句经典词句精练而生动地概括清楚了探究学问的三大境界:

昨夜西风凋碧树,独上高楼,望尽天涯路。(晏殊《蝶恋花》)

……………………………自我规划

衣带渐宽终不悔,为伊消得人憔悴。(柳永《凤栖梧》)

……………………………艰苦奋斗

众里寻他千百度,蓦然回首,那人却在灯火阑珊处。(辛弃疾《青玉案·元夕》)

……………………………实现成功

开宗明义便是要独立思考,确定目标,没有“望尽天涯路”的心向往之,哪来“蓦然回首”的惊喜?紧接着强调求学过程的艰苦,没有“为伊消得人憔悴”,哪能寻到“灯火阑珊处”。通过高考、“身经百战”的大学生都有过这样的体验。

大学学习的独立性贯穿于教学的每个阶段和环节。大学生在学习上已经开始走向自立,教师在学习过程中的主导作用,主要体现为指点性的引导,而非全面的指导。大学学习是学生在继承前人积累的专业理论知识和技能的基础上,获得科学方法、从事科学探索活动、培养创新精神和创造力的过程。大学学习是学生将高度抽象的专业理论知识综合运用于具体实践活动,以发展学生应用技能与改造世界的能力的过程,因此,具有较强的实践性。

三、认识专业的学习

一位大学校长曾在一次面向全校学生的演讲中发表过这样一段精彩的言论:“学自然科学的同学们,我为你们自豪,因为你们是我们这个时代的列车。”在座的自然科学的学生无不欢呼雀跃,而人文科学的学生则低下了头。然而校长又接着说:“学人文科学的同学们,请抬起你们的头,放出你们的眼光来,我衷心地为你们而骄傲,因为你们是我们这列时代列车的司机。”在场的人文科学的学生们激动得热泪盈眶。各门学科和各个专业清楚分开,这是大学与中学的最大区别之一,大学生能够很明确知道自己的学科专业方向。

大学学习在学习内容和方法上具有专业性、独立性、创造性、实践性的特点。大学学习是以专业理论知识和基本技能方法的掌握为主要任务,围绕具体专业而展开的活动,具有较强的专业性。如何看待大学专业和学习,一个大二男生这样回答:"我考上大学后好像没有什么明确的目标和定位,我是调配志愿来到这个学校的,现在的专业我根本不感兴趣,没办法。平时我想听课就去听听课,不想听课就睡懒觉。睡觉是我最喜欢的事情,因为睡觉的时候什么都可以想什么都可以不想。"另一名文转理的女大学生因为听不懂《高等数学》,上课极度焦虑,并边听边骂老师"你想害死我吗"。

这两位同学的做法对吗?我们来读一读 R. J. 斯腾伯格的故事。

[心理故事]

R. J. 斯腾伯格作为耶鲁大学的一年级学生,刚进入大学时,他就知道自己的智商低,但他对心理学的学习兴趣非常浓厚,可他在心理学导论的课程考试中仅得了个 C,这很难证明他将在心理学领域会有一个光明的未来;稍后他智力测验的得分再次证实了这一点,他不具备这个能力。他的心理学老师显然也这么认为。一天,老师将一张考卷退还给斯腾伯格时说,在心理学上已经有一个著名的斯腾伯格(索尔·斯腾伯格),看来不会出现另一个同姓的大家了。听了这话,斯腾伯格决定另择其他学科作为专业。他选择了数学,因为他想这是门有用的学科。多亏这一次选择,他的数学概论课程的成绩比心理学导论的成绩还要糟糕,于是,他又重新回到了心理学专业继续学习。斯腾伯格在后面的课程里表现得很出色,大学毕业仅三年,1975 年,他获得斯坦福大学心理学博士学位。现在,他已经是耶鲁大学心理系教授,被《科学文摘》评为全美前 100 位科学家之一,曾被认为是美国 40 岁以下杰出人才之一,拥有约 1000 万美元的研究经费,发表著作 40 余部、论文 500 余篇。

或许你不是被第一志愿录取,又或许你不是被第一个专业录取,但不管你是否喜欢本校或本专业,你都要认真学。如果放弃,即使有转专业的机会,也轮不到你。那么,如何对待专业课、公共课和选修课呢?这是每个新同学都想知道的。

(1)专业课的学习。对专业课的学习,应目标明确具体,主动克服各种学习困难,不断提高学习兴趣。不同专业的大学生有不同的专业课,但不同专业的大学生对待本专业课程的学习态度应该是一致的,那就是不管喜欢与否,都要尽力把专业课学好。

(2)公共课的学习。对待公共课,要认识到其实用的价值,努力把对公共课的间接兴趣转化为直接学习兴趣。大学新生要端正对公共课的学习态度,克服学习兴趣较低,只限于上课认真听讲,把听课当成一种享受或是对专业课的调剂的不良思想。要充分认识到公共课的实用价值及对自己的意义,努力把学习的间接兴趣逐渐转化为直接学习兴趣,部分实用性强的公共课(外语、计算机等)要当成专业课来学习。

(3)选修课的学习。对选修课的学习,应注意避免仅仅停留在浅层的了解和获知层面上。大学生对待选修课的学习一般说来兴致较高,认为选修课可以开眼界,长见识,扩大自己的知识面。但选修课的学习要求不严,在大学生心目中的地位和分量毕竟不如专业课和公共课,大学生真正投入的不多。我们建议:大学新生对选修课的学习,应注意不要仅仅停留在浅层的了解和获知上,更要杜绝为了捞取学分才选修某些课程、"选而不修"的不正常现象。可以根据自己的兴趣和自我发展目标选择适当的课程来学习,更好地发展自我。

[心理故事]

孙朋是计算机系的大三学生,自进入大学他就立志要成为一名优秀的软件工程师。为此,他学习刻苦努力,上课认真听讲,用心做笔记,课后积极复习。为了实现自己的理想,他对不同课程采取不同的学习态度和方式,在保证公共课和基础专业课的学习下,侧重学习计算机软件、编程方面的知识,有选择地自学相关的知识,但他更重视操作技能的学习,一有空就钻进实验室。经过三年的努力,他的编程水平提高很快,在同学中遥遥领先。他的科技作品参加了全国竞赛并获了奖,他还被评为学校的三好学生。

课后自我心理训练

认真思考对比中学学习,完成“我的大学”学习生活内容。结合自身实际想一想:我该如何着手我的大学学习?

我 的 中 学

学校:________________

专业:________________

班级人数:________________

宿舍人数:________________

所任职务:________________

学习课程:________________

学习内容:________________

学习目标:________________

学习方式:________________

每天学习时间:________________

学习计划:________________

自习:________________

学习效果:________________

学习方法:________________

我在学习上的困惑/困难:________________

我的解决办法:________________

我 的 大 学

学校:________________

专业:________________

班级人数:________________

宿舍人数:________________

现任职务:________________

学习课程:________________

学习内容:________________

学习目标：____

学习方式：____

每天学习时间：____________________________________

学习计划：____

自习：____

学习效果：____

学习方法：____

我在学习上的困惑/困难：___________________________

我的解决办法：____________________________________

训练二　学习能力的培养

※ 任务

掌握学习的方法，提高自主学习能力。

做做心理游戏，体会心理历程

活动项目："哈姆雷特"表。

活动目的：

1. 帮助学生了解决策过程，学习决策技术；
2. 培养学生理性分析、独立解决问题的能力。

活动方法：

1. 教师指导学生设计一份"哈姆雷特"表。
2. 让学生产生头脑风暴，把解决这个问题的所有可能选择都找出来。然后，细细考虑每一种选择的可行性（得到预期结果的可能性有多大）、益处（这么做的优势）和代价（可能存在的风险、劣势），把所有理由详细写下来，并分别赋予一定分值。可行性满分为100%，分数越高表示可行性越大；益处和代价分别用 1 ~ 10 打分，分数越高表示该理由越重要。最后，根据公式：总分 = 可行性 ×（ Σ益处 − Σ代价）计算出每种选择的总分。例如：

哈姆雷特表

我的问题:我想要一个新款手机　　　　时间:2008.9

我可以选择	可行性	益处	代价	总分
找父母要钱买	20%	方便、轻松 7 不必对父母隐瞒 5	被唠叨,说浪费 5 扣发零用钱 8	-0.2
找朋友借钱买	40%	快速、高效 7	还钱很麻烦 9 被其他人嘲笑 7	-3.6
自己打工赚钱买	50%	自己做主,不必依靠他人 9 丰富阅历、锻炼自己 6 听起来很威风 3	可能耽误学习 9 可能受骗、受欺负 3	3.0
放弃,继续用旧手机吧	100%	省事、轻松 8 节约时间、金钱 8	常常坏,不方便 5 功能太少,不能摄像 3 被别人笑不时尚 4 感觉失望 2	2.0

活动背景音乐:《我的未来不是梦》。

谈谈成长经历,交流心理感受

“哈姆雷特表”活动结束小组分享与讨论。

1. 将全班分成若干组,每组 8 ~ 10 人。

2. 小组成员间相互展示自己的“哈姆雷特表”。

3. 小组内讨论,总分的高低意味着什么意义?

4. 每个小组推荐一位同学在全班分享他们遇到的困扰,以及他们如何使用“哈姆雷特表”澄清各种信息,作出最后的决策。针对发言同学的最后决策其他同学也可以谈谈其他的决策策略。

学学心理知识,读读心理故事

你可能常常听到老师和学长总说学会学习比学习知识更重要。学会学习,也就是我们所说的要学会学习的方法。由于大学学习具有自身特点,因此,学会学习、掌握适合自己的学习方法非常重要。学会学习是摆在每个大学新生面前的重要课题。如何学会学习呢?

一、做个主动的学习者

[心理故事]

自己救自己

有一个在屋檐下躲雨的人，看见观音正撑着伞走过来，连忙说："观音菩萨，普度一下众生吧，度我一段如何？"观音说："我在雨里，你在檐下，屋檐下无雨，你不需要我度。"此人立刻跳入雨中："现在我亦在雨中，你该度我了吧？"观音道："你我都在雨中，我不被淋是因有伞，你被雨淋是因无伞，所以不是我度自己，而是伞度我。你要想度，不必找我，请自己找伞去吧！"说完便隐身了。

第二天，这人遇到了难事，就去寺庙里求观音。走进庙里，却意外发现观音正跪在自己的像前拜求，百思不得其解，就问观音："你为何拜你自己？"观音笑着说："我也遇到了难事，但我知道，求人不如求自己。"

我们每一个普通人，在遇到难事时，是不是也有"躲雨人"的心态？作为一个大学新生，面对大学的学习生活，你首先想到的是去求"观音"，还是设法找到自己的"伞"，做个主动的学习者？

二、进入学习状态

你也许并没有意识到，周围的许多同学，他们把学习当作了一种消极活动。他们认为只要自己上课、记笔记、读课本，就代表自己正确学习了，对得起"江东父老"了。其实，学习不仅仅是看、听和全盘吸收。因为你的大脑不是装东西的器皿。你将会被检测对内容的理解程度，而且你要把掌握的知识灵活运用到生产和生活、实践中。

积极主动地学习，意味着你要保持一份乐观向上的心态，要思考新事物，要将其转化为自己的知识，并在其他场合将其加以活用。在学习方面，你的最有价值的财富是一种积极的态度。

积极主动地学习，需要你树立起一种积极的学生形象。即使是坐在桌边或躺在长椅上读书，你的大脑也应该保持快速运转。一旦进入一种消极情绪中，你会变得索然无味，你的创造欲望就会消失。

[心理故事]

永远都坐在前排

20 世纪 30 年代，在英国一个不出名的小城里，有一个名叫玛格丽特的小姑娘。玛格丽特自小就受到严格的家庭教育，父亲经常向她灌输这样的观点：无论做什么事都要力争一流，永远走在别人前面，而不落后于人，即使在坐公共汽车时，你也要永远坐在前排。父亲从来不允许她说"我不能"或者"太困难"之类的话。

"永远都要坐前排"是一种积极的学习态度，激发一往无前的勇气和争创一流的精神。想坐前排的人不少，然而真正坐在前排的却总是不多。许多人之所以不能坐在"前排”,就是因为他们把“坐前排”仅仅当作一种人生的理想,而没有具体的行动。

三、提高注意力

对大多数人来说,精力正白白消耗掉,如同小水坝的裂缝里流失的水一样。注意力不集中,对琐事过于关心、焦虑和猜疑等消极情绪都在消耗我们的精力。要学会把精力集中到关键事物上,就像让水坝里的水流集中到水轮机上成为动力,不让它白白消耗。

提高注意力的第一步是,注意自己何时开始分心。除了接受自己会分心的事实外,更要学习如何把自己拉回到当前的任务中。

提高注意力的第二步是,找出目前你能够专注在单一主题上的理想时段。对某些主题你也许能维持长时间的注意力,但对另一些主题专注的程度或许非常有限。你在专注和聆听时的态度,取决于你认为眼前的事情重不重要。因此,无论你正在从事什么工作,应设法创造出能让你全身心投入的奋斗目标。

最后,培养选择性注意的策略。选择性注意的策略是指学习者在学习情境中激活与维持学习心理状态,将注意力集中于有关学习信息或重要信息上,对学习保持高度的觉醒或警觉状态的学习策略。

四、学会倾听

学生的倾听心理品质是指学生在学习生活中倾听教师的讲述,并在较长时间内保持在听讲活动上,同时避开一切与听讲无关的事物,对妨碍听讲的活动加以抑制的心理过程。是否具备良好的倾听心理品质,直接影响到大学生的学习效果。一名良好的倾听者是一名猎手。认真倾听不是舒舒服服地坐在那儿等待对方“发布信息”,恰恰相反,应该积极地走出去捕捉信息。在倾听的时候,不应听候信息发布者的支配,你可以通过你本身特有的善于倾听的能力来澄清事实,抓住信息。你不仅用耳朵而且用心倾听别人的讲述,这意味着要一边听一边感受。只有这样,你才会有所得。

有效倾听的策略:

(1)努力去尝试。真正的倾听,需要你专注、认真地听,全神贯注。刚开始可能有些困难,经过一段时间后就会适应。

(2)良好的倾听意味着注意力集中的配合。它不只是使用耳朵,而且要使用眼睛、面孔、整个身体。如果你没有集中所有的注意力到说话者身上,那么你倾听他的讲话是非常困难的。如果说不能做到同时记笔记和盯着老师,一定要时常从你的笔记本上把目光投向老师,这样才能保证你一直和老师保持直接的交流。

(3)尽量减少分心。如上课时你可以坐得离老师更近一些,这样会使你的注意力更集中;选择一个合适的坐姿;当你的注意力涣散时,能够发觉自己的状态并及时把注意力调整到课堂上。

(4)不断实践。倾听和其他技能一样,会在实践中不断提高。

(5)通过谈话者寻找线索。注意老师的语调,以及说话的语气、停顿、手势、身体语言,这些信息会促进你对谈话的理解。

五、学会阅读

大凡有学问的人都是酷爱读书的人，他们把购得好书、读得好书、藏得好书作为人生的一大嗜好，且不管是身处逆境还是顺境，都能从阅读中寻找到莫大的快乐。

［心理故事］

本杰明·富兰克林自幼酷爱读书，辍学回家务工期间，仍然抓紧业余时间自学。他把家里有限的藏书读完后，又用自己的零花钱买书看，其中有《约翰·班扬传》、柏顿的历史文集、古希腊学者普鲁塔克的名著《希腊罗马名人传》、科顿·马德的《为善论》等。在印刷所当学徒时，他通宵达旦地阅读文学、历史、哲学著作。这些书，是在书店当学徒的朋友借给他的，是新书，他必须尽快读完、干干净净地还给人家。他也买了一些书，买书的钱，是从饭钱里省下来的。为此，他成了一个素食者，常常以饼干、面包、葡萄干、果馅饼和清水充饥。他自学了数学和四门外语，勤奋地练习写作。结果，这个仅上过两年小学的人，被哈佛大学、耶鲁大学、牛津大学、爱丁堡大学等七所院校授予硕士学位和博士学位。

作为新时代大学生的你，不仅要把阅读当作生活中不可或缺的事，而且还应该像大师们那样酷爱阅读，善于阅读，从阅读中体会到快乐。下面介绍两种阅读方法：

1. 五步阅读法

五步阅读法亦称 SQ3R 阅读法，是英语单词中的 Survey（纵览）、Question（质疑、发问）、Read（阅读）、Recite（复述、背诵）、Review（复习）的首字母的组合。这五个词代表阅读过程的五个步骤，故称五步阅读法。它是针对阅读课文所设计的一种主动、有系统的学习方法。

五步阅读法是由弗兰西斯·罗宾逊（Francis Robinson）提出来的，并盛行于美国大专院校。罗宾逊是一位心理学家，在第二次世界大战期间协助军中人员就读大学速成班。当然，相对于你已十分熟悉的方法，这个方法似乎有点不便。但每种新的技巧都需要一段时间去习惯。长远来看，它不但能节省时间且能让你在考试时表现更好。

2. 三步阅读法

三步阅读法是我国历代学者所推崇的传统分步阅读方法。它将阅读过程分为三个步骤，即浏览以了解梗概、仔细深入感知、品味以融会贯通。首先，要概括地了解书本的内容。这一步可采用浏览、泛读等方式进行，目的是在了解全书概貌的基础上，分析确定阅读的重点，以便于分点加以研读。其次，在掌握内容大意的基础上，对重点的内容分别作深入的钻研，做到真正地理解书本的内容。这一步应采用精读的方式进行。最后，在理解全书重要内容之后，再将各部分内容连结起来，形成一个有机的整体，并且做到“应当记忆的记忆起来，应当体会的体会出来，应当研究的研究出来”。当然，这里所说的“重点”，阅读法不是固定不变的，它往往是根据你的阅读目的、特别是读物的具体情况来确定的。比如说阅读某一本书，目的是为了学习它的结构艺术和语言表达，那就把书中这些有关部分作为自己的阅读重点，并不去对书本身的重点多花力气。

六、学会做笔记

你可以综合别人的各种方法而形成个人做笔记的方式。这项工具可以让你顺利完成大学学业。一旦成为技巧，在你毕业后的生涯中也会是一项有价值的资产。

1. 好笔记的特点

做一份好笔记要做到以下几点：

①笔记分为眉批、摘录、问答、提要、心得等形式；

②讲究格式，条理清晰，便于理解和记忆；

③注明作者、书名、页码、出版单位和出版日期，或者讲课人、时间、地点，便于将来查考；

④新的主题和授课内容从新的一面开始记录；

⑤将页码编号；

⑥只使用一面抄笔记，以便将来容易阅读和整理；

⑦简单扼要原则——一个短语或成语和一个完整句子的功能是相同的；

⑧实用原则——用自己的话来下结论和叙述内容；

⑨以不同的彩色笔作标注，可方便整理；

⑩利用规范的速记符号和缩写字，既可节省时间，又便于日后回忆。

2. 比较理想的笔记具备的条件

比较理想的笔记具备三个条件：

①凸显重要观念；

②以例证、解释和细目补充重要观念；

③将关键的观念往下分成其他次要的概念。

七、学会记忆

记忆是学习活动的重要组成部分。没有记忆，就无法有效地加工和处理信息，思维也就变成无源之水，学习也就失去了意义。

1. 记忆系统

现代科学研究表明，人们的记忆有三大系统：

(1)感官记忆：指保留住你从感官立即接收到的信息。视觉、听觉、嗅觉、味觉和触觉会将信息传至你的大脑。感官记忆是稍纵即逝的，前一个印象在几秒钟之后很快会被新的印象取代。

(2)短期记记：暂时保留信息，为时约 20 ~ 30 秒钟。除非你继续练习，否则你无法长久保存信息。

(3)长期记忆：保留进一步处理过的信息，且能储存大量的信息。长期记忆就像一间放满档案柜的房间，你学习到的信息会收纳在特定的档案夹和特定的抽屉里。为方便抽取这些记忆，把它们分类，放入相应的档案夹中是很重要的。否则，当你要寻找一份信息时，找到的机会将会很渺茫。

2. 记忆方法

记忆的一般方法有三种：

(1)通过耳听及倾听(听觉型)。假如你是这种类型的学习者,那么听取信息并说出来对你很重要。换句话说,你较偏好经由听课以及讨论你所听见的内容来学习,你也许在听过指定阅读的教材后阅读,效果会更好。你也可以买有声读物,在宿舍、车上或散步时聆听。另外诵读信息以及教导别人你所拥有的知识,对你也是很有用的学习方法。

(2)通过目视及观察(视觉型)。假如你是这种类型的学习者,你会偏好通过阅读录影带以及观察来学习。想象画面是很重要的学习途径。你很可能在读过教材后再听课,获益会较大。除了书面文字外,经由看图片以及将学到的东西构成图像,也可以收到较好的学习成效。你可以利用书本以及其他为唤起记忆所设计的视觉学习工具。当你准备考试时,可能会发现重写笔记、参考图片、设计图表和画成图解等方法很有帮助。

(3)通过动手操作及亲身参与(身体力行型)。假如你是这种类型的学习者,你会偏向亲身参与来学习。经由实验以及想出各种解决问题的方法,可以学得最好。通过实验、实习、角色扮演、材料运用、即兴演出、做游戏以及参与研讨会等方式,你将可以学到并记忆更多的信息。

一则现代的格言指出:人们能记住 20 % 他们听到的,75% 他们看到的,以及 90 % 他们做过的。这个说法似乎暗示着,听觉型的学习者处于劣势,其实不然。这则格言隐藏的含义应该是:参与的感官愈多,记忆力会愈强。假如你将自己的学习限制在仅仅听课而已,则忘记的机会是很大的。相比之下,如果你抱着主动的态度倾听,并将你理解的内容用自己的话语表达出来,那么,你在学习和记忆方面的胜算便会大幅增加。换言之,结合听、看、做这三种方式,你可能会学得最好。如,书写和朗诵有助于记忆,而将信息图示出来也是不错的办法。若再加上一些颜色,使重要的部分突显出来,就更有助于记忆了。

3. 增进记忆力的方法

根据研究,提高记忆的方法有很多:

(1)提高对信息的加工水平;

(2)双重编码;

(3)过度学习;

(4)适当运用记忆术;

(5)及时复习;

(6)合理分配时间;

(7)态度决定一切;

(8)今天的事今天做;

(9)放松心情并集中精神;

(10)把工作拆成小单元;

(11)为你正在做的事创造趣味;

(12)以有意义的方式整理信息;

(13)利用心像和视觉摹想法;

(14)尽情发挥个人的风格;

(15)通过书写来强化记忆;

(16)朗诵;

(17)熟能生巧。

课后自我心理训练

1. 课后活动:电话号码会唱歌

活动目的:

(1)帮助学生学习记录无意义符号的编码策略。

(2)引导学生摸索适合自身特点的有效记忆策略。

活动方法:

(1)可以班级小竞赛的形式进行。

(2)要求每个同学在笔记本写下尽可能多的电话号码、手机号码、邮政编码或身份证号码等(也可以统一提供)。

(3)让同学们根据上面介绍的知识,自己想办法运用不同方法赋予电话号码意义,用最短的时间记住纸上的全部号码。比一比谁的记忆效果好,效率高!

(4)邀请部分学生上台分享自己"发明"的记忆无意义数字串的方法,帮助建立游戏与现实学习情境之间的联系。

[阅读资料]

记忆术策略

记忆有一条重要的法则,就是愈有意义的事物愈容易记忆。心理学指出,记忆有意义的材料,要比记忆无意义的材料容易。无论是记忆的全面性、速度,还是记忆的精确性和牢固性,有意义的材料都比无意义的材料优越得多。在运用记忆术时也不例外,所以,我们应该先尽量领会和掌握事物的意义,也就是要充分理解事物的意义。如果我们不把握事物的意义,就会使有意义的事物变为无意义的材料,人为地为自己的记忆增加难度。

在使用记忆术时,要给无意义的事物赋予人为的意义,使之意义化。例如,马克思诞辰是1818年5月5日,很难记,可以借用谐音给予意义,可以记为"马克思一巴掌一巴掌(1818)打得资本家呜呜(5月5日)地哭"。又如巴尔扎克的生卒年是1799—1850年,可以这样记:"巴尔扎克要骑舅舅(1799),要扒屋顶(1850)。"再如,印度洋的面积约7496万平方公里,可以记为"旗子旧了(7496)"。

在记忆一组分散的、无内在意义的事物时,不仅要使之意义化,而且还要将它们串在一起使之系统化。例如,要记忆这样一组材料:香烟、木料、热水瓶、日光灯、大炮、书本、瓶子、电风扇、鸡蛋、收音机。如果分散记,很难记住,有人想法子把它们串联在一起,就好记了。即可以这样记:香烟点燃了一堆木料,木料上压了一只特大的热水瓶,而这热水瓶的塞子原来是日关灯,有人用日光灯当作大炮的炮管,朝炮管看去,里面发射出一本书来,被射向天的书本飞舞着掉进一只有井口大瓶子里,瓶子能罩住一个大电风扇,电风扇吹出一只只鸡蛋,鸡蛋打碎在收音机上。默想两遍,你很容易就能记住。这就是系统化的好处。请记住:使材料意义化、系统化是记忆术之秘诀之一。

传说以前有位学校老师,经常用上课时间上山与和尚喝酒,上山前就给学生布置作业,让学生去做,完不成作业还要批评学生。一天,这位老师又要上山,临走时要学生背圆周率到小数点后22位。这下子把学生难住了,反复地机械背,还是背不出,大家非常苦恼、害怕。有位聪明学生联想到老师喝酒,运用谐音法和形象法编一段故事,大家很快就背诵如流。他编了一个什么故事呢?先把圆周率介绍一下:3.14159265358973284626。他编的故事是:山巅一寺一壶酒,尔乐苦煞吾;把酒吃,酒杀尔,杀不死,乐而乐。

这样一段故事,既形象顺口,又有意思,把一串无意义的数字联在一起搞活了。这就体现了将多种法则加以综合运用的好处,它也是人们善于灵活思考和想象的结果。有人运用这种方法能熟练背圆周率一两万位,有的能背英语字词,真可谓太神奇了。

2.课后阅读

人生的八个字

只有认真过好每一天,让自己每一天都不虚度,每一天都能够学到新东西,坚持下去,你就一定会成功。

中文不像英文有那么多现在、过去、未来等时态的分别。在这一点上,中外有所不同,中外皆然的,则是对时间有些选择性的偏爱。在现在、过去、未来三种时间形态中,我们对过去和未来有些特别的情结。

过去的愉快或幸福,在时间的沉淀之下很容易凸显,往往夸大其事。

过去的痛苦或悲哀,在时间的冲刷之下,很容易淡出,往往恍若云烟。

我们对过去,有一种往好处归纳的情结。

我们对未来,也有一种往好处演绎的情结。

对未来的机会或期待,很容易扩展其各种可能,往往异想天开。

对未来的危险或困难,很容易简化其各种关卡,往往自欺欺人。

在过去和未来之间,我们最不经心的,就是现在。在归纳和演绎之间,我们最没有办法面对的,往往就是现在。

现在,一不小心就成了未来和过去之间的鸡肋,是未来还没有到来之前的过渡,是过去还在徘徊不去的余韵。

现在的美好,难比过去的回肠荡气,难比未来的令人雀跃。

现在的痛苦,总比过去的更为真实,总比未来的更为切身。当然有些人是另一种状况,过去的痛苦永远是一道道越来越深的创伤,未来的困难永远是一步步越来越恐怖的陷阱。这些人从另一个方向对时间做了太多取舍,结果是忘记了现在,轻忽了现在。

在工作的世界里,特别容易如此。尤其是做了一个中层主管之后,过去的挫折已在脑后,未来的挑战尚且遥远,只有现在的难题最为棘手;过去的成就可以随手拈来、朗朗上口,未来的机会可以纵横规划、大展宏图,只有现在的资源和任务,不大不小,难以施展。

对时间的这种偏爱,真是很大的偏差。如果真要有所偏爱,我们应该偏的是现在。

再好的、再坏的过去,也已经过去了,和现在的我们无所相干;再好、再坏的未来,也尚未到来,我们不必因而手舞足蹈或心惊胆战。

只有现在的快乐,是最需要体会的;只在现在的困难,是最需要解决的;只在现在的机会,是最可以把握的。

除了现在,我们别无所有。

当我们可以如此认识的时候,也就会发现:当现在流逝为过去的时候,我们可以增添多少美好的回忆;当未来转化为现在的时候,我们可以兑现多少的机会。

同学们,“把握现在,面对现实”吧!

训练三　学习资源的利用

※ 任务

学会利用学校的宝贵资源,更好地完善自我。

做做心理游戏,体会心理历程

活动项目:雷阵。

活动目的:

1. 培养勇于尝试、不断探索的精神。

2. 培养创新意识,挑战我们突破定式思维与团队的有序协作的能力。

3. 树立成本观念,培养善于吸取经验教训、少走弯路的能力。

4. 善于利用工具与资源。

活动方法:

1. 将全班分成若干组,每组 14 人左右。

2. 正方形内为雷区,活动要求所有学员从雷区的入口开始,依次通过雷阵,成功地到达雷区的另一边,活动时间为 40 分钟。

3. 雷区内只允许有一人进入。

4. 每走一步只能迈进相邻的格子里,不准跳跃及试探。

5. 雷区中每走一步未被确认的新格子要听拓展教师的口令,口令有两种:“请继续”(示意学员继续前进),或“对不起有雷,请按原路返回”(学员退出雷区,换另一人进入)。

6. 全队按时完成为 100 分,每违例一次扣 1 分,违例现象有四种:重复触雷、未按原路返回、踩线或未进入相邻的格子、进入雷区的人数多于 1 人。

(从布课计时开始,教师告知学员不回答任何问题)

场地器材:

6 米×6 米的画有雷阵的场地 1 块,或野外空地与画有 6 米×6 米大雷阵图一块。硬皮夹、笔和教师用图一张,教师最好准备墨镜一副。

违例次数：　　　　　　　　　　　　最后得分：

出现重复触雷

1	2	3	4	5	6	7	8	9	10	11	12	13	14	15	16

未按原路返回

1	2	3	4	5	6	7	8	9	10	11	12	13	14	15	16

踩线或入错格

1	2	3	4	5	6	7	8	9	10	11	12	13	14	15	16

多人进入雷区

1	2	3	4	5	6	7	8	9	10	11	12	13	14	15	16

雷阵出口

109	110	**111**	**112**	**113**	**114**	**115**	**116**	**117**	118	119	120
97	**98**	**99**	**100**	101	102	**103**	104	**105**	**106**	**107**	108
85	86	**87**	88	**89**	**90**	91	**92**	**93**	94	**95**	96
73	**74**	**75**	76	77	78	**79**	**80**	81	**82**	**83**	84
			67	**68**	**69**	70	71	72			
			61	62	**63**	64	**65**	66			
			55	56	57	**58**	59	**60**			
			49	50	51	52	53	**54**			
37	38	39	40	41	**42**	**43**	44	45	46	47	**48**
25	26	27	**28**	**29**	**30**	31	32	33	**34**	**35**	36
13	**14**	**15**	16	17	18	**19**	**20**	21	22	23	**24**
01	02	03	**04**	**05**	06	07	08	**09**	10	**11**	12

失败并不丢脸，但必须分析每一次失败的原因。必须学会如何避免失败，因为失败是这个世界上最伟大的一门艺术。

项目挑战阶段：

1. 项目挑战中除了口令外，教师不和学员进行沟通交流；
2. 要求学员必须站在雷阵两边延长线与入口边线的区域内；
3. 严格监控学生的行为，一旦有违例的情况立即说明并按要求记录；
4. 如果学生提出放置标记物，可暗示予以认可，但不允许涂写记号；
5. 学生认为无法穿越雷阵，拓展教师可反复询问是否放弃；
6. 学生间争论时教师保持沉默，也不回答，但可以提醒他们不得使用不文明语言；
7. 如果出现违例现象，可以采用扣时间的方式操作，但必须在布置时予以公布。

谈谈成长经历，交流心理感受

“雷阵”活动结束后小组讨论与分享。

1. 让每一个学员将自己的感受与大家分享，并说出各自认为的原因所在；
2. 关于理性的分析与感性的尝试，拓展教师可以分别引导；
3. 有时候不断尝试是重要的，要大胆尝试、勇于尝试；
4. 经验的积累对后面同类尝试的价值与作用；
5. 分析扣分的原因，重复踩雷、同时 2 人或多人进入雷区，原因何在；
6. 可以和大家分享“野生动物园与狮子”的故事，“蜜蜂和苍蝇”的玻璃瓶趋光试验或“跳蚤跳高”的试验故事；
7. 教师公正地给予评价，无论结果如何都可以做些鼓励；可以根据自己掌握的案例提升总结。

活动背景音乐：《飞得更高》。

学学心理知识，读读心理故事

大学是一种资源，在这个神圣的殿堂里可供我们利用的资源有很多，如老师、图书馆、网络以及各系各专业特有的一些硬件资源等，这些资源我们都要学会利用，这样才能更好地完善自我。

一、老师

大学里有很多知识渊博的教授、学者，他们是学校、也是我们大学生最宝贵的资源，我们要主动去请教他们，聆听教诲。在大学里多认识一些优秀的人，多与智者对话，将有益一生。因为在人的成长过程中，每一次收获、每一次进步、每一次成功都离不开老师的谆谆教诲和无私帮助，而对于错误、不足或过失，除了父母还有老师会给予中肯的批评，并给予最大限度的帮助。从老师那儿，你不仅可以学习到科学文化知识，了解科学研究的方法，还可以学习老师崇尚科学、追求真知的科学精神，学习老师甘为人梯、甘作绿叶的品质。

中学时代，学习、交往基本上都是由老师管理，老师的情感呵护提高了我们的学习成绩，也在一定程度上满足了我们情感的需要，对我们的成长产生了重要的影响。进入到大学后，大学老师仍然是充满热情和富有情感地爱护着我们。辅导员老师在入学一开始就始终关心着我们的衣、食、住、行，使我们有种被亲人关心的感觉。专业老师不仅悉心指导学业，还向我们传授为人处世的经验和体会。当记者向哈佛大学四年级的学生提出这样一个问题：“在我们认识自己、理解生活，了解周围世界以及设计未来的时候，是否有一位大学教师对我们产生了特别重要的影响?”结果 89 % 的学生很快就确认了是哪位老师，并详细讲述了这些老师如何改变和影响他们。可以说，大学时期我们与老师的关系将影响我们大学几年的学习与成长，甚至受益终身。

二、图书馆

图书馆是人类的镜子、社会的镜子，也是社会记忆的载体。现代图书馆是学校课堂教学的延伸、扩展和深入。它是我们的“无声园丁”，是我们发展兴趣爱好的场所。

在图书馆里，望着数以万计的图书时，我们一下子会感觉到自己的渺小，展现在我们面前的是整个人类社会。此时此刻，我们会有种种跨越时空、与古人相遇的感觉，可随之我们又觉得自己孤立无助。先人的奋斗与梦想、喜怒与哀乐、成功与失败，一切的一切都在我们的面前。而我们呢，在感慨之余可以在此上溯五千年，把握现在，预感未来。

许多人将图书馆看作一个巨大的书库。说图书馆的藏书能提供给我们丰富的信息没错，但大学图书馆能提供的远远不止这些。聪明的人在学生时代就养成了一种重要的能力，那就是熟悉各门各类的大量书籍。从一个汗牛充栋的图书馆中，善于辨别选择图书，这种能力对人的一生很有益处，这就像一个工人善于选择工具一样。大学图书馆一般可以提供以下的资料、资源和服务：①百科全书、索引、字典、图书、年鉴和其他的参考指导书；②报纸和杂志；③学术期刊；④安静的自习室、阅览室；⑤馆际借阅；⑥书目检索；⑦流通部、技术部；⑧电子阅览室；⑨图书馆数据库；⑩图书管理员。图书管理员是图书馆中最重要的资源之一。几乎在我们所从事的任何学习、研究和实践工作中，他们都能给我们提供大量的帮助。

如果使用恰当的话，图书馆的资源将会让我们的生活更轻松、更愉快，让我们在知识海洋中遨游的同时心灵得到净化。当然，再大的图书馆也不可能装下人类所有的图书。所以，先别奢望学校图书馆多么好，它永远赶不上我们飞翔的梦想和对知识的渴望，我们唯一能做的就是充分利用它。

三、网络

从20世纪90年代初期，Internet的迅速发展与推广，把人类带入网络时代。信息网络以其高速化、综合化、智能化和易用性的特点波及全球，冲击着人类社会的各个领域。网络已进入到大学的纵深地带，几乎所有的大学都斥以巨资建设网络系统，为教师的教学和研究、学生的学习提供信息化平台，每个学习者都可以利用网络无障碍地接触到所需要的信息。

1. 大学生上网的情况

根据调查，大学生上网主要有以下几种情况：

（1）信息查询。互联网如同一个信息的聚宝盆，应有尽有。大学生运用网络阅读、学习、查阅文献，这也是大学生上网最主要的目的。

（2）运用网络与外界交流。网上交流无须考虑自己的年龄、学历和知识，也无须知道对方的情况，在言论和权利上实现了平等，使学生体会到自己是地球村的公民，比任何时代的人都感到自由，有更多的时间认识自我、发展自我和提高自我。很多大学生经常上网来寻奇觅宝，通过网络，他们可以浏览全球信息，获得全世界新闻，还可以进行网络远程学习。E-mail作为一种能传递信息迅速及时、费用低廉的通讯方式，正在逐渐取代传统的书信而成为大学生人际交往的重要手段。

(3)网上聊天。“白天带书上课，晚上带钱上网。”在网络上聊天交友，是大学生在网上的主要活动之一。通过在网络上进行人际交往，大学生可以跨越地域、年龄等限制，获得更多心灵交流。不可忽视的是，聊天、交友、与网友见面成了一些大学生日常生活的组成部分，有的乐此不疲，甚至深陷其中不能自拔。

(4)网上游戏。在线游戏因其具有交互性，颇有魅力。因此，游戏网站是大学生经常光顾的地方。有的大学生在游戏网站一待就是七八个小时，甚至逃课逃学，严重影响了学业。

2. 网络与大学生的心理问题

上网作为大学生休闲活动的一种越来越常见的形式，给大学生造成的心理影响不容忽视。当代大学生在充分享受着互联网给自己带来诸多乐趣的同时，也正经受着它带来的种种心理困惑甚至痛苦。

[案例]

张军，某大学二年级学生，大一开始玩网络游戏，平均一天1~2个小时，开始时上网有节制，学习、生活还算正常。大概三个月后，上网逐渐失去了节制，上网时间每天增加到3~4个小时，并开始逃课上网，生活开始变得很不规律，打篮球的爱好也放弃了。再后来，上网时间每天超过10个小时，学习基本上放弃了，吃饭也在网吧，到了周末更是24小时上网。此时，张军已经开始感到离开网吧便烦躁不安，心里空空的，沮丧，什么事都不想做，甚至吃饭也没了胃口，见人也不想搭理，并且非常容易激动和疲劳，一旦接触到电脑便精神焕发，精力充沛。张军自知上网太多，经常自责，试图减少上网，心里暗暗发誓：“这是最后一次。”可不到半天又重返网吧，后来见到熟人就躲，心中极为痛苦。学习成绩直线下降，到了留级的边缘，最后不得不退学回家。

有研究表明，长时间上网会使大脑中的化学物质多巴胺含量升高。这种类似肾上腺素的化学物质被认为与“病态赌博狂”有关，它令人呈现短时间的亢奋，但其后的颓丧感却更为严重，时间一长，会给人带来一系列的生理和生物化学变化。患者初期只是表现为对网络的精神依赖，渴望上网冲浪、玩游戏，之后就很容易发展成为身体的不适，出现食欲不振、焦躁不安、难于入眠和心情不平静，有的会出现脸部僵直、手臂肿胀、手指痉挛等躯体不适，甚至会引发心脑疾病和精神疾患。为了避免出现网络性心理障碍，专家建议，普通网民正常的上网时间一般不要超过每天2小时，且在超过1小时后应休息15分钟，在上网之前要明确上网的任务和目标，把具体要完成的事项写在纸上，限制上网时间，准时下网或关机，决不拖延、迁就自己。在上网过程中，应避免接触黄色网页，远离网毒。停止上网后若出现不适感，如紧张、焦虑、失眠、心情抑郁等，则应及时找心理老师指导，防止病情进一步发展。

3. 正确使用网络

基于网络的学习是学习方式的一个重大革命，我们要学会利用网络，而不要被网络所利用。所以，同学们在利用网络资源时应注意：

①网上学习一定要有很强的目的性；

②学会快速浏览，及时发现有价值的信息；

③要做好学习笔记；

④不要轻易相信我们看到的东西；

⑤注意爱护身体，保护视力；

⑥学会有效提问；

⑦不同水平的学习者有不同的需求，对于初学者，学的一般是一些规定、概念、基本方法、基本思路；对于研究者，学的一般是解决复杂问题的技巧。

※ 课后自我训练

考试焦虑测验表（自评）

请根据自己的实际情况回答以下问题，只需在相应答案处打"√"，不必花长时间思考。其中，与自己情况"很符合"记3分，"较符合"记2分，"较不符合"记1分，"很不符合"记0分，各题得分相加即为总分。

	很符合 3	较符合 2	较不符合 1	很不符合 0
1. 在重要考试的前几天，我就坐立不安了。	（　）	（　）	（　）	（　）
2. 临近考试时，我就拉肚子。	（　）	（　）	（　）	（　）
3. 一想到考试即将来临，身体就会发僵。	（　）	（　）	（　）	（　）
4. 在考试前，我总感到苦恼。	（　）	（　）	（　）	（　）
5. 在考试前，我感到烦躁，脾气变坏。	（　）	（　）	（　）	（　）
6. 在紧张地温习功课期间，我常常会想："这次考试要是得个坏分数怎么办？"	（　）	（　）	（　）	（　）
7. 越临近考试，我的注意力越难集中。	（　）	（　）	（　）	（　）
8. 一想到马上要考试了，参加任何文娱活动都感到没劲。	（　）	（　）	（　）	（　）
9. 在考试前，我总预感到这次考试将要考坏。	（　）	（　）	（　）	（　）
10. 考试前，我常做关于考试的梦。	（　）	（　）	（　）	（　）
11. 到了考试那天，我就不安起来。	（　）	（　）	（　）	（　）
12. 当听到考试的铃声响时，我的心马上紧张地急跳起来。	（　）	（　）	（　）	（　）
13. 到重要考试，我的脑子就变得比平时迟钝。	（　）	（　）	（　）	（　）
14. 试题越多、越难，我越感到不安。	（　）	（　）	（　）	（　）
15. 在考试中，我的手会变得冰凉。	（　）	（　）	（　）	（　）
16. 在考试时，我感到十分紧张。	（　）	（　）	（　）	（　）
17. 一遇到很难的考试，我就担心自己会不及格。	（　）	（　）	（　）	（　）
18. 在紧张的考试中，我却会想些与考试无关的事情，注意力集中不起来。	（　）	（　）	（　）	（　）

19. 在考试时，我会紧张得连平时背得滚瓜烂熟的知识也忘得一干二净。
( ) ( ) ( ) ( )

20. 在考试中，我会沉浸在空想中，一时忘了自己是在考试。
( ) ( ) ( ) ( )

21. 考试过程中，我想上厕所的次数会比平时多些。 ( ) ( ) ( ) ( )

22. 考试时，即使不热，我也会浑身出汗。 ( ) ( ) ( ) ( )

23. 考试时，我会紧张得手发僵或发抖，写字不流畅。 ( ) ( ) ( ) ( )

24. 考试时，我会经常看错题目。 ( ) ( ) ( ) ( )

25. 在进行重要的考试时，我的头就会痛起来。 ( ) ( ) ( ) ( )

26. 发现剩下的时间来不及做完全部考题时，我会急得手足无措，浑身大汗。
( ) ( ) ( ) ( )

27. 我担心如果考得不好，家长和老师会严厉地指责我。
( ) ( ) ( ) ( )

28. 在考试后，发现自己懂得的题目没有答对时，就会十分生气。
( ) ( ) ( ) ( )

29. 有几次在重要考试结束后，我腹泻了。 ( ) ( ) ( ) ( )

30. 我对考试十分厌烦。 ( ) ( ) ( ) ( )

31. 只要考试不计成绩，我就会喜欢考试。 ( ) ( ) ( ) ( )

32. 考试不应像现在这样在紧张的状态下进行。 ( ) ( ) ( ) ( )

33. 不进行考试，我能学到更多的知识。 ( ) ( ) ( ) ( )

评分方法及标准：将各题所得分相加，得出总分。测试结果分为以下四种：

1. 镇定(得分为 0 ~ 25 分)：说明我们一般能以比较轻松的态度对待考试。分值若很低，说明对考试毫不在乎。

2. 轻度焦虑(得分为 26 ~ 49 分)：说明我们面临考试时有点惶恐不安，但仍属正常范围。轻度焦虑有助于考试成绩的提高。

3. 中度焦虑(得分为 50 ~ 74 分)：说明我们面临考试的心情过于激动，焦虑感过高，难以考出实际水平，并会损害身心健康。

4. 重度焦虑(得分为 75 ~ 99 分)：说明我们患有“考试焦虑症”，每逢考试来临便会不由自主地产生莫明其妙的恐惧感。考试时，往往会产生“怯场”现象，严重影响正常发挥，对身心健康不利。应通过心理咨询或心理治疗，消解焦虑程度。

第九单元　爱情认知训练

本单元学习任务

1. 通过自我探索,了解爱情的真正意义和自己的爱情价值观。

2. 通过自我盘点,衡量自身具备的恋爱资格,做好恋爱心理准备。

3. 学习处理恋爱心理问题的具体方法,组装自己爱的能力,提高爱情智商。

4. 亲身参与爱情故事的发展过程,结合本单元学到的恋爱艺术,全新演绎对爱情的理解。

★ 场地

团体活动室或者可以席地而坐的空地。

★ 设备

播放音像的多媒体工具。

★ 人数

60 人左右。

训练一　正确理解与认知爱情

※ 任务

通过自我探索,了解爱情的真正意义和自己的爱情价值观。

做做心理游戏,体会心理历程

活动项目:我心目中的白马王子(白雪公主)。

活动目的:认识自己选择爱人的标准,使爱更理性化。

活动方法:

1. 将全班同学分成若干组,每组 8 ~ 10 人。

2. 你觉得爱情是什么?按照以下的格式造出三个你隐喻爱情的句子(请写在自己的笔记本上)。

爱情是____________________,因为____________________。

爱情是____________________,因为____________________。

爱情是____________________,因为____________________。

3. 爱是我们生命中的重要课题。无论你已经拥有了爱情,或是即将拥抱爱情,都需要对自己选择爱人的条件进行认识。下面,请你用形容词、词组或句子的形式写出自己选择心目中的白马王子(白雪公主)的五条标准,使自己的爱更理性化。

第一条:____

第二条:____

第三条:____

第四条:____

第五条:____

活动背景音乐:《甜蜜蜜》。

谈谈成长经历,交流心理感受

小组讨论与分享:

1. 每个同学把自己造的句子和自己选择心目中白马王子(白雪公主)的五条标准念给小组其他成员听听,并说说对爱情的理解。

2. 每个小组派代表交流。在共同讨论中表现出每个人的爱情价值观,也可以了解他人的爱情价值观,促进深入思考,逐渐确立正确的爱情价值观。

3. 活动过程中播放歌曲《你是我的幸福吗》。

学学心理知识,读读心理故事

爱情是什么?这是很多年轻人捉摸不透的问题。爱情是人类特有的一种情感,是人生的重要内容,也是一种特殊的人际关系。大学生已进入了恋爱的年龄阶段,往往对爱情有着美好的向往和热烈的追求,但是,大学生在驾驶爱情之舟之前,应该首先要认识爱情的本质,摆正爱情在人生中的位置,树立正确的恋爱观。

一、爱情的定义

还在人类的早期,就有亚当夏娃之间的爱情传说了,爱情也常是生活和诗词歌赋里的主角,中外皆然。美国诗人爱默生对爱情曾经这样诠释:“两性之间的爱是一种魔力最大的符咒,任何巫术魔法都不得不对它让步。”中国最早记录先民歌唱的书——《诗经》第一篇也描述了一位周朝的公子去访求他心目中的美女的经过："关关雎鸠，在河之洲。窈窕淑女，君子好逑。参差荇菜，左右流之。窈窕淑女，寤寐求之。求之不得，寤寐思服。悠哉悠哉，辗转反侧。参差荇菜，左右采之。窈窕淑女，琴瑟友之。参差荇菜，左右芼之。窈窕淑女，钟鼓乐之。"这篇三千多年前描写男女恋爱的诗歌，现在看来还是栩栩如生，就像周围正在发生的恋情一样，牵动人们心里深深的渴望和期待。

而如今，现代社会，在大学校园里，当学校对大学生恋爱问题的政策由明文禁止到"不提倡也不反对"，爱情也正在上演……校园林阴小道、池塘边、榕树下，甚至是食堂里、教室中，一双双年轻的手以爱情的名义牵到了一起。爱情是年轻人成长的一段重要经历，但一双双牵在一起的稚嫩的手却分明写满了迷茫与游戏。爱是什么？爱情又是什么？只有我们理解了这些，我们的爱情才会坚定与珍贵。

爱是什么？"爱"包括了男女之爱、亲子之爱、手足之爱，朋友之爱等。心理学家 William Schutz 指出，人类有三种基本的人际需求：爱、归属和控制。其中"爱"居第一位，"爱"是人类第一个最基本的人际需求。弗洛姆在《爱的艺术》一书中认为，"爱"有四项特征：

(1)奉献：一个人愿意为其所爱的人工作并付出所有。

(2)责任：一个人不断地考虑他的行为可能对对方产生怎样的后果，当他所爱的人有困难时，愿意立即去帮助他。

(3)尊敬：一个人要抑制自己利用他人的冲动，避免害人利己。

(4)了解：一个人尝试推己及人，设身处地为对方着想。

所有人际关系中的爱都应该同时具备以上四项特征。那么爱情也是如此，只有男女双方之间在互相了解的基础上，尊重对方，愿意承担责任，并甘愿不计回报地奉献，那才是真正的爱情。

爱情是什么？每个人的心中也许都有一个属于自己的爱情词典，爱情是首诗，爱情是支歌，爱就是付出，爱就是激情……答案可能各不相同。心理学家认为，爱情是一对男女之间建立在性需要的基础上的一种强烈的内心情感体验，是基于一定的社会关系和共同的生活理想，在各自内心中形成的对对方的最真挚的倾慕，并渴望对方成为自己终生伴侣的最强烈的情感；是两颗心灵相互向往、吸引、达到精神升华的产物；是人类特有的一种高尚的精神生活。爱情有三个重要的要素：

(1)依恋。陷入爱情的恋人在感到孤独时，会强烈地希望有自己恋人的陪伴和宽慰，别人是不能替代的。一般这时的想法是：我感到孤单的时候，第一个想法是去找他(她)。

(2)关怀和奉献。恋人之间彼此会高度关心对方的情感状态，"他开心的时候我也开心，他不舒服的时候我也一样不愉快"，感到让对方快乐和幸福是自己的责任，并对对方的不足表现出高度宽容。"我愿意为他(她)做任何事情。"

(3)亲密。陷入爱情中的恋人，不仅有着对对方的高度信赖，并且有特殊的身体接触的需要。虽然这种身体接触最终会自然地卷入性的意味，但在恋爱的最初阶段，这种身体接触的需要趋向于泛化的高度依恋所需要的反应。在一定意义上，它很像高度依恋母亲的幼儿对母亲爱抚的需要。

二、理智地面对爱情

爱情是人类最美妙的感情，每个人的一生都要和它相遇。我们没有必要再遮遮掩掩地谈论爱情，我们应该以更开放、更理智的态度来认识它，爱情在校园里可能在这一秒来临，也可能在下一秒错过，面对爱情，我们首先需要勇敢。当爱情真正降临时，我们勇敢地张开双臂；当爱情擦肩而过或面临失败时，我们要勇敢地跨越遗憾。

［心理故事］

苏格拉底对爱情的理解

有一天，柏拉图问老师苏格拉底什么是爱情。老师就让他先到到麦田里去，摘一棵全麦田里最大最金黄的麦穗来，期间只能摘一次，并且只可向前走，不能回头。

柏拉图于是按照老师说的去做了。结果他两手空空地走出了田地。老师问他为什么摘不到，他说："因为只能摘一次，又不能走回头路，期间即使见到最大最金黄的，因为不知前面是否有更好的，所以没有摘；走到前面时，又发觉总不及之前见到的好，原来最大最金黄的麦穗早已错过了；于是就什么也没摘。"

老师说："这就是'爱情'！"

之后又有一天，柏拉图问他的老师什么是婚姻。他的老师就叫他先到树林里，砍下一棵全树林最大最茂盛、最适合放在家做圣诞树的树，其间同样只能砍一次，同样只可以向前走，不能回头。

柏拉图于是照着老师的话去做。这次，他带了一棵普普通通、不是很茂盛、亦不算太差的树回来了。老师问他，怎么带这棵普普通通的树回来，他说："有了上一次经验，当我走到大半路程还两手空空时，看到这棵树也不太差，便砍下来，免得错过了最后又什么也带不出来。"

老师说："这就是'婚姻'！"

人生正如穿越麦田和树林，只走一次，不能回头。要找到属于自己最好的麦穗和大树，你必须要有莫大的勇气和付出相当多的努力。

面对爱情，仅仅拥有勇气只是爱情武夫，而拥有"勇气＋理智"才是爱情的智者。毕竟每个人对爱情的期待和渴望是不同的，不同的期待和渴望会演绎出不同的爱情色彩，这就从根本上决定了爱情是崇高还是低俗、是神圣还是龌龊、是幸福还是悲伤。大学生的爱情也是如此，每个大学生对爱情也都有自己的期待和渴望，用心理学名词来说就是恋爱动机不同，于是也造就了大学爱情的斑斓色彩。

（一）爱情主色调——白

白色，纯洁无瑕。与爱情圣洁高尚的本质不谋而合。这类的爱情是神圣的、纯洁的，容不得半点儿功利、放纵来玷污；这类爱情是忠贞的、专一的，容不得半点儿虚伪、玩弄来践踏。大多数大学生朋友谈恋爱都是从美好的愿望出发，用纯洁的方式努力获得爱情的甜美和幸福，为圣洁的爱情做出有力的诠释。

（二）爱情多色彩——紫、绿、红、灰

1. 紫色，神秘诱惑

这类爱情就像是镶嵌在幽蓝夜空的星星，似乎触手可及，却又那般遥远；它或许会在你不经意时翩然而至，又或许会在你刻意追求中悄然而去。刚刚步入大学的学子们对新的生活充满好奇，渴望了解异性，希望走进爱情世界一探究竟，却又感觉异性难以捉摸。爱情的神秘让大学生看不清、猜不透，却又诱惑、吸引着他们去揭开它朦胧的面纱。

2. 绿色，青春蓬勃

大学生处于智力、创造力和思维发展的高峰期，具有年龄、精力、创造力等多方面的优势，是积累知识、培养能力的最佳阶段。同样对待爱情问题，他们也表现出积极向上的风貌，恋爱双方有激情，也富有理性，能在实现自身奋斗目标的过程中互相帮助、互相促进，散发出健康的、蓬勃的青春气息。

3. 红色，热情奔放

德国精神分析学派的代表人物弗洛姆曾经指出："爱情是对生命以及我们所爱之物的积极关心。"大学生情感丰富，个性鲜明，两颗火热的心碰在一起，很容易就撞出爱的火花。他们对爱情往往会不顾一切地倾情投入，爱的表达方式、呈现的恋爱状态都充满激情。

4. 灰色，黯淡凄美

爱情的结局并不都是完美的，爱情也有灰色调。童话中，小美人鱼没有成为王子的新娘，而是幻化成朝阳下的一颗露珠，就是对凄美爱情的生动描述。现实中，人的价值取向不同，对爱情就有不同的观念。许多不可预料的因素都可能成为"爱情杀手"，天灾、人祸、疾病、距离、金钱、门第等都有可能降低爱情筹码。

（三）做爱情的智者

做一个爱情的智者，就是要从这些斑斓的爱情色彩中拨开迷雾，任何色彩都没有绝对的圆满与悲剧，结果往往就在我们的一念之差。

1. 必须要心存最真、最善、最美的信念

柏拉图倡导的"超越肉体的精神之爱"理论认为，"恋爱分三个阶段：第一阶段，年轻的情人醉心于肉体美，这是低级形式的爱情；第二阶段，逐渐认识到心灵美比肉体美更有价值；第三阶段，对美的认识上升到社会美和道德美的水平，最终在意志的王国中达到爱情纯精神的、抽象的本质。只有当心灵摒除肉体而向往真理的时候，此刻的爱情才是最好的，才是经得起时间考验的永恒的情感，成为使人向善、向上的力量。"这样的观点虽然看起来太绝对，但它表达的是爱情至高境界，这或许就是爱情的真正意义。

2. 必须要拥有正确的爱情价值观

（1）不是为了消除寂寞，寻求慰藉。许多大学生远离家乡、父母、朋友，又不能很快地适应大学生活，因而常常有被抛弃、被遗忘的感觉，在节假日里这种感觉尤为明显，孤寂之感随之袭来。加之处于青春期特殊阶段的大学生常常有一种莫名的惆怅与孤独感，当无法从周围的人或事中获得这种心理需求的满足时，就可能会借助爱情来补偿心中的空虚与寂寞，或摆脱人际孤独，或用之来代替父母的关爱。此动机下的爱情有很大的片面性、盲目性和冲动的感情色彩——"谁同情我，谁理解我，谁就是爱我的人"，当哪一日寂寞消失了,“爱情”也就随之结束了。而这带来的,势必是心灵上的创伤,有的因为“不相爱了,但不知如何结束”而焦虑不安;有的因为“不想结束而结束了”而自卑、抑郁,甚至做出过激的行为;同时也有在交往一段时间后发现对方并非是自己所爱的人,却不知道如何做,这也给当事人带来无尽的精神压力和痛苦。

(2)不是模仿他人,赶潮流,为了寻求心理平衡。这与从众心理有关,在一个群体(如宿舍、班级)中,如果大部分人都在谈恋爱,这会给那些因种种原因而未涉足者带来压力,形成一定的影响。处于青年期的大学生,往往缺乏充分的自我肯定,看到别人成双成对,自己落单,于是匆匆随波逐流。这种情况下的恋爱有助于平衡心态,减缓焦虑,但是冲动和轻率易使他们陷入两难的境地,更加重了其焦虑感。所以,一定要区分好自己是不是真的喜欢对方。

(3)不是渴望了解异性,为了满足好奇心。由于大学生正处在喜欢探寻自我与世界的阶段,而未知的事物总是那么神秘而充满诱惑,所以爱情对于没有恋爱经历的他们来讲,具有很强的吸引力;加上许多爱情故事、诗歌的影响,不少大学生对爱情充满了向往和好奇,渴望亲身体验。所以当机会来到时,即使可能不爱对方,也会去尝试。这样的爱情开始即意味着结束。

(4)不是出于对毕业后的考虑,为自己找出路。近年来,一向被认为是“象牙塔”的大学校园也受到社会上一些功利思想的影响,一些大学生把谈恋爱作为达到自己某种目的的途径,精于为自己的利益打算,刻意与那些家庭经济状况好、社会地位高、有海外关系等条件好的人恋爱。这样的爱情是在以自己的尊严和声誉做赌注,即使真心相爱也让人无法信任。

(5)不是满足自己的欲望,为了获得经验。有少数大学生把谈恋爱作为一种时尚,一种情感消费,觉得大学阶段不谈朋友太亏待自己,认为谈恋爱追求的是一种感官刺激,可以满足自己与异性交往的欲望。还有的同学认为在大学里谈恋爱可以为以后的恋爱获得经验,以便更好地恋爱。其实,以这种观念投入爱情,迟早会体验到这个过程的空虚与茫然,恋爱中一方的不投入迟早会被对方捕捉到,何况恋爱也并非那么容易“挥一挥衣袖,不带走一片云彩”。这种观念不仅伤害自己,也贻害他人。

(四)树立正确的爱情价值观

大部分大学生的爱情价值观是正确的。部分大学生在长期共同学习、生活交往过程中,彼此了解,相互吸引,通过双方的选择,以情感为基础,由相知到相爱,由友谊发展到爱情。有很多同学认为校园里的爱情更单纯,在大学里因为大家年龄、文化程度、经历较为相似,感情基础相对较为牢固,没有一些其他的物质杂念。这种动机促成的恋爱,双方在恋爱中注重心灵的沟通,把和谐的精神生活和创造共同的未来作为目标。这种恋爱符合爱情的本质,在爱情中双方都能体验到甜蜜与和谐。如果好好相处的话,会使学业和爱情同时进步。

简单的爱情两个字,却在暗示爱情过程的复杂性。台湾地区知名作家蔡诗萍在作品中曾有这样一段精彩的描述:“只怪爱情是世间最难测度的人际互动,再善良的人也不能确保必获丘比特的青睐,再恶劣的人也可能在情爱世界里永远是赢家,再痴情的人也不见得能几分耕耘几分收获，再自认懂得爱情的人也可能在心仪对象出现时一筹莫展。”大学生们只有有了这样的认识，当爱情不如意时，才能以更具建设性的态度和积极的思考方式来面对；当爱情得意时，也能用心珍惜与积极经营。

课后自我心理训练

1. 分享爱情私语：

二十几岁的爱情是幻想；三十几岁的爱情是轻佻；人到了四十岁时才明白原来真正的爱情是柏拉图似的爱情。——歌德(德国)

爱是神奇的，它使得数学法则失去了平衡；两个人分担一个痛苦，只有半个痛苦；而两个人共享一个幸福，却有两个幸福。——托尔斯泰(俄国)

当爱上一个人，生活就变得有意义了。——萧伯纳(爱尔兰)

如果爱情是纯粹的情欲肉体占有，在很多情况下，它就很容易得到满足。——萨特(法国)

2. 请你以你的生活经验为基础，分析：你认为爱像什么？爱是什么？爱情像什么？爱情是什么？

训练二　大学生恋爱的心理准备

※ 任务

通过自我盘点，衡量自身具备的恋爱资格，做好恋爱心理准备。

做做心理游戏，体会心理历程

活动项目：大学生恋爱资格大拍卖。

活动目的：使大家更了解自己具备了怎样的恋爱资格，还需要怎样的准备，使恋爱更理性化。

活动方法：

1. 全班同学各抒己见，认为大学生恋爱需要具备什么样的条件。

2. 准备一张大海报，挑出 10 种最具代表性的恋爱资格写在上面。

3. 全班分成若干组，每组 8 ~ 10 人。每组有 100 万元，每项恋爱资格的底标是 5 万，依次竞标海报上的各项恋爱资格，每次加价不得少于 5 万元，喊三次无人竞标则由最高价者获得，在该项旁注明得标者的小组。

4. 在竞标过程中，多注意哪些组花了相当高的代价竞得哪些项目？哪些项目竞标者最多?

活动背景音乐:《爱情证书》。

谈谈成长经历,交流心理感受

1.“大学生恋爱资格大拍卖”活动完毕,每一组派代表说明:小组竞拍了什么项目?竞拍得了哪些项目?为什么要竞拍这个资格?有什么遗憾?大家分享感受,交流心情。

2. 活动:《泰坦尼克号》续集(CD 机播放《泰坦尼克号》主题曲营造气氛)。

《泰坦尼克号》男主角杰克和女主角罗丝在泰坦尼克号上相识,相互吸引,直到热情相爱。罗丝愿意放弃富有的未婚夫,要与靠画画和赌博赚取生活费的杰克共度一生。假设杰克、罗丝和未婚夫三人都幸运地在船难中活了下来,那么罗丝和杰克的关系会怎么发展?

3. 小组成员以故事接龙的游戏方式,完成属于他们的《泰坦尼克号》续集,续集描述要注意深入分析人物的心理活动过程,并记录成简单的剧本。

4. 讨论:恋爱之后该考虑的问题有哪些?是哪些因素影响故事情节的发展?

5. 小组整理后,跟大家分享你们的看法。上交《泰坦尼克号》续集剧本。

(后续:从《泰坦尼克号》续集剧本中挑选 3 ~ 5 个优秀剧本进行排练,由该剧本的小组成员扮演角色,在本单元最后一节课进行心理情景剧会演。)

学学心理知识,读读心理故事

人的一生总要经历爱情。莎士比亚说:“当爱情发言的时候,就像诸神的合唱,使整个天界陶醉于仙乐之中。”大学生朋友或许正在憧憬着这样美妙时刻的到来,或许已经正在经历着这样美妙的时刻,但是现实生活毕竟不是莎士比亚的戏剧,当你们准备或已经恋爱时,自身是否具备了恋爱的资格呢?

一、爱情理论

尽管人间爱情的历史很悠久,但在心理学学术领域里,对爱情的研究只是近一百年的事。下面介绍其中的两种爱情理论:

心理学家李(Lee,1974)的研究发现,现代青年男女的爱情关系,不外乎六种形式:

(1)浪漫式爱情。将爱情理想化,强调形体美,追求肉体与心灵融合的境界。

(2)游戏式爱情。视爱情如游戏,只求个人需要的满足,对其所爱者不肯负道义责任,因而对恋爱对象的更换视为平常之事。

(3)占有式爱情。对所爱之对象,付出极其强烈的感情,并希望对方回以同样的方式;对其所爱,极具占有欲,对方稍有怠慢或忽视,即心存猜疑、妒忌。

(4)伴侣式爱情。缓慢地由友情逐渐演变成的爱情,温存多于热情,信任多于嫉妒,是一种平淡而深厚的爱情。

(5)奉献式爱情。信奉爱情是付出不是索取的原则,甘愿为其所爱牺牲一切,不求回报。

(6)现实式爱情。将爱情视为彼此现实需求的满足,不求理想的追求。

斯腾伯格的爱情理论是目前对爱情研究最完整的理论,他发展的“爱情三角形理论”认为,“爱”有三个基本元素:亲密、激情、承诺。三个元素各属于三个不同的向度,可组合成八种不同类型的爱情(见下表):

斯腾伯格爱情三角形理论:爱的组合

爱的种类	亲密	激情	决定或承诺
非爱	-	-	-
喜欢	+	-	-
迷恋的爱	-	+	-
空爱	-	-	+
浪漫的爱	+	+	-
友爱	+	-	+
愚蠢而不自知的爱	-	+	+
美满的爱	+	+	+

(“ + ”表示存在;“ - ”表示不存在。资料来源:Sterberg,1986)

二、现实的爱情

几乎所有的大学生都能背诵《大话西游》中那段经典的台词:“曾经有一份真实的爱情摆在我的面前,我没有珍惜,等它失去的时候我才追悔莫及,人世间最痛苦的事莫过于此。如果上天能够给我一个再来一次的机会,我会对那女孩子说三个字‘我爱你!’如果非要在这份爱上加上一个期限,我希望是一万年!”这是一部分大学生心中的理想爱情。但是,理想并不等于现实,当大学生心中的理想之爱最终注定只能是空想时,这种爱就会化作烟雨,一切都将随风而逝,留给我们的就只能是无尽的遗憾、懊恼与失落。

大学生们的爱情观念和爱情行为是不成熟的。所以面对校园里恋爱的机遇,你也许渴望爱情的到来,然而并不一定有机遇你就能恋爱,因为恋爱之前,有些因素可能是你不得不考虑的。比如说:你有足够的时间和精力吗?你恋爱的动机纯正吗?你的经济条件允许吗?

爱情不是不食人间烟火的,爱情是需要基础和条件的,对某个异性的好感并不等于爱情。真正的爱情是指经济独立、人格成熟的两个异性经过一段时间的交往,彼此有了深入的了解,从而建立起来的持久的亲密关系。由于生活阅历有限,自己对人生的认识还比较肤浅,再加上经济还不独立,职业尚未确定,你很可能不了解自己未来的生活方式,也就不知道自己未来需要什么样的伴侣,因此跟着感觉走,将朦胧的好感当作爱情的萌发,匆忙与某个特定的异性建立深厚的恋爱关系,就像冒险踏入一片虽有奇花异草同时也暗藏陷阱的森林。如果没有经过深入了解就将两个人关系定性为恋爱,当感情发生变化时就会给双方带来不必要的麻烦和伤害。由于你无法应付恋爱过程中纷繁复杂的问题,必定会引发众多的恋爱心理问题。

(一)单恋与爱情错觉

单恋是一方的倾慕情感苦于不被对方知晓和接受而造成的一厢情愿或对恋爱的渴望,俗称单相思。它仅仅停留于个体单方面爱恋而无法发展成双方相恋的状态。单恋是一种深沉而无望的爱情,充满了毁灭性的激情和疯狂,在幻觉中自然自愿奉献一切,是一种痴迷而深刻的悲哀。爱情错觉则是指在异性间的往来关系中,一方错误地认为对方对自己"有意",或者把双方正常的交往和友谊误认为是爱情的来临。爱情错觉是单相思的另一种形式,它常会使当事人想入非非,自作多情,给当事人带来很多苦恼。

(二)自恋

自恋是指一个人只是在自我刺激或自我兴奋中寻求快感,而不需要别人,同时它的性指向是他自己。关于"自恋"有一个古老的传说:美少年厄索斯美丽得无与伦比,他爱上了自己水中的倒影,每天顾影自怜,最终跳入水中,死后变成了水仙花。自恋现象在婴儿时期便已存在,开始只是一种身体的自慰快感,并没有性恋的成分存在。但是随着生理的成熟,性刺激的不断出现,自恋便成为一种生理和心理的需要。一般来说,自恋的过程一旦进入成年期,便完成了由自恋向他恋的转移。但也有成年后仍未摆脱自恋或不能完全摆脱自恋的,这种情况因人而异。人格成熟的人会使自恋升华为他恋,成为一种精神追求,将注意力转移到有益于社会的活动中去,而人格幼稚的人会使自恋保持下去,甚至不断地加以自我强化,使自己成为孤独的自恋"公主"或"王子"。自恋是人格幼稚、害怕现实生活的一种内化反应,是一种情感生活适应障碍症状。

(三)多角恋

多角恋是指一个人同时被两个或两个以上的异性所追求或自己同时追求两个或两个以上的异性并建立了爱情关系。多角恋是爱情纠纷的主要原因之一,实质上是比单恋更为复杂、更为严重的异常现象。由于性爱具有排他性、冲动性,因此任何一种多角恋都潜伏着极大的危险性,一旦其中一方理智失控,就会给陷入多角恋爱的其他人及社会带来不良的后果。

(四)与恋人脾气不合

脾气不合指性格与气质不合。由于恋人间脾气不合而导致的心理苦恼是比较普遍的现象,大学生常常感叹:"相爱容易相处难啊!"其实恋人间需要磨合和适应是很正常的,但由于大学生的爱情能力尚未完全形成,思想还不够成熟,磨合和适应期往往不能向好的方向发展,而是变成相互煎熬、相互伤害,常常闹到做不成情人就是仇人的地步,给双方都造成很大的心理负担。而恋爱失败率高也会导致大学生的自信心受损、人际关系紧张等问题。

(五)冲动中的婚前性行为

爱情作为人类最美妙和深沉的感情,在恋爱阶段出现如痴如醉、如胶似漆、难舍难分的温情片段是很正常的,但如果控制不住感情的洪流,任其狂涨泛滥,冲决理智的堤坝,淹没的只能是自己。大学生发生婚前性行为对心理会造成很大的困扰，具体表现上女生要比男生强烈得多，既担心怀孕影响自身声誉，又怕恋爱失败等，而且还往往产生自责、罪恶感和怨恨对方的情绪，这样沉重的心理负担使一些比较脆弱的人容易产生轻生念头。在我国这样一个传统文化积淀深厚的国家里，这种经历对女青年身心危害极大，同时也给她们再度恋爱带来困扰，甚至给以后的婚姻带来不幸。正因为如此，为了对自己负责任，对自己所爱的人负责任，要谨慎对待婚前性行为。

（六）失恋

失恋是指一方否认或中止恋爱关系后给另一方造成的一种严重的心理挫折，是指恋爱的一方已无情意而提出与对方分手，而另一方却仍情意绵绵，沉湎于对恋情的怀念之中。从心理学角度来看，失恋是大学生最严重的挫折之一，会引起一系列的心理反应，如难堪、羞辱、失落、悲伤、孤独、虚无、绝望和报复等。如果这些不良情绪得不到及时的排出转移，容易导致失恋者忧郁、自卑的情绪，严重者甚至采取报复乃至自杀等极端方式。

所以谈恋爱就像考大学一样，你必须要有入学的资格，假如你在自身条件不符合但仍一意孤行，那注定会在爱情大学里伤痕累累。

三、恋爱心理准备

在涉足爱河之前，大学生朋友必须要思考，你是否能够理智地、游刃有余地处理恋爱过程中出现的一系列心理问题。什么时候才算具备了涉足爱河的条件呢？有专家研究认为，至少要做到以下几点心理准备：

（一）权衡恋爱对自己的利弊

从心理学的角度看，恋爱是一把双刃剑，既有利于青年心理成熟健全的一面，又有危害青年心理健康的另一面。恋爱能使青年朋友通过恋爱，接触异性，可以使青年不再感到性的压抑，从而合理地释放性冲动，得到身心愉悦感；恋爱能使青年真正认识到男性与女性各自不同气质的含义，性意识得到发展；恋爱能使青年逐步建立完整的自我意识；恋爱能提高青年的交往能力，为日后适应社会和人际交流打下良好的基础。同时，恋爱也能使大学生时间和精力分散，若处理不好恋爱与学业的关系就会耽误学业；恋爱能影响人际关系，若处理不好恋爱与友谊的关系，将带来一大堆烦恼，以致影响情绪，影响生活；恋爱能带来心理高度紧张，对心理健康不利；甚至恋爱的进一步发展还可能带来其他严重问题。如婚前性行为的增加将造成大学生心理失调或心理负担过重。恋爱受挫将给人带来极大的痛苦，失恋的青年身心都会受到沉重的打击，有的还会失魂落魄，觉得人生意义不复存在，甚至走上绝路。所以在谈恋爱前就必须根据自己的心理发展和心理素质特点权衡利弊，慎重地进行抉择。

（二）心理断乳的完成

心理断乳期指心理发展处在由不成熟走向成熟，但尚未成熟的阶段，大学新生处于这一阶段。心理断乳完成是指独立人格基本形式，心理上不再依赖父母，而是靠自己的认识和感受对事物进行独立地判断。心理断乳若未完成，对“爱”和“被爱”都会理解不清，可能把异性对自己的关心、友谊理解成“父爱”或“母爱”，而不是“爱情”。在这种状况下，这种对“爱”的误解不但不能对自己负责，也不可能对他人、家庭、社会负责，是不适合谈恋爱的。

（三）对性欲具有客观的认识

人的性欲是一种与生理现象及由此所产生的社会心理现象相关联的自身应有的健全的东西。这种自然的心理、生理现象并不是作为一种无法抑制的本能的行为出现，而必须受到人类文化发展、价值观、伦理道德观的制约而升华。也就是说，这种本能必然在人类理智的支配下表现出来。因此，那种认为性欲是丑恶的、肮脏的，极力加以排斥的观点，以及那种缺乏理智控制性欲，对性欲放任自流的认识，都是对性欲的非客观认识。

（四）对爱情的真谛有较深的理解

要理解爱情是人类最高尚的情感表达，是性爱与情爱的结合，它具有专一性、持久性、责任性等特点。恋爱所构成的人际关系不同于一般的人际关系，而是一种排他的关系，预示着两个人最终要求身心结合。具备了求爱和接受爱的勇气，这种勇气不是一时的冲动，而是“专注”的勇气、“承担责任”的勇气。当你对对方说“我爱你”时，你要反问自己，这是我从内心发出的爱吗？这种爱能专一、能长久吗？面对现实，我能承担得起爱的责任吗？

（五）具备了失恋的忍耐力

冷静观察当今大学校园的恋爱现象，大学生恋爱以婚姻为目标的并不占多数。这就有一个失恋问题。失恋是极度痛苦的，为此消沉、自毁、毁人、绝望、自杀者不乏其人，不具备失恋的承受力是不宜谈恋爱的。

我们希望大学校园里的爱情都是美好的，给大学生朋友们带来精神的愉悦和学业的进步，所以我们不拒绝爱情。如果你具备了爱情大学的爱情资格，欢迎你的加入，我们期待有更多这样的情侣在我们校园中成为主流：他们有各自的理想，有各自的空间，而这理想又构筑在两人共同的未来之上。在学习上两人能相互交流，相互督促，共同上进；在生活上能相互关心，相互帮助；面对考研、找工作等问题时互相鼓励，互相扶助，让大学生活充满美好的记忆。他们也许少了花前月下的浪漫温情，却懂得爱情的真谛，愿意共同担起一份责任。当他们收获学业的果实时，爱情同样得到了最真挚的祝福。这种爱情才是充实而幸福、甜蜜而成熟的。

课后自我心理训练

1. 阅读以下资料，请思考：小叶做好恋爱的心理准备了吗？请你给她一些建议。

小叶，是宿舍八位女大学生中年龄最小的一个姑娘。随着时间的推移，小叶发现舍友们都陆续找到了男朋友，并在迅速发展着感情。原来总想自己年龄偏小，决定不在大学里找朋友的她逐渐转变了观点，认为别人都有男朋友，自己要是没有异性朋友，那是多么的孤独，面子上似乎也说不过去。可周围的男生总把她当成妹妹一样看待，从来没有人对她表白过。渐渐地，小叶把结交男朋友纳入了计划，于是她把周末时间几乎全花在了舞厅里，并想方设法接近一些男孩子。终于，不久以后，小叶和一位男孩子很快熟悉并出双入对了。当别人问到她以后如何处理感情问题时，小叶很爽快地回答："我可没想那么多，走一步算一步。"

2. 试着用爱情的理论来看看自己的爱情，是否具备专家所说的要素？是属于哪一类型呢？

训练三　学习爱的艺术

※ 任务

学会处理恋爱心理问题的具体方法，组装自己爱的能力，提高爱情智商。

做做心理游戏，体会心理历程

活动项目：浪漫之旅——喜刷刷。

活动目的：大胆表达"我爱你"，敢于面对拒绝，努力提高心理承受能力。

活动方法：

1. 两人间进行喜刷刷游戏，游戏中，视线通过双方出示的手来观察对方，增加神秘感；在喜刷刷过程中，5 只能大于 4、4 只能大于 3、3 只能大于 2、2 只能大于 1、1 又反过来大于 5。

2. 当刷出火花（也就是分出输赢），输的一方必须向赢的一方大胆说出"我爱你"；而赢的一方，则以不同的形式来回应对方，如："不要脸"（并举起手做扇对方耳朵姿势）、"我不爱你"或"谢谢"。

3. 第一轮个体练习结束后，下一轮则以宿舍成员为单位，集体大比拼，轮番 PK，输的一方被淘汰出局时，要以不同的形式向赢的同学表达"我爱你"。赢的一方则继续守垒，直到产生最后一个获胜者，接受本班其他同学的"顶礼崇拜"。

活动背景音乐：《思念》或《两只小蜜蜂》。

谈谈成长经历，交流心理感受

"浪漫之旅——喜刷刷"活动结束后小组讨论与分享。

1. 小组讨论：当我们第一次对着异性同学表达自己的爱意时，自己心里是怎么想的？（记录下来，越多越好）

2. 当对方以"不要脸"来拒绝自己或以"谢谢"接纳自己时，自己的心情又怎么样？

3. 每个同学以下面的句型为模板，列举失恋后的十大好处（找出最合理、最可行的建议，以此作为自己的情感自卫盾牌，积极面对失恋，顺利度过失恋挫折期）。

因为我失恋了，所以我获得了________________________________。

活动背景音乐：《失恋不败》。

学学心理知识，读读心理故事

心理学家弗罗姆说，爱是一种能力，也是一种艺术，只有具备了爱的能力，掌握了爱的艺术，才会正确地面对和处理爱情。大学生恋爱心理要健康发展，需要学习爱的艺术，包括爱的选择艺术、爱的表达艺术和爱情纠葛处理艺术。

一、爱的选择艺术

一个好的开始是成功的一半，这样的哲理在爱情里同样适用。决定要谈一场恋爱之前，我们首先必须要面对的就是选择恋爱对象。我们当然不能提供一个既定的框框指导大学生去筛选周围的异性，每个大学生心目中都有自己的择偶标准，但根据我国学者孙守成等人的研究表明，大学生择偶的目标取向可以把择偶标准分为三类：

第一类是精神满足型。这类大学生选择恋人以理想、信念、价值、事业、能力等标准来衡量对方，或以气质、性格、兴趣相投作为共处的基本条件。他们对外貌、金钱、家庭背景等并不在意，而是以达到高层次的精神满足为标准。虽然这种高尚的择偶标准在今天的大学生中占大多数（约占80%），但注重精神不在乎其他条件如社会地位、物质等的择偶还要经受住社会现实的考验。当大学生情侣离开校园走向社会时，担当家庭责任的现实问题直接摆在面前，理想化的爱情能否维持还很难预测。

第二类是以获得纯粹感官满足为目的的爱情，它是一种对“情欲之爱”的追求。择偶者着重注意恋爱对象的外表（身材、皮肤、相貌等）和风度的吸引力。这类爱情很难维持长久，因为天长日久的相处会使外表失去新鲜感而降低吸引力。

第三类是以社会地位、经济条件等为标准。这就是所谓的现实之爱，其实质是一种相互交换、互惠互利的考虑。现实的择偶标准分为物质、虚荣和利用三种类型。物质型指以经济条件为追求目标，为满足物质需要而恋爱；虚荣型则看重地位、职称等荣誉性的东西；利用型择偶更具指向性，往往是为了达到某一明确的目的，达到后就将恋爱对象抛弃。

三类择偶标准都是客观存在的，但纯粹持一种标准的人很少。把脉一下自己的择偶标准吧！你心目中的白马王子（白雪公主）出现了吗？

二、爱的表达艺术

当你确定白马王子（白雪公主）出现了，那么第二步就是爱的表达了。很多大学生因为单相思而苦恼，往往就是没有勇气或是不懂如何把自己的爱表达出来。怎样恰到好处地表达爱情呢？这就是爱的表达艺术。

爱的表达一要选择最佳时机，即首先要选择对方和自己都处于好心情的时候，双方相处十分融洽，情绪轻松愉悦。

爱的表达二要选择合适的地点，应是一个能私下面谈的地点，一个不会给对方和自己造成心理紧张和不适的地点。

爱的表达三要选择恰当的方式，即选择你自己最擅长、对方又最容易接受的表达方式。爱的表达方式多种多样，另外在不同的恋爱期，爱的表达方式也是不同的。

在恋爱初期，面对面的语言表达、书信表达、电话表达、网上聊天表达、信物表达都可以选择。表达爱的方式可以有以下几种（以男生表白为例）：

（1）用你的眼睛传达爱的信号。这是一种比较含蓄的方法，当对方注意到你的注视时，不要逃避，镇定地、坦然地凝望着她，把你的爱意表现在眼睛里。

（2）以你的关爱行动来表示。用实际行动来表示对倾慕对象的关心和帮助，如下雨天送雨伞，在她生病时前去看望，或者投其所好。

（3）用书信和写字条来传情。如果你无法用言语大胆地说出来，写下你爱的誓言也是很好的方法。

（4）送去代表相思之情的爱情信物。如红豆、有着心形相框的自己的照片、亲手做的首饰、荷包、手工艺品等，让对方睹物思人，知道你的心思。最经典的表达方式就是送上一支写着“我爱你”的红玫瑰。

在恋爱达到一定程度，就会渴望用语言、行为尤其是身体的接触来表达自己的感情。大学生的性爱行为主要有握手、挽臂、拥抱、接吻、爱抚、性交。但这里面的表达都有高雅与粗俗、含蓄与放荡、野蛮与文明之别。如果双方在性爱中过多地倾向肉体的接触或性的生理诱惑，则是粗俗的表现。马克思曾说过，“在我看来，真正的爱情是表现在恋人对他的偶像采取含蓄、谦恭甚至羞涩的态度，而绝不是表现在随意流露热情和过早的亲昵。”含蓄而文明的爱的表达方式，不仅符合社会道德要求，而且有助于爱情的健康发展。距离产生美，过分亲昵的行为，粗俗甚至野蛮的示爱，反而会引起对方的反感，给纯洁的爱情蒙上一层阴影，甚至造成恋爱挫折。

三、爱情纠葛处理艺术

大学生在谈恋爱过程中会碰到很多麻烦，如自己并不爱对方，对方却拼命地追缠；双方很谈得来，但又常常发生争吵；自己喜欢的异性却喜欢着别人等。这些爱情纠葛如何处理呢？这里主要介绍如何学会拒绝、学会争吵、学会面对“多角恋爱”和学会面对恋爱挫折——失恋。

（一）学会拒绝

有很多时候我们很难说“不”，或者不好意思说“不”，担心拒绝对方会伤害对方，殊不知，不拒绝才会给自己和他人造成更大的伤害。如果在被追求时，你发现对方并不是你爱的人，不拒绝就会让对方误解而越陷越深，而拒绝的方法简单而粗暴，也会伤害对方；如果在恋爱后发现对方不适合自己，不会拒绝只会使双方处在混乱中，而拒绝的方法不对，也会使对方激动、生气，甚至恼羞成怒，产生报复或自毁行为。所以，爱要学会拒绝的艺术，是为了不伤害一颗颗善良的心，也是为了保护自己。

如何拒绝一个不爱的人呢？

拒绝，一个重要的原则是让对方感觉，你是在拒绝一份不合适的爱，而不是在否定他(她)整个人的价值和魅力。

说“不”需要很大的勇气。在人际交往尤其是密切交往的关系中，如果一方提出了某项你不能接受也无法允诺的请求，尽管你十分想拒绝，但要说出“不”来不是件容易的事，因为他是你在意的人，你并不想伤害他。但如果你一时心软，说了声“是”，则很可能在不久的将来既伤了自己，又伤了他，而且伤得更重。人的感情勉强不得，更何况这是揉不进一粒沙子的爱情。

如果你确定不爱他，那么就坚持离开他，勇敢而温柔地说上一句：“Sorry！”爱是一份美好的感情，不论你是否想要，简单、粗暴乃至伤害性的拒绝是千万要避免的：“你可以拒绝一个爱你的人，但请你不要伤害一颗爱你的心！”

(二)学会争吵

亲密的人彼此在心理上的依赖程度很高，生活中的交集也很多，但毕竟是两个不同的人，很难对每一件事的看法都一样，很难所有的生活习惯都相同，很难所有的价值观排序都没有差异。因为某些事情看法及价值观不同，吵架也就难免。如何吵一个具有建设意义的架，避免冲突恶化，也就成为进入亲密关系的人的必修课。

如何“吵”一个具有建设性的架呢？

(1)应当从内心确立这样的观念：人与人之间的矛盾、冲突可以依靠理智加以调和、消除，并不是无法解决的。能够冷静地倾听对方、让对方充分地表达，并且能设身处地地理解对方的看法、情感与动机，那么你就掌握了主动权。在争吵中，你可以既坚持自己正确的方面，又承认自己确实存在的局限与谬误之处。批评对方时有理有据、对事不对人。这样才可能营造出一种平等的、互相尊重的、不为争面子而为了真正解决问题的气氛，双方才能尽快地沟通、和解。

(2)要学会主动妥协。双方在经过一番争论之后，要提出可行的解决办法。这个办法应当最大限度地有利于双方、被双方所接纳。

(3)要注意保密。既然两人相爱，争吵又是在“二人世界”中进行的，就应注意保密。不要到同学朋友中去炫耀以满足自己的虚荣心，这样容易引起对方的不满。

(三)学会面对“多角恋爱”

多角恋爱历来被认为是典型的爱情不专一，朝三暮四，视爱情为游戏，把自己的幸福建立在牺牲他人的感情的基础之上。不管从哪个角度来讲，多角恋爱为社会道德所不容许，且可能产生种种不良后果。如多角恋爱使人陷入你争我斗的境地，给人带来众多的烦恼，耗费许多的时间和精力，严重地影响生活、学习和人际关系。我们认为，不要轻易说谈恋爱过程中的变化就是三角或多角恋爱，同时，我们鲜明地反对三角或多角恋爱。

那么，多角恋爱的当事人应当如何正确对待这个问题呢？

(1)从被恋角色看，被恋者正处在多角恋爱的漩涡中，他(她)是否具备良好的心理品质和行为方式是至关重要的。有两个或两个以上的异性同时在爱着你，或先后向你求爱，你是一个幸福者，有选择爱情的权利，你应当从多方面对这些追求者进行了解、比较，并尽快地予以抉择。在抉择之前，对两个异性都保持不超过友谊的关系。如果你与一个异性相处已有一段时间，彼此有了一定了解，建立了一定感情，此时在你的生活中又出现另一个人，对比之下，你才明白与前者之间有的不是爱情只有友谊，那么这时候你用不着被“喜新厌旧”的说法束缚，不要犹豫徘徊，你有权利做出选择。这时，良心自责、感情内疚也无济于事；长痛不如短痛，尽快做出抉择。关键的问题是要正面了断与其中一个的关系，等到他（她）感情的波澜较为平静之后，才方便与另一个发展恋爱关系。

（2）从竞争者角色看，当发现自己站在了危险的“多角区”的角上时，自己应当宽容地理解：一个优秀的人有几个异性追求者，不足为怪，她（他）需要比较选择，也无可非议。若是她（他）对两个人都有了感情，一时难以取舍，不易定夺，自己则应当抓住机遇去“自由竞争”，去表现自己的思想、才能、气质、风度、自信和宽容大度，以争取使她（他）下决心择优选择自己。如果自己竞争“赢”了，你要特别小心地对待“失败者”，设身处地地多想想：若是自己处于失恋境地会有怎样的苦闷心理？因此对“失败者”要予以同情和理解，甚至可以高姿态的向“失败者”表示歉意，一定不要再加剧人家的心灵创伤。如果你是竞争的“输家”，你要正视现实：自己与对方没有缘分，就不要再强求；应当尊重所钟爱的人的选择和裁决，尽快从竞争中撤退。

（四）学会面对恋爱挫折——失恋

恋爱难免会出现挫折，其中较为严重的挫折就是失恋。当恋爱出现危机时该怎么办？该如何更好地面对失恋呢？

首先，应该认识到失恋只是爱情的丧失，而并不是全部生活的丧失，更不是生命的丧失，失恋只是在寻求爱情的过程中遭到了挫折和不顺，并非在生活的整个方面都遇到了困难。其次，还需要认识到，尽管失恋是痛苦和不幸的，但并非绝对就是坏事，在某种意义上还可以说是好事，这可能意味着结束了这段恋情以后可能出现的更大的痛苦，也可能使你明白以后该怎样更好地面对爱情。但是，有的同学会说，经过这次打击后再也不敢恋爱了。其实，这只是一种痛苦之后的情绪反应，因为伤痛可以在时间的作用下逐渐消退，人们对亲密关系的渴望却不会消失。再次，无论你是否愿意，这种爱情的丧失都已经到来了，因此与其被动地经受痛苦的折磨，还不如主动地采取措施去积极地面对。这里给大学生提供这样几条建议：

（1）冷静和理智地分析失恋的原因，以客观的态度全面地看待双方的差距，敢于接受和正视恋爱已经终止的事实。

（2）通过参加一些活动或找亲朋好友诉说等方法，及时主动调节自己的不良情绪，宣泄内心的痛苦和郁闷。

（3）积极主动地去做一些事情，将精力转移到学习或其他有意义的活动上，使生活更充实，以摆脱消极情绪。

（4）坚决抑制和纠正极端的消极心理倾向和行为，既不去伤害对方，也不来伤害自己。如果自己真的不能很好地调节的话，可向学校心理健康教育与咨询中心的老师寻求专业帮助。

课后自我心理训练

1. 分享名人爱情诗歌:

我想要爱你,而不是抓住你
感激你,而不评判
参与你,而不侵犯
接受你,而不要求
离开你,而不歉疚
规劝你,而不责备
而且帮助你,而不是同情
如果我也能从你那边得到相同的回报
那么,我们就真诚地相处
并且丰润了彼此
——维琴尼亚·萨提尔《我的目标》

在年轻的时候
如果你爱上一个人
请你,请你温柔地
对待他
若不得不分离,也要好好地
说声再见
长大以后你才会知道
在蓦然回首地刹那
没有怨恨的青春,才会了无遗憾
如山冈上那轮静静的满月
——席慕蓉《无怨的青春》

2. 请就如何表白与拒绝爱的主题做实际练习,小组中分别以打电话及当面表白的方式各进行一次情境演练,并轮流当主角。

3. 不管你是在恋爱的过去时、现在时,还是将来时,请记住英国诗人纪伯伦的忠告:

你们的结合中要保留空隙,
让来自天堂的风在你们中舞蹈。
相爱但不要制造爱的枷锁,
让爱成为你们灵魂两岸之间的海洋。

4. 自我测试

1)大学生单恋心理自测

指导语:你是否有"单相思"呢? 请你自己测一下。请对下列各题作出"是"或"不确定"或"否"的选择。选"是"画"√",选"否"画"×",选"不确定"画"○"。

(1)我十分崇拜某些偶像明星。

(2)最近我感到十分空虚。

(3)我常心烦意乱,什么事也做不下去。

(4)我常常在梦里与某个人谈情说爱。

(5)我是那么喜欢她(他),可她(他)却没什么反应。

(6)最近我在学习和工作时总是不能集中注意力。

(7)平时我喜欢的活动,现在兴趣也减少了。

(8)我常看描写情感方面的小说或电视连续剧。

(9)我常记日记来倾诉心事。

(10)我总是盼望她(他)能出现在我面前。

(11)我希望她(他)能向我表达爱意。

(12)她(他)好像总是故意躲着我。

(13)我相信“心有灵犀一点通”。

(14)我最近饮食状况不太好。

(15)我喜欢打听有关她(他)的一切信息。

(16)她(他)好像挺喜欢我。

(17)听说她(他)已经有恋人了。

(18)爱一个人不需要说出口。

(19)我的桌上一直放着她(他)的照片。

(20)我常换新衣服和新发型,想引起她(他)的注意。

(21)昨天她(他)从我身边走过,态度不怎么热情。

(22)她(他)一和我说话,我就有点儿紧张。

(23)她(他)好像只把我当普通朋友。

(24)看见她(他)和别的异性一起说笑,心里就不是滋味。

(25)多么希望她(他)能来约我出去玩。

[评分与解释]

选择“是”记2分,选择“不确定”记1分,选择“否”记0分。

各题得分相加,统计总分。

1~16分:说明你已经喜欢上对方了,找个时机和方法试探一下对方是否也喜欢你。

17~33分:说明你已经爱上对方了,但对方好像没有给你同等的感情回报,使得你近日比较痛苦,也影响你的生活和学习。

34~50分:说明你已经深深爱上了对方,但对方好像只把你当成一般朋友。你不妨鼓起勇气去问问她(他),并作好准备承受被拒绝的痛苦。

2)恋爱态度测试

指导语:下列题目均有A、B、C、D四个选项,每个选项后的括号内有项目的得分(0~3分),请在每题中选择一项你认为最适合的填在题后的括号内。

(1)你对未来妻子的要求最主要的是(男性选择)(　　)

A.善于理家干活,利落能干。　　B.容貌漂亮,风度翩翩。

C.人品不错,能体贴帮助自己。　　D.顺从你的意思。

(2)你对未来丈夫的要求最主要的是(女性选择)(　　)

A.潇洒大方,有男子汉风度。

B.有钱有势,社交能力强。

C.为人诚实正直,有进取心,待人和蔼可亲。

D.只要他爱我,其他都不考虑。

(3)你认为完美的结合应是(　　)

A.门当户对。　　B.郎才女貌。

C.心心相印。　　D.情趣相投。

(4)对最佳恋爱时间的考虑是(　　)

A. 自己已经成熟，懂得人生的意义和爱情的内涵，并且确定了事业上的主攻方向。

B. 随着年龄的增大，自有贤妻与好丈夫光临，“月老”不会忘记每个人的。

C. 先下手为强，越早越主动越好。

D. 还没想过。

(5)你希望自己怎样结识恋人？(　　)

A. 青梅竹马，情深意长。　　B. 一见钟情，难分难舍。

C. 在工作和学习中逐渐产生恋情。　　D. 经熟人介绍。

(6)你认为推进爱情的良策是(　　)

A. 极力讨好取悦对方。　　B. 尽力使自己变得更完美。

C. 百依百顺，言听计从。　　D. 无计可施。

(7)你希望恋爱的时间是(　　)

A. 越短越好，最好是“闪电式”。　　B. 时间依进展而定。

C. 时间要拖长些。　　D. 自己无主张，全听对方的。

(8)谁都希望完整全面地了解对方，你觉得了解他(她)的最佳途径是(　　)

A. 精心布置特殊场面，连连对恋人进行考验。

B. 坦诚相待地交谈，细心地观察。

C. 通过朋友打听。

D. 没想过。

(9)你十分倾心的恋人，随着时间的推移，暴露出一些缺点和不足，这时候你(　　)

A. 采取婉转的方式告知并帮助对方改进。

B. 无所谓。

C. 嫌弃对方，犹豫动摇。

D. 内心十分痛苦。

(10)当你刚刚踏进爱河，一位条件更好的异性对你表示爱慕时，你(　　)

A. 说明实情。　　B. 对其冷淡，但维持友谊。

C. 瞒着恋人和其来往。　　D. 听之任之。

(11)当你久已倾慕一位异性并对她(他)发出爱的信息时，你忽然发现他(她)另有所爱，你怎么办？(　　)

A. 静观其变，进退自如。　　B. 参与角逐，继续穷追。

C. 抽身止步，成人之美。　　D. 不知道。

(12)恋爱进程很少会一帆风顺，那么你对恋爱中出现的矛盾、波折怎样看？(　　)

A. 最好平顺些。既然已经出现了，也是件好事，双方正好趁此了解和考验对方。

B. 感到伤心难过，认为这是不幸。

C. 疑虑顿生，就此提出分手。

D. 没对策。

(13)由于性情不合或其他原因，你们的恋爱搁浅了，对方提出分手。这时候你(　　)

A. 千方百计缠住对方。
B. 到处诋毁对方名誉。
C. 说声再见,各奔前程。
D. 不知所措。

(14)当你十分依赖的恋人背信弃义,喜新厌旧,甩掉你以后,你怎么办?(　　)

A. 当自己眼睛认错了人。
B. 你不仁,我不义。
C. 吸取教训,重新开始。
D. 痛苦得难以自拔。

(15)你爱途坎坷,多次恋爱均告失败,随着年龄增长进入"老大难"的行列,你(　　)

A. 一如从前,宁缺毋滥。
B. 讨厌追求,随便凑合一个。
C. 检查一下选择标准是否实际。
D. 叹息命运不佳,从此绝望。

(16)你认为恋爱作为人生一个极其重要的环节,其最终所达到的目的应当是(　　)

A. 找到一个情投意合的爱侣。
B. 成家过日子,抚养儿女。
C. 满足性的饥渴。
D. 只是觉得新鲜有趣,没有明确的想法。

[记分方法]

1. A.(2)B.(1)C.(3)D.(1)
2. A.(1)B.(1)C.(3)D.(2)
3. A.(1)B.(1)C.(3)D.(2)
4. A.(3)B.(2)C.(0)D.(1)
5. A.(2)B.(1)C.(3)D.(1)
6. A.(1)B.(3)C.(2)D.(0)
7. A.(1)B.(3)C.(2)D.(0)
8. A.(0)B.(3)C.(2)D.(1)
9. A.(3)B.(1)C.(0)D.(2)
10. A.(3)B.(2)C.(0)D.(1)
11. A.(2)B.(1)C.(3)D.(0)
12. A.(3)B.(2)C.(1)D.(1)
13. A.(1)B.(0)C.(3)D.(1)
14. A.(2)B.(0)C.(3)D.(1)
15. A.(1)B.(1)C.(3)D.(0)
16. A.(3)B.(2)C.(0)D.(1)

[结果说明]

将你所选字母后的数字相加总分在42分以上,说明你的恋爱观正确;总分在33~41分之间,说明你的恋爱观基本正确;总分在32分以下,说明你的恋爱观需要调整。

3)爱与喜欢量表

"喜欢"与"爱"你分辨得出来吗?不管你是否恋爱,试着对自己的情况或想法勾选下列符合自己目前恋爱状况或对爱情憧憬的项目。(可复选)

a. 爱量表

(1)他(她)情绪低落的时候,我觉得很重要的职责就是使他(她)快乐起来。

(2)在所有的事件上我都可以信赖他(她)。

(3)我觉得要忽略他(她)的过失是一件很容易的事。

(4)我愿意为他(她)做所有的事情。

(5)对他(她),有一点占有欲。

(6)若不能跟他(她)在一起,我觉得非常不幸。

(7)我孤寂时,首先想到的就是要去找他(她)。

(8)他(她)幸福与否是我很关心的事。

(9)我愿意宽恕他(她)所做的任何事。

(10)我觉得他(她)得到幸福是我的责任。

(11)当和他(她)在一起时,我发现我什么事都不愿做,只是用眼睛看着他(她)。

(12)若我也能让他(她)百分之百地信赖,我觉得十分快乐。

(13)没有他(她),我觉得难以生活下去。

b. 喜欢量表

(14)当和他(她)在一起时,我发觉好像两人都想做相同的事情。

(15)我认为他(她)非常好。

(16)我愿意推荐他(她)去做为人所尊敬的事。

(17)以我看来,他(她)特别成熟。

(18)我对他(她)有高度的信心。

(19)我觉得不管什么人跟他(她)相处,大部分都有很好的印象。

(20)我觉得他(她)跟我很相似。

(21)我愿意在班内或团体中,无论什么事都投他(她)一票。

(22)我觉得他(她)是许多人中,容易让别人尊敬的一个。

(23)我认为他(她)是十二万分聪明的。

(24)我觉得他(她)在我所有认识的人中,是非常讨人喜欢的。

(25)他(她)是我很想学的那种人。

(26)我觉得他(她)非常容易赢得别人的好感。

[结果分析]

你的勾选项目若集中在1~13项,表示你对他(她)的感情以“爱情”成分居多,而若多集中在14~26项,表示你对他(她)的感情以“喜欢”成分居多。

这两个量表有许多相通之处,但爱情有依附感、关怀感、亲密感三个要素;而喜欢只是正面的感受和好感、喜欢、崇拜,没有牵扯到你为她做什么和独占的感觉。

第十单元　树立正确的价值观训练

本单元学习任务

1. 澄清自己的价值观，了解自己的目标对行动力的影响，学会选择和放弃。
2. 理解生命的意义和价值，寻找自己生命中的重要支点，学会用目标导向的方式帮助自己确立人生定位。
3. 培养感恩意识，学会感恩所有在自己生命中出现过的人。

★ 场地

团体活动室或者可以席地而坐的空地。

★ 设备

播放音像的多媒体工具。

★ 人数

60 人左右。

训练一　人生的选择

※ 任务

1. 了解自己的价值观，认识自己所看重的是什么，学会选择和放弃。
2. 澄清自己所重视的价值观，了解自己的目标对行动力的影响，学会抓住机会。

做做心理游戏，体会心理历程

活动项目：失落的世界。

活动目的:了解自己的价值观,认识自己所看重的是什么,学会选择和放弃。

活动方法:

1. 教师引入:我们每个人每天在收获很多的时候同时也失去很多,你在努力学习的时候你就失去了玩乐的时间;将来你在努力赚钱的同时,也就不得不忽略对家人的关注。这个社会对每个人都是公平的,它在让你得到一些东西的同时,也会让你失去另一些东西。所以,最重要的就是珍惜你自己最看重的东西。那么你最看重的是什么呢?

2. 教师让每位学生将白纸妥善放好,不要折出痕迹。先用黑色签字笔在白纸的最上端写上“×××的世界”。

3. 教师给学生5分钟的时间,让他们在白纸上列出五件自己看重的东西,可以是具体的事物,如:金钱、父母;也可以是抽象的名词,如:诚信、爱心。

4. 当所有的学生列出自己看重的五件东西之后,教师要求学生必须将这五件东西之中的一件从自己的世界中清除(用笔将要删除的字全部涂掉,不留一点痕迹),同时引导学生体会自己的世界中失去了这件事物后的变化。让学生再依次删除剩下四件事物中的三件,随着删除的难度越来越大,教师可以适当给学生一些思考的时间。最后,每个学生的纸上仅留下一件最为重要的事物。

活动背景音乐:《星空下的薰衣草》。

谈谈成长经历,交流心理感受

1. 当全部学生完成后,将全班学生分成若干组,每组8~10人。

2. 请每位学生发言:为什么选择写这五样事物,在这个活动过程中的感受以及自己之所以最后保留某样事物的原因。

3. 教师引导学生思考:明确自己最为看重的事物之后,你会采取什么措施?

学学心理知识,读读心理故事

一、价值观的定义

价值观代表一个人对周围事物的是非、善恶和重要性的评价。人们对各种事物的评价,如对自由、幸福、自尊、诚实、服从、平等,在心中有轻重主次之分。这种主次的排列,构成了个人的价值体系。价值观和价值体系是决定人们期望、态度和行为的心理基础。在同一客观条件下,具有不同价值观的人会产生不同的行为,比如在同一环境中,有的人对地位看得很重,有人看得较轻而注重工作成就,这就是因为价值观不同所致。

人的价值观决定于世界观,是从出生起在家庭和社会影响下形成的。事物的广泛联系体现在人的身上就是人与各种事物之间的相互影响。种种直接、间接的联系以及反馈就成为价值观的来源。虽然个人的价值观和价值体系是随着生活的变化而发生变化的,例如幼年认为珍贵的东西,到老年却不喜爱了。但是有些基本的观念,往往相对稳定,他们对行为长期起着指导作用。

人们的生活和教育经历互不相同,因此价值观也多种多样。行为科学家格雷夫斯为了把错综复杂的价值观进行归类,曾对企业组织内各式人物做了大量调查,并就他们的价值观和生活作风进行分析,最后概括出以下七类:

第一级,反应型。这种类型的人并没有意识到自己和周围的人是作为人类而存在的。他们只是照着自己基本的生理需要做出反应,而不顾其他任何条件。这种人非常少见,实际上等于婴儿类型。

第二级,部落型。这种类型的人依赖成性,服从于传统习惯和权势。

第三级,自我中心型。这种类型的人信仰冷酷的个人主义,自私和爱挑衅,主要服从于权力。

第四级,坚持己见型。这种类型的人对模棱两可的意见不能容忍,难于接受不同的价值观,希望别人接受他们的价值观。

第五级,玩弄权术型。这种类型的人通过摆弄别人,篡改事实,以达到个人目的,非常现实,积极争取地位和社会影响。

第六级,社交中心型。这种类型的人把被人喜爱和与人善处看作重于自己的发展,受现实主义、权力主义和坚持己见者的排斥。

第七级,存在主义型。这种类型的人能高度容忍模糊不清的意见和不同的观点,对制度和方针的僵化、空挂的职位、权力的强制使用敢于直言。

这个等级分类发表以后,管理学家迈尔斯等人在 1974 年就美国企业的现状进行了对照研究。他们认为,一般企业人员的价值观分布于第二级和第七级之间。就管理人员来说,过去大多属于第四级和第五级,现在情况在变化,这两个等级的人渐渐被第六、第七级的人取代。

价值观的终点就是理想。价值观与兴趣有关但它强调生活的方式与生活的目标,牵涉到更广泛、更长期的行为。有人认为"人生以服务为目的",有人以追求真理为目标,有人则重视物质享受。

史布兰格认为,在美国社会,被重视的中心价值有六种:

(1)以知识真理为中心的理论性价值;

(2)以形式与调和为中心的美的价值;

(3)以权力地位为中心的政治性价值;

(4)以群体他人为中心的社会性价值;

(5)以有效实惠为中心的经济性价值;

(6)以信仰为中心的宗教性价值。

价值观不但影响个人行为,还影响群体行为和整个组织行为。如企业成员在进入企业之前都有着各自的经历,都已经形成了形形色色的价值观。进入企业后在同一个客观条件下,对于同一个事物,由于各自的价值观不同,就会产生出不同的行为。对同一个规章制度,认为其合理的人就会认真贯彻执行;认为其错误的人就会拒绝执行。而这两种截然相反的行为,将对组织目标的实现起着完全不同的作用。所以,美国许多经营得好的公司的成功经验之一,就是有明确的价值观,有共同的信念,并严守这个信念。一个企业在其生命过程中,为了适应不断改变的环境,必须准备改变自己的一切,但不能改变自己的信念。

二、价值观的作用

有什么样的决定,就会有什么样的命运,而主宰我们做出不同决定的关键因素就是个人的价值观。不管你的价值观是什么,但千万别忘了,它就是你人生的指南针,这个指南针如果你使用不当,就会给你带来挫折、失望、沮丧,甚至你的人生就此掉进阴暗的世界;然而你若使用得当,它就会带给你无穷的力量,人生充满自信,不论处于什么状况都持乐观态度,这是许多成功人士所共有的特质。

如果我们希望做出不凡的成就,就只有一个办法,先找出自己生命中最重要的价值观有哪些,然后确实遵照这些价值观去做每件事情。当你知道了自己最重要的人生价值所在,那么怎样做出决定就易如反掌;反之,如果你不知道自己人生中什么是最重要的,什么价值是你确实应该坚持的,那么如何做出有效的决定往往是矛盾和痛苦的。

当我们说到什么东西有价值,那表示它对我们有某种程度的重要性,当你喜欢某样东西,那就表示它在你的心中具有一定的分量。价值观,是我们生命中最重要的东西。在我们价值观里的那些有价值的"东西"可分为两类:一种是实质上的,另一种则是工具上的。譬如说我问你:"在你心中认为对你最重要的有哪些?"你或许会这么回答:"亲情、家庭、金钱……"这里面的亲情就是你所追求的实质上的价值,因为它能挑起你的情绪,至于家庭和金钱便是工具上的价值,它们只是一个帮助你达成"亲情"这个情绪的渠道而已。

许多人之所以在生活中走偏了路,原因乃是没有弄清楚"实质价值"和"工具价值"这两者间的差异,常常耗费心力于那些并非真正想要的工具价值上,因此才会遭受那么多的痛苦。唯有实质价值才能使你的心灵得到满足,让你的人生更丰盛、收获更多。今天,我们的社会中会有那么多的问题,最大的原因就是尽管大家每天在忙忙碌碌,却不晓得生命中真正对他们有意义、有价值的东西是什么,无怪乎他们在得到所追求的东西之后内心依然空虚,慨叹道:"难道人生就是如此?"

不要总是失去了再叹息,改变你的价值观就能改变你的人生!

[案例]

失去才能领略更多美丽

有个70岁的日本老先生,拿了一幅祖传的珍贵名画上节目,要求"开运鉴定团"的专家鉴定。他说,他的父亲说这是名家所画的价值数百万元的宝物,他总是战战兢兢地保护着,由于自己不懂艺术,因而想请专家鉴定画的价值。结果揭晓,专家认为它是赝品,连一万日元都不值。主持人问老先生:你一定很难过吧?

来自乡下的老先生,脸上的线条却在短短时间内变得无比柔软,憨厚微笑道:"啊!

这样也好。不会有人来偷，我可以安心地把它挂在客厅里了。”老先生的自我解嘲让人感慨：失去，竟然可以比拥有轻松。

据说，有一个富翁，为了教每天精神不振的孩子知福惜福，让他到当地最贫穷的村落住了一个月。一个月后，孩子精神饱满地回家了，脸上并没有带着被“下放”的不悦，让富爸爸感到不可思议。爸爸想要知道孩子有何领悟，问儿子：“怎样？现在你知道，不是每个人都能像我们过得这么好吧？”

儿子说：“是的，他们过的日子比我们还好。因为我们晚上只有灯，他们有满天星空。我们必须花钱才买得到食物，他们吃的是自己的土地上栽种的免费粮食。我们只有一个小花园，对他们来说到处都是花园。我们听到的都是噪音，他们听到的都是自然音乐。我们工作时精神紧绷，他们一边工作一边大声唱歌。我们要管理佣人、管理员工，他们只要管好自己。我们要关在房子里吹冷气，他们在树下乘凉。我们担心有人来偷钱，他们没什么好担心。我们老是嫌菜不好，他们有东西吃就很开心。我们常常失眠，他们睡得好安稳……所以，谢谢你，爸爸，你让我知道，我们可以过得那么好。”

在我们拥有的时候，总是害怕失去，但也许必须借着失去我们才能够不再画地自限，反而拥有更多美丽的经验。失恋了，斤斤计较你辜负我多少，我有哪些不甘，是人之常情。但分手自有分手的理由，何不在痛过之后自我安慰：以前老是担心会分手，现没有什么好担心了；以前总在抱怨他对我不好，现在我再也不必受到不好的对待；以前只能守着一株草，现在到处都可能有芳草。

如果不只着眼于一时的失去，只要不失去生命，我们依然大有可为。有这样一句老话：如果老天爷为你关一扇门，一定会为你开一扇窗。虽然有时候门到窗的距离可能超乎想象的长，我们还是要找到那条路，从门走到窗口那边，才会看到一大片蓝天。蓝天，原本就在，只是我们一直把自己关在房子里。

三、人生的选择

欧洲金雕筑巢于高山悬崖，它以尖利的喙和强壮的爪宣布自己是天空的王者。金雕一窝，只孵出两只幼雏。在食物不足的年份，小金雕就会挨饿，金雕妈妈也只能眼看着孩子饿得嗷嗷叫。到这时，两只小金雕就用力互相挤压，结果总是相对弱小的那只被挤下山崖摔死。而这时的金雕妈妈又总是容忍这种“兽行”。

人是难以理解金雕的，但是面对残酷的饥饿，金雕必须如此，否则就是全部饿死。岂止金雕，我们人类不也时时面对着痛苦舍弃吗？“鱼，我所欲也；熊掌，亦我所欲也，两者不可兼得，舍鱼而取熊掌也。”两千多年前，孟子以形象的比喻把取舍问题引入深刻的哲学。他首先摆出了普遍现象：鱼和熊掌全是美味，是每个人都想同时得到的。然而，造物主绝不会给你那么多，既然不能两全其美，那么只能果断地舍弃其中的一个。但紧接着，孟子又把问题引到生死的顶端：“生，我所欲也；义，亦我所欲也。”自此，围绕着生与义的取舍，在中华大地上演出了一场历时数千年的忠骨与佞臣的大戏。

让人心悸魂动的“舍生”虽并非日常，但是取舍却无时无处不在。是舍钱买件名牌，还是让兜里留点存款？是就业还是继续上学深造？是在原专业还是转专业？选择永远是人类思维的重要形式。选与弃时时在考问着你。

舍弃是大自然的规律,舍弃是生存的一种方式,舍弃是勇敢者的行为。应该勇敢地面对,该舍弃时就舍弃。成功者是那些善于取舍的人。

人生难免有两种失去:一种是物质,一种是精神。两种失去虽然都不是滋味,但精神的失去要比物质的失去更痛苦。面对失去,唯一的补救办法是泰然处之。别让失去影响生命本身的完美。

[案例]

明于选择,智于放弃

古希腊哲学大师苏格拉底带领三个弟子经过一片麦田,要他们选择一个最大的麦穗,只许前进且只有一次选择机会。

第一个弟子走进麦地,很快就发现了一个很大的麦穗,他担心错过这个麦穗就摘不到更大的麦穗,于是就迫不及待地摘下了。但继续前进时,发现前面有许多麦穗比他摘的那个大,但已经没有了机会,只能无可奈何地走过麦田。

第二个弟子看到不少很大的麦穗但却也下不了摘取的决心,总以为前面还有更大的,可当他快到终点时才发现机会全错过了,只能在麦田的尽头摘了一个较大的麦穗。

第三个弟子先用目光把麦田分为三块,在走过前面这一块时,既没有摘取,也没有匆匆走过,而是仔细地观察麦穗的长势、大小、分布规律,在经过中间那块麦田时,选择了其中一个最大的麦穗,然后就心满意足地快步走出麦田。

为了摘取最大的麦穗,三个弟子采用了不同的选择策略。"明者远见于未萌,而智者避危于未形"。无疑,第三个弟子是明智的,他既不会因为错过了前面那个最大的麦穗而悔恨,也不会因为不能摘取后面更大的麦穗而遗憾。他的选择最大麦穗策略是选择的技巧,也是放弃的智慧。我们每个人面前是不是也有这样一块麦田呢?生活的幸福、感情的甜蜜、事业的成功,不正是我们所期望的最大的麦穗吗?可是最大的麦穗在哪里呢?在前面,在后面或是在中间?也许我们错过的正是最大的麦穗,也许眼前的正是最大的麦穗,也许最大的麦穗在后面等着我们;也许永远摘不到最大的麦穗,也许摘到了却浑然不觉,也许自以为摘到手中的就是最大的麦穗。

由于不同的人对于最大的麦穗持有不同的态度,所以就会采用不同的选择方式。有的人拥有时不知珍惜,总以为最大的麦穗在未来。有的人患得患失,害怕失去再难寻觅,好像抓住了救命的麦穗而不肯放手。而在有的人看来,他手中的麦穗正是他心中最大的麦穗,虽然实际上那未必是麦田里的最大的麦穗。

不论是升学、就业,追求爱情、建立婚姻,还是找寻事业的基点、设计职业生涯、人生的自我定位等,我们眼前都晃动着许多的麦穗,这时需要拥有一双慧眼,从众多的麦穗中择其大者而取之。选择造就人生,生存的第一法则就是要学会选择,善于放弃,这样才能摘取最大的麦穗。佛家有言:"舍得,舍得,有舍才有得。"然而人在面临选择的时候往往是脆弱的,在选择时往往盲目仓促、举棋不定、患得患失。选择意味着就有放弃,放弃是一种痛苦的选择,有时是需要很大的勇气的,关键是当处于人生岔道口时,能否举重若轻,拿得起,放得下。成功的选择来源于明智的放弃。

时光不会倒流,人生只是单行线。每个人的一生都是这样一块不能走回头路的麦田,最大的麦穗不是一种虚无的概念。而是的的确确存在于麦田的某一个位置,过早的为某一较大的麦穗诱惑或是总期望后面有更大的麦穗,都将铸成一生的憾事。摘取最大的麦穗需要一种智慧,这智慧源于对自己的自知之明和对麦田的了然于心。明于选择,智于放弃,这样才能摘取最大的麦穗。

四、大学与人生

每个人从懂事之时起,就开始在体验生活,走自己的人生路,在这个过程中会遇到失败,也会取得成功。每个人的人生道路不同,对待人生的态度也不同。有人选择了伟大,有人选择了平凡;有人选择了刻意的钻营,有人选择了忠厚老实。人生就是一段没有回程票的旅途,买错了票,上错了车,坐错了位,旅行的结果就完全迥异,这就是人生。

走进美国航天基地的大门,首先会看到一根大圆柱上镌刻着这样的文字:"If you dream it,you can do it."这句话可译为"如果你梦想它,你就可能做到。"当大学生活开始时,同学们就迈进了新的人生阶段,这是人生的蓬勃发展时期,是增长学识的重要阶段,又是价值观、人生观和世界观形成的关键时期,是人的一生中最美好的黄金时光。在大学里,同学们沐浴着温暖的阳光,遨游在知识的海洋;品味着人生的酸甜苦辣,一步步走向成熟。理想,在这里奠基;事业,从这里开始;新的人生航程,也从这里开启。

但是,现在世界的诱惑太多,人的心也很难再像以前那样平静。各种各样的利益交织着、冲突着,常常使人身不由己,但同学们必须做出选择。

[心理故事]

一个老道士经常到一个酒店去喝酒,吃饱喝足后也不给钱,光记账。而卖酒的老板也不问他要。过了一段时间,老道士对酒店老板说,喝了你这么多酒,也没给你钱,你也不要,我给你打一眼井,算是对你的酬谢!井打好了,老道士挥手告别。而那水一打上来,就是上好的酒。这样老板也就省了酿酒之苦。过了一段时间,老道士又来了,酒店老板抱怨说,现在酒不酿了,好是好,就是没有酒糟喂猪了。老道士说,那好!说着掏出笔在墙上写了四句话:天高不算高,人心第一高;井水当酒卖,还嫌猪没糟。写罢,道士拂袖而去,井也没了,酒店老板又恢复了原先的酿酒之苦。

这个故事告诉我们:人不能贪得无厌!

大学所面临的人生转折将影响和波及每个人。从近期看,它决定同学们三年或五年的学习生活;从远期看,它将影响同学们毕业后面向社会的整个人生。所以,只有充分把握大学给予的这种转折与机遇,正确地认识和把握自己,客观评价自我,悦纳自我,努力培养和塑造自我,才能真正成为社会的主人或创造者。有的同学不知道在大学里该干什么,像无头苍蝇到处乱撞,做一天和尚撞一天钟。这是缺乏人生规划的结果。解决的办法就是给自己合理定位,作出自己短期、中期、长期的生涯规划,并努力践行。俗话说,有志者事竟成,只有早立志,立长志并认真地执行,才能实现自己的理想,干好自己想干的事。无论大事小事都要有一个计划,合理计划会使我们做事有条理,思路清晰,少犯错误。

※ 课后小组心理训练

请学生们思考和讨论：

1. 在进行生涯规划的时候，什么是“别人的声音”？什么是“自己的声音”？

2. 有时我们懵懵懂懂地对外界的要求采取依从态度，缺乏思考自身需求和偏好的能力，就会严重阻碍自己的生涯意识形成。事实上，信息收集阶段需要广泛听取他人意见，但作决策的过程最重要的是“关闭耳朵听自己”。

如：王小花高考填志愿时听到的声音（写在白纸上）：

妈妈说：你要做医生，这个职业受人尊敬又赚钱。

爸爸说：你要当老师，生活稳定有保障。

老师说：你要________________________________。

朋友说：你要________________________________。

……

在小组讨论中王小花听到自己真实的声音后，补充了“我要____________”的内容：

妈妈说：你要做医生，这个职业受人尊敬又赚钱。

爸爸说：你要当老师，生活稳定有保障。

老师说：你要________________________________。

朋友说：你要________________________________。

……

但是，

我说：我要当一名画家，每天背着画夹到处写生。

[心理故事]

登上塔顶的青蛙

一群青蛙，无忧无虑地生活在池塘里。池塘边有一座很高、很高的破塔，不知何年何月就矗立在那里了，风大的时候还会危险地左右晃动。一天，青蛙们聚在一起，决定召开“比武大会”，选出谁是最勇敢的一只，比赛的办法就是看谁最先登上塔顶。

众多青蛙勇士开始了登顶的冒险，其余的青蛙们都蹲在塔下，抬头望着它们。过了1个小时，下面的青蛙焦急地冲着它们喊：“天哪，快下来吧，爬那么高，万一摔下来怎么办？”有一半的青蛙听了以后，低头向脚下看了看，顿时觉得头晕目眩，于是放弃了。另外一半青蛙头也不回，继续往上爬。又过了1个小时，刮起一阵风，破塔开始左摇右晃，下面的青蛙吓得大喊：“你们快下来吧，塔要倒了，你们会摔死的！”又有几十只青蛙回头看了看，决定放弃。剩下的青蛙仍然头也不回，继续向上爬。又过了1个小时，下面的青蛙已经看得心惊肉跳，不断有声音大声哭喊：“大卫，我是你的妈妈，求求你快下来吧！”“你们太不知天高地厚了，你再往上爬会摔死的！”“快下来吧，就算到了塔顶，下不来，也会摔死的!”……于是一只又一只的青蛙回头了,放弃了。只有一只青蛙,从头到尾都没有回头,只是一步一步地往上爬。终于,它到达了塔顶,成为最勇敢的冠军。

当它回到地面时,所有的青蛙都欢呼成一片,庆祝它的胜利。有青蛙问它:“是什么让你勇往直前,不怕危险?”有青蛙问它:“为什么那么多声音阻止你,你仍然坚持登顶?”还有青蛙问它:“你有什么制胜的秘诀?”它只是瞪着大眼睛,沉默不答。

原来,它是一个聋子,听不到声音。正是因为听不到脚下的声音,它才可以心无旁骛地朝着自己的目标,一步一步地接近胜利。

[训练有感]

善待选择

——某高校学生小丹

在有过几次愉快的经历后,在大家的迫切期待中,我们怀着满腹好奇与一丝兴奋又来到了心理素质训练——《人生的选择》课堂上。在这节受益匪浅的价值观训练课中,我们在老师的指导下进行了游戏——失落的世界,经过深思熟虑,每个同学都艰难地挑选出了自己生命中最珍贵的五部分,然后再一个一个地放弃,最终留下自己认为最重要的一样。

几十个人中,没有一人把柴米油盐酱醋茶列入“我的五样”之中。这些生活必需品是平日里可以缺少的吗?答案自然是否定的。之所以有这样的结果,是由于课堂上大家都用心了。在座的人都处心积虑地想挽留生命中的一切人一切物,我也不例外。

“狗、西藏、朋友、篮球、父母”——我的五样。当我把狗列入我的五样时,所有的人都笑了。能让大家开怀一笑我很开心,但我还是忍不住想声明,我不是说着玩的,放弃狗的时候我很难过。没了狗就没了伴侣,心想,下半辈子只能一个人过了。西藏是个美丽的梦,那儿有我如痴如醉的理想,作为一个理想主义者,放弃理想是痛苦的,但在朋友之前,我还是残忍地把它给删了。我死死拽着朋友的手,怎么也舍不得松开。毕竟,从乳臭未干的童年到稚气未泯的青春,有多少有情有义的朋友曾经牵手!可是在那饱含泪水的眼睛里,朋友渐渐变得模糊,我的手也在回忆里慢慢松开。当生命中只剩下篮球和父母时,内心隐约的绞痛成为了大脑里唯一的信息。是的,此时的篮球就像是我的大脑,父母仿佛是我的心脏,不管是缺少了大脑还是没了心脏,人都不再完整。其实在我进行比喻的时候,最终留下的那一样已经浮出水面。因为没有了大脑,人最多不再会思考,最多成为植物人!而没有了心脏,人根本不能存活,连做植物人的资格也没有!这么多年来,爸爸妈妈一直没有放弃生性顽劣的自己,是因为他们没有对我绝望。因此,尽管我对与自己共同走过十朝春秋的篮球有多么的渴望,此时也绝不能让爱我和我爱的爸爸妈妈失望!于是,我放下了篮球,任泪纵流。

所谓鱼与熊掌不可兼得,人的一生当中难免会有割舍。如果你能暂时放下鱼或搁置下熊掌,会有那样的一天,当你蹚过湍急的河流,回头望着河的对岸那些自己曾经放弃的东西,也会欣慰而笑的!

放弃了狗,并不代表我放弃了忠诚;放弃了西藏,并不意味着我摒弃了理想;放弃了朋友，并不预示着我不再有情有义；放弃了篮球，并不能说明我就会忘记天蓝色的梦；同样，我留下了父母，也并不意味着他们就是我生命中的全部。

训练二　生命的价值

※ 任务

1. 理解生命的价值和意义。
2. 寻找自己生命中的重要支点。
3. 学会用目标导向的方式帮助自己确立人生定位。

做做心理游戏，体会心理历程

活动项目：生涯地图。

活动目的：

1. 学会绘制生涯地图的方法。
2. 清楚过去重要事情对自身的影响。
3. 了解未来可能遇到的挫折，确定未来的人生规划。

活动方法：

1. 教师引入：同学们，当你出门旅行时，你会发现地图是很重要的工具，因为它能够告诉对环境陌生的你行走的方向，让你不会迷路。我们的人生其实也是一段从出生到死亡的旅行，在这个旅行中，我们需要一张生涯地图的指引。今天我们就来尝试为自己制作生涯地图。

2. 教师让学生在白纸的最上方写上“×××的生涯地图”，然后在白纸的正中间画出一条直线，从左侧到右侧。教师向学生说明：“这条直线代表了你一生的长度，表示时间轴，如果你觉得自己能够活到 80 岁，那么你就需要在直线的最左侧写上‘0’，在最右侧写上‘80’。”

3. 时间轴画好后，让学生在时间轴上标出自己现在的年龄，如“19”在直线大约四分之一的位置。接下来，教师可以让学生在生涯地图上标出现在之前发生过的对自己影响很大的重要事件。教师告诉学生：“如果是积极的事件，你可以用红笔在时间轴上方标出这个事件，离时间轴越高表明这件事情越积极。如果是消极的事件，你用黑笔在时间轴下方标出这个事件，离时间轴越低表明这件事情对你的负面影响越大、越消极。在标出事件之后，你还需要在时间轴上标出与这个事件相对应的时间。”

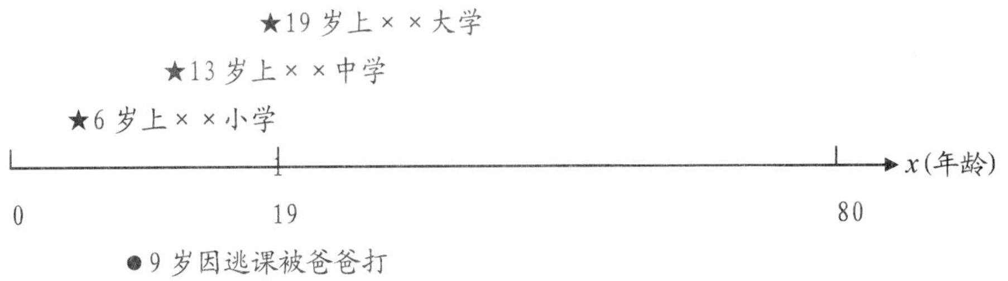

4. 将过去事件标记好后,教师引导学生开始对自己未来进行规划:“你可以标出自己想要达到的最终目标,然后标出达到这个目标的过程中,你可能会经历的每一个重要的事件。例如:如果你想要在40 岁时成为一位优秀的医生,那么可能就需要在19 岁的时候考上医学院校,23 岁的时候读研究生,然后在 26 岁左右参加工作并完成第一次成功的手术,28 岁的时候可能会结婚,在事业上你投入的时间可能会减少。也许在工作以后的某个时间你会遇到一个很好的机遇或是一次挫折,等等。你可以发挥自己的想象,充分去设想你可能会遇到的关键的事件和这个事件可能会出现的大概时间。”学生可以把他所想到的对自己会造成重大影响的事情都在生涯地图上标记出来,绘制的方法同上。

5. 教师在宣布完规则之后,留给学生 10 分钟绘制生涯地图的时间。

活动背景音乐:《紫色的花海》。

谈谈成长经历,交流心理感受

“生涯地图”活动结束后讨论与分享:

1. 将全班学生分成若干组,每组 8 ~ 10 人。

2. 为了帮助学生更好地了解人生中的重大事件对自己生涯发展的影响,请每位学生在小组中谈:

(1)过去发生的事件是怎样影响你对自己未来人生的规划的?

(2)在你的生涯规划中,是正向积极的事件多还是负向消极的事件多(帮助学生发现过去是如何影响自己的现在的,教师还可以引导学生要充分发现并利用自己积极的资源)?

(3)你如何使用这张生涯地图呢(帮助学生学会思考并规划自己的未来)?

(4)教师可以建议学生保管好自己的生涯地图并可以对生涯地图进行修改。

学学心理知识,读读心理故事

沙漠中有一种花,花朵迷人美丽,但是它们一生中只能开一次花,花朵会枯萎死亡,即使这样,她还是会用生命去换取那唯一一次辉煌。林清玄先生的《心灵的百合》中的那株百合,顶着冷言冷语,亦要证明自己,最后为自己赢得了尊重。生命,不在乎伟大和渺小,重要的是是否活出了价值。

一、生命的理解

对于“生命”一词,《牛津大辞典》的解释是:“将动物和植物与地球、岩石等区别开的条件;也用作生物的总称,包括动物、植物和人。”作为“万物之灵”的人类,经过了漫长的进化过程之后,终于成为这个星球上最高级的生命。

马克思曾经说过:“任何人类历史的第一前提无疑是有生命的个人的存在。”千百年来,人类珍贵而独特的生命带给文学家和诗人许多的感慨:“我们有什么理由不爱惜自己稀有的生命?有什么痛苦可与宇宙孕育生命的痛苦相比拟?有什么能使我们比生存在这个宇宙更感幸福?又有什么能阻碍我们充分利用自己短暂的一生为自己生活的这一茫茫星海中的孤岛提供一点生机,增添一点色彩呢?”

[心理故事]

一个被劈去了一小片的圆想要找回一个完整的自己,到处寻找自己的碎片。由于它是不完整的,滚动得非常慢,从而领略了沿途美丽的鲜花,它和虫子们聊天,它充分地感受到阳光的温暖。它找到许多不同的碎片,但都不是它原来的那一块,于是它坚持着找寻……直到有一天,它实现了自己的心愿。然而,作为一个完美无缺的圆,它滚动得太快了,错过了花开时节,忽略了虫子。当它意识到这一切时,它毅然舍弃了历尽千辛万苦才找到的碎片。

这个故事告诉我们:也许正是失去,才令我们完整。一个完美的人,在某种意义上来说,是一个可怜的人,他永远无法体会到有所追求、有所希冀的感觉,他永远无法体会爱他的人带给他某些他一直求而不得的东西的喜悦。

一个有勇气放弃他无法实现的梦想的人是完整的;一个能坚强地面对失去亲人的悲痛的人是完整的——因为他们经历了最坏的遭遇,却成功地抵御了这种冲击。

生命不是上帝用于捕捉你的错误的陷阱。你不会因为一个错误而成为不合格的人。生命是一场球赛,最好的球队也有丢分的纪录,最差的球队也有辉煌的一天。我们的目标是尽可能让自己得到的多于失去的。

当我们接受人的不完美时,当我们能为生命的继续运转而心存感激时,我们就能成就完整,而别的人却渴求完整——当他们为完美而困惑的时候。

如果我们能勇敢去爱、去原谅,为别人的幸福而慷慨地表达我们的欣慰,理智地珍惜环绕自己的爱,那么,我们就能得到别的生命不曾获得的圆满。

二、艾里克森的心理社会性发展理论

个体生命的发展历程通常可以分婴幼儿期、童年期、少年期(青春期)、青年期、中年期和老年期。在生命发展的每个阶段,都有这个阶段独特的生理特征,相应地,个体生理发展的同时也伴随着心理的发展。在人生历程的每个时期都有这个时期心理发展的主要问题。个体心理发展是一个涵盖非常广的综合体,包括认知、记忆、人格、能力、情绪、情感等方面。而其中最值得注意的是个体人格的发展。

美国著名的精神病医师、新精神分析学派的代表人物艾里克森(E. H. Erikson)提出了心理社会性发展理论,讨论了人格发展阶段和相应心理品质的获得。

1. 婴儿期(0～1岁):基本信任的建立——希望的品质

如果认为婴儿是个不懂事的小动物,只要吃饱不哭就行,那就大错特错了。婴儿期是一个人基本信任和不信任的心理冲突期,因为这期间的孩子已经开始认识人了,当孩子哭或饿的时候,父母是否出现则是建立信任感的重要问题。信任在人格中形成了希望的品质,它起着增强自我的作用,具有信任感的孩子敢于希望,富于理想,具有强烈的未来定向;反之则不敢希望,时时担忧自己的需要得不到满足。艾里克森把希望定义为:"对自己愿望的可实现性的持久观念,反抗黑暗势力,标志着生命诞生的怒吼。"

2. 幼儿期(1～3岁):自主能力的成长——自律的品质

这个时期,儿童掌握了大量的技能,如爬、走、跑、说话等,更重要的是他们学会了怎样坚持和放弃,也就是说儿童开始"有意志"地决定做什么或不做什么。这时候父母与子女的冲突就开始激烈起来,这就是第一个反抗期的出现。一方面,父母必须承担起控制儿童行为,使之符合社会规范的任务,即养成良好的习惯,如训练儿童大小便,使他们对随地大小便感到羞耻,训练他们按时吃饭,节约粮食等;另一方面,儿童开始有自主感,他们坚持自己的进食、排泄方式,所以训练儿童养成良好的习惯不是一件容易的事。这时,孩子会反复地用"我"、"我们"、"不"来反抗外界的控制,而父母不能听之任之、放任自流,这将不利于儿童的社会化。同时,如果过分严厉,又会伤害儿童的自主感和自我控制能力。如果父母对儿童的保护或惩罚不恰当,儿童就会产生怀疑并感到害羞。因此,把握住度的问题,才有利于在儿童的人格中形成良好的意志品质。艾里克森把意志定义为"不顾不可避免的害羞和怀疑心理而坚定的自由选择或自我抑制的决心"。

3. 学龄前期(3～5岁):主动和目的性的建立——未来的责任感

在这一时期,如果幼儿表现出的主动探究行为受到鼓励,幼儿就会形成主动性,这为他将来成为一个有责任感、有创造力的人奠定了基础。如果成人讥笑幼儿的独创行为和想象力,那么,幼儿就会逐渐失去自信心,这使他们更倾向于生活在别人为他们安排好的狭窄的圈子里,缺乏自己开创幸福生活的主动性。

当儿童的主动感超过内疚感的时候,他们就有了"目的"的品质。艾里克森把目的定义为:"一种正视和追求有价值目标的勇气,这种勇气不为幼儿想象的失利、罪疚感和惩罚的恐惧所限制。"

4. 学龄期(6～12岁):勤奋的建立——自信的能力

这个阶段的儿童都应在接受学校教育。学校是训练儿童适应社会、掌握今后生活必需的知识和技能的地方。如果他们能顺利地完成学业,他们就会获得勤奋感,这使他们在今后的独立生活和承担工作任务中充满信心。反之,就会产生自卑感。另外,如果儿童养成了过分看重自己的工作态度,而对其他方面木然处之,这种人的生活是可悲的。艾里克森说:"如果他把工作看作他唯一的任务,把做什么工作看成是唯一的价值标准,那他就可能成为自己工作技能和老板们的最驯服和最无思想的奴隶。"

当儿童的勤奋感大于自卑感,他们就会获得有"能力"的品质,艾里克森说:"能力是不受儿童自卑感削弱的，完成任务所需要的是自由操作的熟练技能和智慧。”

5. 青春期(12～18岁)：自我同一性的建立——忠诚品质的形成

艾里克森认为，一方面青少年本能冲动的高涨会带来问题，另一方面更重要的是青少年面临的新的社会要求和社会的冲突会带来困扰和混乱。所以，青少年期的主要任务是建立一个新的同一感或自己在别人眼中的形象，以及他在社会集体中所占的情感位置。这一阶段的危机是角色混乱。

“这种同一性的感觉是一种不断增强的自信心，一种在过去的经历中形成的内在持续性和同一感(一个人心理上的自我)，如果这种自我感觉与一个人在他人心目中的感觉相称，很明显这将为一个人的‘生涯’增添绚丽的色彩。”(艾里克森语)

艾里克森把同一性危机理论用于解释青少年对社会不满和犯罪的社会问题上，他说：“如果一个儿童感到他所处的环境剥夺了他在未来发展中获得自我同一性的种种可能性，他就将以令人吃惊的力量来抵抗社会环境。在人类社会的丛林中，没有同一性的感觉，就没有自身的存在，所以，他宁愿做一个坏人，或干脆死人般活着，也不愿意做不伦不类的人。他自由地选择这一切。”

随着自我同一性的不断发展，形成了“忠诚”的品质。艾里克森把忠诚定义为：“不顾价值系统的必然矛盾，而坚持自己确认的同一性的能力。”

6. 成年早期(18～25岁)：亲密感的建立——爱的奉献

艾里克森认为，只有具有牢固的自我同一性的青年人，才敢于冒与他人发生亲密关系的风险。因为与他人发生爱的关系，就是把自己的同一性和他人的同一性融合一体，这里有自我牺牲和损失，只有这样才能在恋爱中建立真正的亲密无间的关系，从而获得亲密感，否则将产生孤独感。艾里克森把爱定义为“压抑异性间遗传的对立性而永远相互奉献”。

7. 成年期(25～65岁)：生育感的建立——关心孩子和创造力的品质

艾里克森认为，当一个人顺利地度过了自我同一性时期，在以后的岁月中他将过上幸福充实的生活，他将生儿育女，关心后代的繁殖和养育。他认为，生育感有生和育两层含义，一个人即使没生孩子，只要能关心孩子，教育、指导孩子也可以具有生育感。反之，没有生育感的人，其人格是贫乏和停滞的，是一个自我关注的人，他们只考虑自己的需要和利益，不关心他人(包括儿童)的需要和利益。

在这一时期，人们不仅要生育孩子，同时要承担社会工作，这是一个人对下一代的关心和创造力最旺盛的时期，人们将获得关心和创造力的品质。

8. 成熟期(65岁以上)：自我调整——一种超脱的智慧之感

艾里克森认为，由于衰老的过程，老人的体力、心力和健康状况每况愈下，对此他们必须做出相应的调整和适应，所以被称为自我调整对绝望感的心理冲突。

当老人们回顾过去，可能怀着充实的感情与世告别，也可能怀着绝望走向死亡。自我调整是一种接受自我、承认现实的感受，一种超脱的智慧之感。如果一个人的自我调整大于绝望，他将获得智慧的品质。艾里克森把它定义为：“以超然的态度对待生活和死亡。”

艾里克森认为,老年人对死亡的态度将直接影响下一代儿童信任感的形成。因此,第8阶段和第1阶段首尾相连,构成一个循环或生命的周期。

三、面对死亡

现代生活节奏越来越快,我们独处的空间越来越逼仄,思索的时间越来越压缩。但死亡并不因为我们的忙碌而懈怠,它步履坚定地持之以恒地向我们走来。

现代医学把死亡用白色的帏帐包裹起来,让我们不得而知它的细节,但死亡顽强前进,它是无所不能的,没有任何力量能够抗拒它。一提到死,很多人会联想到:阴暗、黑色、寒冷、腐烂、肮脏、丑陋、恐怖、惊吓、分离、哭泣、伤痛、绝望等词语,几乎所有的人想到的都是负面的词语。如果看到一个新生婴儿呢?大家就会联想到:光明、发展、蓬勃、希望、金色、温暖、期待、快乐、幸福、灿烂……

既然生死都是人生不可或缺的一部分,为什么我们不能像接受生之顺畅那样,平静地接受死之陨灭?

有生必有死,这是不可抗拒的自然规律,也是"吐故纳新"的唯一妙法。从远古时期,人们就开始思考死亡到底是什么。亚里士多德认为,人的灵魂和身体是统一的,身体一旦毁灭,灵魂也就不可能存在了。但人可以靠种族延续,靠后代子孙而得以绵绵不绝,获得永恒不死。还有一种对于死亡的代表性看法,是从大自然本身循环的角度来看待"生命之不朽"。比如美国诗人惠特曼在《自我之歌》中说的"人生之所以不会死亡而断绝,是因为人类的肉体可以复归大自然的宇宙,从而铸造未来的生命,永远没有穷尽地往返循环"。

古往今来,人们对死亡的理解林林总总,莫衷一是,有那么几个比较受推崇的观点:

(　)儒家文化对于死亡的理解

儒家的生死观,尤其是孔子和孟子的生死观,对于中国思想文化的影响是绵延几千年而不绝。对于生死的看法,孔子认为"死生有命,富贵在天",人要"乐知天命";孟子也说:"夭寿不贰,修身以俟之,所以立命也。"也就是说,人的寿命是有一定的定数的,人是无法改变的,人平日只有修身来等待那一天的来临,自己只要掌握可以操之在我的修身即可,这才能安身立命,不会对死亡恐惧。所以儒家强调先尽好本身的责任,"养浩然之正气"(孟子语),强调"志士仁人,有杀身以成仁,无求生以害仁。"中华民族的历史长河中有许多这种宁愿"牺牲小我,完成大我"的仁人志士,并形成了中华民族的风骨气节。文天祥的"人生自古谁无死,留取丹心照汗青"就彰示了这种精神——一种对死亡的理解。面对死亡,他们所追求的是另一种意义上的永恒:肉体可以死亡,而精神气节却历千秋而不朽。

(二)弗洛伊德对于死亡的理解

弗洛伊德认为,人有两种本能——生的本能和死的本能。生的本能的作用在于维持生存和促使个体的生殖繁衍,它表现为无所不在的性行为和性欲望;死的本能促使个体通过疾病老化而最终死亡。弗洛伊德认为生的本能和死的本能是决定人类行为的两种基本能量,人类天性中最基本的方面就是生本能和死本能的冲突。当死的本能指向内部时,导致自我的破坏行为。当死的本能指向外部时,导致攻击行为。

(三)革命党人的生死观

中国革命史上的名将叶挺被捕后关在重庆中美合作所,面对威胁利诱全然不理,于渣滓洞集中营二号牢房壁上,大书一首《囚歌》,以表心志:为人进出的门紧锁着,为狗爬出的洞敞开着,一个声音高叫着———爬出来吧,给你自由!我渴望自由,但我深深地知道———人的身躯怎能从狗洞子里爬出!我希望有一天地下的烈火,将我连这活棺材一齐烧掉,我应该在烈火与鲜血中得到永生!

1949 年 10 月 28 日,陈然被国民党特务杀害于重庆渣滓洞附近的大坪刑场,牺牲时年仅 26 岁。年轻的共产党员陈然面对敌人的严刑拷打和死亡威胁,在狱中留下题为《我的"自白书"》的著名诗篇。他以自己的生命履行了对党的庄严誓言:

任脚下响着沉重的铁镣,任你把皮鞭举得高高,我不需要什么"自白",哪怕胸口对着带血的刺刀!人,不能低下高贵的头,只有怕死鬼才乞求"自由";毒刑拷打算得了什么?死亡也无法叫我开口!对着死亡我放声大笑,魔鬼的宫殿在笑声中动摇;这就是我——一个共产党员的"自白",高唱凯歌埋葬蒋家王朝。

其实谈死就是论生,要在活着的时候做到无怨无悔,珍惜生命,珍惜身边的每一个人,珍惜身边发生的每一件事。

思考死亡,是为了有备无患,更为了胸有成竹地生活。只有真正生活过的人,才能坦然平静地走向永恒的死亡。

四、提升生命的价值

一个人年轻的时候就思索死亡,和他老了才思索死亡,甚至死到临头都不曾思索过死亡,这是完全不同的境界。这些年轻的生命,因为思索死亡而带给了自己和更多人力量。

[大学生的墓志铭]

◆这里住着的是一个宠辱不惊,闲看庭前花开花落;去留无意,漫随天边云卷云舒;追求简单,平凡幸福生活的人。

◆这是一个平凡的女作家,在有生之年她用一生的努力去追求理想,当生命接近末年,她能问心无愧地说:"每一件事情我都能用心去完成。"

◆这里安息着一个女子,她了结了她人生的志愿,去了另外一个世界,但在这里永生。她的一生是幸福的一生,快乐的一生,也是贡献的一生,无憾的一生。虽然她长眠在这里,但她永远活着,看着活着的人们的眼睛。

◆我不是一颗流星。

◆生是死的开端,死是生的延续。如果我五十岁后死,我会忠孝两全,为祖国尽忠,为父母尽孝。如果我五年后死去,我将会为理想而奋斗。如果我五个月后死去,我将以最无私的爱善待我的亲人和朋友。如果我五天后死去,我将回顾我酸甜苦辣的人生。如果我五秒钟后死去,我将为周围所有的人祝福。

◆有一个很腼腆的男生说,在他的墓志铭上将刻下——这里长眠着一位中国籍的诺贝尔奖获得者。

◆有一个男生说，我的墓志铭上会写着——我笑过，我哭过，我活过。

[名人的墓志铭]

◆大文豪萧伯纳：我早就知道无论我活多久，这种事情还是一定会发生。

◆大作家海明威：恕我不起来了！

◆金　镛：这个人在20～21世纪写了几十本小说为世界上几亿人所阅读。

◆张海迪：这里躺着的是美丽的、不屈的海迪。

◆普希金：这儿安葬着普希金和他年轻的缪斯，还有爱情和懒惰，共同度过愉快的一生；他没做过什么好事，可就心情来说，却实实在在是个好人。（俄国诗人普希金的墓志铭，是他十六岁时为自己写的《我的墓志铭》诗。）

[心理故事]

有一个生长在孤儿院中的男孩儿，常常悲叹地问院长："像我这样没有人要的孩子，活着究竟有什么意思呢？"

院长总笑而不答。

有一天，院长交给男孩儿一块石头，说："明天早上，你拿这块石头到市场去卖，但不是'真卖'，记住，不论别人出多少价钱都不可以卖。"

第二天，男孩儿蹲在市场角落，意外地有好多人要向他买那块石头，而且价钱越出越高。回到院内，男孩兴奋地向院长报告，院长笑笑，要他明天拿到黄金市场去叫卖。在黄金市场，竟有人出比昨天高十倍的价格要买那块石头。

最后，院长叫男孩儿怎么都不卖，竟被传扬成"稀世珍宝"。男孩儿兴冲冲地捧着这块石头回到孤儿院，将这一切禀报院长。院长望着男孩儿，徐徐说道："生命的价值就像这块石头一样，在不同的环境下就会有不同的意义。一块不起眼的石头，由于你的珍惜、惜舍而提升了它的价值，被说成'稀世珍宝'。你不就像这块石头一样？只要自己看重自己，自我珍惜，生命就有意义，有价值。"

人生由起点回到终点，每个人因起点到终点的时间不同，而拥有各自不同长度的生命。生命可以很微小，微小中有它刚强的一面，生命也可以变得很伟大，伟大中有它平凡的一面。我们如何看待自己的生命呢？有些人把每天当成自己生命的最后一天，有些人把生命看得很长，有些人没有想过自己的生命有多长。在这个充满压力和竞争的现实社会，赋予了很多人刚强拼搏进取的一面，也赋予了很多人堕落的一面。不同人生观和价值观的人看待生命的意义不一样，拥有人生成就的人觉得生命短暂，非常珍惜每天的生活；而什么都没有的人，觉得生命的价值还未能得到体现；另一些人觉得生命将平淡度过，以无所谓的态度看待自己的人生。

有句话说得好："天生我才必有用。"在各个行业各个岗位的人都有他生命价值体现的一方面，只是很多人暂时还没有找到自己的位置，而有些人通过努力在不同的位置发挥自身的作用，最终找到适合自己的舞台，发挥他的价值，生命在于不懈地追求。生命意义体现在为家庭、为社会做出的贡献，无论贡献大小，都有他价值的体现点。珍惜生活的每个方面才能拥有有意义的生命。年轻就是生命意义存在的资本，要不断地利用这个资本为自己、为家人、为社会创造更多价值。

珍惜生命才能体现人生的可贵，追求完美人生才能体现生命的价值，回报社会才能体现生命完整。在人生拥有短暂生命的过程中，我们要不断完善每一个细节，让人生在有限的环境和生命里发出耀眼的光辉。

[心理故事]

不要让昨日的沮丧令明天的梦想黯然失色

在一次讨论会上，一位著名的演说家一句开场白都没有，手里却高举着一张20美元的钞票。面对会议室里的200人问："谁要这20美元？"一只只手举了起来。他接着说："我打算把这20美元送给你们中的一位，但在这之前，请准许我做一件事。"他说着将钞票揉成一团，然后问："谁还要？"仍有人举起手来。他又说："那么，假如我这样做又会怎么样呢？"他把钞票扔到地上，又踏上一只脚，并且用脚碾它。尔后他拾起钞票，钞票已变得又脏又皱。

"现在谁还要？"还是有人举起手来。

"朋友们，你们已经上了一堂很有意义的课。无论我如何对待那张钞票，你们还是想要它，因为它并没贬值，它依旧值20美元。人生路上，我们会无数次被自己的决定或碰到的逆境击倒、欺凌甚至碾得粉身碎骨。我们觉得自己似乎一文不值。但无论发生什么，或将要发生什么，在上帝的眼中，你们永远不会丧失价值。在他看来，肮脏或洁净，衣着齐整或不齐整，你们依然是无价之宝。"

生命的价值不依赖我们的所作所为，也不仰仗我们结交的人物，而是取决于我们本身！我们是独特的——永远不要忘记这一点！

课后自我心理训练

写自己的墓志铭，内容大概包括以下几点：

1. 一生的最大目标；
2. 在不同年龄阶段的成就；
3. 对社会、家庭或其他人的贡献；
4. 我是一个什么样的人。

[训练有感]

生命的呐喊

——某高校学生小陈

人的一生很漫长，但是关键的只有几步，这是出自一个伟人的肺腑。大千世界，我们都是凡夫俗子，甚至有时候我们是那一颗虚无缥缈的尘土。但是我清楚地知道，有一种心情只有在奉献的时候，才能有真正的体会；有一种心动，只有在沉寂的时候才能被觉察。

它，好比小草为冬日能摆脱荒凉与沉寂而萌芽的声音；那是小草的生命，为了大地而坚强地活着。植物都能将生命与价值体现得淋漓尽致，人为什么不能呢？

裴多菲说过：生命的长短以时间来计算，生命的价值以奉献来计算。

对于生命的价值，我们撇开不说；那生命的长短，又有多少人对它负责了呢？歌星张国荣之死，无时不在敲响警钟，它让我震撼：抑郁与沉沦……它是人慢性自杀的脚步，留下呻吟，留下后悔，又遗憾而走。

众多的心理障碍，犹如外来物，让我们的心情阴晴不定，时而坠入深渊，时而浮出水面……此时此刻，我有发自内心的感触：让一生走好，让我们的心里都充满阳光！

我们不能左右天气，但是可以改变心情；不能改变容貌，但是可以展现笑容；不能控制别的人，但是可以掌握自己；不能预知明天，但是可以利用今天；不能样样顺利，但是可以事事尽力；不能决定生命的长短，但是可以控制它的宽度。心理素质训练课让我的心理如遇甘露，得到了滋润，得到了营养。

当自己面临困境，我不再是恐惧不已，而是向着海伦·凯勒，向着张海迪坚强的心理看齐。与她们相比，我们是幸福的，但又是悲哀的。幸福，是我们的物质基础比她们优越；悲哀，是我们生命的价值还没有完全体现。

或许，价值，它没有我们想象的那样：牺牲于战场，鲜血如海泊。珍惜生活，充实每一天，善待生命的每一时刻，对自己负责，对身边的每一个人负责……也许那就是价值吧！

所以，在我的墓志铭中，我是这样写的：这是一个享受过很多美丽风景的人，但也留下过很多美丽风景的人。

十几个生命的春夏秋冬已经过去，唯有留下脚印，让我回望，回望；生命，我不在乎它的长短；它的价值，我也不在乎大与小；我只在乎，我的每时每刻都是快乐的，充实的，有意义的。

训练三　学会感恩

※ 任务

通过学会感恩，培养大学生的责任意识、自立及自尊意识，同时促进大学生群体和社会各阶层之间相处融洽、协调发展。

做做心理游戏，体会心理历程

活动项目：再选我的父母。

活动目的:了解父母对自己生命的重要性,深知父母的不易,懂得感恩。

活动方法:

教师导入:游戏和你对父母的孝顺无关,也和你对父母的尊重无关。做完这个游戏后,也许你会对你的父母会有更深入的了解,你会更加接纳他们,更爱他们。

这个游戏完成起来很简单,只要一张白纸。我们要重新为自己选择父母,这在常人眼光里不合章法,甚至就是荒谬。请把情感干扰因素减到最小,让思绪和想象力自由驰骋。

1. 在白纸的上方写下“再选×××的父母”几个字。×××就是你自己的名字。

2. 请你郑重地写下你为自己再选的父母的名字。

关于你的再选父母的名称,你把头脑中涌起的第一个人名写下就是了。他们可以是你认识的任何一个熟人,也可以是传说中的神仙魔鬼;可以是英雄豪杰,也可以是邻居家的老媪;可以是已经逝去的皇亲国戚,也可以是依然健在的平民百姓;可以是绝色佳人,也可以是末路英雄;可以是动物植物,也可以是山岳湖泊;可以是日月星辰,也可以是布帛黍粟;可以是一代枭雄,也可以是梁山好汉;可以是江湖侠客,也可以是枯藤昏鸦;可以是仰慕的师长,也可以是同窗好友……总之,你就放开胆子,天上地下地为自己寻觅心仪的父母吧。

你再选的父母是谁或者是什么类型的物体,这不重要。重要的是你在这个游戏中,弥补缺憾,你在表达你长久以来压抑的情感,你在重新构筑你的世界。

3. 如果你写下的再选父母的名字,就是你的亲生父母,那么,祝贺你,羡慕你。这样的概率不是很多,你有一份罕见的幸福。但愿在我们这个游戏做完之后,你赶回家,如果父母还健在,请拥抱他们并深深地表达谢意。如果他们已经“远行”,请面对着浩瀚星空,遥望他们的英灵,微笑并且致敬。

父母是不可以再选的,但可以在我们的心中重新认识并复活。

活动背景音乐:《至爱之花》。

谈谈成长经历,交流心理感受

1. 将全班学生分成若干组,每组8~10人。

2. 算算你上大学一年的经济成本。

中国社科院社会学研究×××上大学一年的经济成本

项　　目	需花费资金
学费、书费(资料费)	
住宿费	
吃饭费用	
服装费用	
娱乐费(请客吃饭、出去游玩等)	

项　　目	需花费资金
上网费	
手机费	
其他费用	
总 计	
平均每月花费(总计/12)	

著名社会学家徐安琪在2004年第12期的《青年研究》上刊发了《孩子的经济成本:转型期的结构变化和优化》的调研报告。报告显示,从直接经济成本看,0~16岁孩子的抚养总成本达到25万元左右。如估算到子女上高等院校的家庭支出,则高达48万元。估算30岁前的未婚不在读的子女的总成本达到49万元——抚养子女的总经济成本是惊人的。此外,这49万元尚不包括孕产期的支出以及从孩子孕育到成长过程中父母因孩子误工、减少流动、升迁等自身发展损失的间接经济成本。

3. 播放伍思凯的歌曲《特别的爱给特别的你》。一边欣赏音乐,一边想:是不是也有那么一个特别的人,自己想对他说一些话,表达一些心意,但是却一直没有付诸行动,那我们今天就一起行动吧!

学学心理知识,读读心理故事

一、培养感恩意识的重要性

说起感恩,会让人联想到西方的"感恩节",每年十一月的第四个星期四,人们都会欢聚一堂,举行各种欢庆活动,感谢、颂扬上苍在过去一年里的仁慈和恩惠。这一天成为每个家庭和社会都可以享受欢乐的日子。基督教徒饭前会做祈祷,感谢上帝给予他们的食物。

所谓感恩就是对他人、社会和自然给自己带来的恩惠和方便在心里产生认可并意欲回报的一种认识、一种情怀和行为。

在日常生活中,持有消极心态的人常常对生活充满抱怨而不是一种感激。有这么一句话:"一个女孩因为她没有鞋子而哭泣,直到她看见了一个没有脚的人。"世间很多事情,常常是我们没有珍惜身边所拥有的,而当失去它时,才又悔恨。拿破仑·希尔认为,如果你常流泪,你就看不见星光。对人生对大自然的一切美好的东西,我们要心存感激,那样人生就会有许多美好。

马加爵事件给人们的警示是巨大的。马加爵的犯罪不仅仅是因为他的自卑心理,同时与其个人的感恩心、感恩情和感恩行为的缺乏有关。如果他还想过父母养育和培养他的不易而怀着要报养育之恩的心,如果他想过那么多老师培养他的辛苦而怀着要报培养之恩的心,如果他想过朋友对他的期待与关怀要回报友爱之情,如果他有以"涌泉"之情回报“滴水”之恩的心灵，他就不会如此自私自利、忘恩负义舍弃一切珍贵的东西而只为出一口怨气做如此恶行了。

感恩是社会上每个人都应该有的基本道德，是做人的起码修养，也是人之常情。在我们的文化里，推崇“施恩图报”的美德，还有“知恩不报非君子”、“滴水之恩当涌泉相报”的古训。不会感恩或者不愿意感恩，都是缺乏道德修养的表现，也是情感冷漠、缺少人情味的表现。没有感恩之心的人会丧失伦理道德并且自己毫无知觉。

[案例]

李文是山东一个偏远山区的初三学生，有一个还未上学的妹妹，父亲为了能让孩子顺利求学而不得不长年在外打工，目不识丁的母亲照顾俩兄妹的生活，操持几亩责任田而不得不没日没夜不停劳作。而李文，就因为父亲打过他三次，母亲骂过他几次，他想不通，就要报复他的父母。他想到了自杀，但怕死。于是他便在一个本该在校读书的日子悄然出走，然后打电话回家，编造了一个被人绑架的假象，不断向家里要钱。可怜的父母在花光了这些年不到三千块钱的积蓄后，被迫向外举债，借了近万元花光后，孩子仍没有回来。钱，再也借不到了，在别人的指点下，他们向中央电视台求助。在中央新闻台“共同关注”栏目组工作人员的帮助下，李文回到了被他榨得一贫如洗的家，但他仍是满腹牢骚，满腔愤怒。

如果李文具备了一颗感恩之心，他就不会把父母的好心化为仇恨而去报复他的父母。如果李文具备了一颗感恩之心，他也不会在自己做出如此让父母心酸的事情之后而毫无悔悟之意。

大学生大多为独生子女，家长的溺爱，再加上“再穷不能穷孩子”的传统教育观念，致使孩子不知道“一粥一饭来之不易”的道理。有的孩子不体谅父母的艰辛，哪怕父母节衣缩食供孩子上学，也被孩子认为理所当然。羔羊跪乳，乌鸦反哺，动物尚且感恩，何况我们作为万物之灵的人类呢？感恩，绝不是对父母之恩的回报简单，而是大学生的一种责任意识、自尊意识，更是一种精神境界的追求。感恩，不仅仅是一种美德的要求，更是生命的一个基本要素。从这个角度来说，让当代大学生真正拥有一颗感恩之心，同样是大学教育的一个根本任务。在成功人士的心目中，成功就是用爱心做事，用感恩的心做人。感恩不花一分钱，却是一项重大的投资，是一种深刻的感受，是一种丰富的人生。

二、培养感恩意识

[心理故事]

《感恩的心》的由来

有一位天生失语的小女孩，爸爸在她很小的时候就去世了，她和妈妈相依为命。妈妈每天很早出去工作，很晚才回来。每到日落时分，小女孩就开始站在家门口，充满期待地望着门前的那条路，等妈妈回家。妈妈回来的时候是她一天中最快乐的时刻，因为妈妈每天都要给她带一块年糕回家。在她们贫穷的家里，一块小小的年糕就是无上的美味啊。

有一天,下着很大的雨,已经过了晚饭时间了,妈妈却还没有回来。小女孩站在家门口望啊望啊,总也等不到妈妈的身影。天,越来越黑;雨,越下越大,小女孩决定顺着妈妈每天回来的路自己去找妈妈。她走啊走啊,走了很远,终于在路边看见了倒在地上的妈妈。她使劲摇着妈妈的身体,妈妈却没有回答她。她以为妈妈太累,睡着了,就把妈妈的头枕在自己的腿上,想让妈妈睡得舒服一点。但是这时她发现,妈妈的眼睛没有闭上!小女孩突然明白:妈妈可能已经死了!她感到恐惧,拉过妈妈的手使劲摇晃,却发现妈妈的手里还紧紧地拽着一块年糕……她拼命地哭着,却发不出一点声音……

雨一直在下,小女孩也不知哭了多久。她知道妈妈再也不会醒来,现在就只剩下她自己。妈妈的眼睛为什么不闭上呢?她是因为不放心她失语的女儿吗?小女孩突然明白了自己该怎样做。于是擦干眼泪,决定用自己的语言来告诉妈妈她一定会好好地活着,让妈妈放心地走……

小女孩就在雨中一遍一遍地用手语诠释着这首《感恩的心》,泪水和雨水混在一起,从她小小的却写满坚强的脸上滑过……"感恩的心,感谢有你,伴我一生,让我有勇气做我自己……感恩的心,感谢命运,花开花落,我一样会珍惜……"她就这样站在雨中不停歇地做着,一直到妈妈的眼睛终于闭上……

如果说失语的小女孩的举动让我们深深感动的话,但是下面这则故事却使我们感到羞愧万分:《现代快报》报道,2004 年 11 月 1 日下午,南京大学逸夫馆左前方的公告栏上不知何时被贴了两张 A4 纸,那是一封署名为"伤心父亲给大学儿子的信"。这封信的内容引发了大学师生的热烈讨论。

下面就是这封信的内容:

亲爱的儿子:

尽管你伤透了我的心,但你终究是我的儿子。虽然,自从你考上大学,成为我们家几代里出的唯一一个大学生之后,心里已分不清咱俩谁是谁的儿子了。从扛着行李陪你去大学报到,到挂蚊帐、缝被子、买饭菜票甚至教你挤牙膏,这一切,在你看来是天经地义的,你甚至感觉你这个不争气的老爸给你这位争气的大学生儿子服务,是一件特沾光、特荣耀的事。

的确,你考上大学,你爸妈确实为你骄傲。虽然现今的大学生也不一定能找到工作,但这毕竟是你爸妈几十年的梦想。我们那阵,上大学不是凭本事考的,要看手上的茧巴和出身成分,有些人还要用贞操和人格去换。这也就是我们以你为荣的原因。然而,你的骄傲却是不可理喻的。在你读大学的第一学期,我们收到过你的三封信,加起来比一份电报长不了多少,言简意赅,主题鲜明,通篇字迹潦草,只一个"钱"字特别工整而且清晰。你说你学习很忙,没时间写信,但同院里你高中时代的女同学,却能收到你洋洋洒洒几十页的信,而且每周一封。每次从收发室门口过,我和你妈看着你熟悉的字,却不能认领。那种痛苦是咋样的,你知道吗?

后来,随着你读二年级,这种痛苦煎熬逐渐少了,据你那位高中同学说,是因为你谈恋爱了。其实,她不说我们也知道,从你一封接一封的催款信上我们能感受到,言辞之急迫、语调之恳切，让人感觉你今后毕业大可以去当个优秀的讨债人。

当时，正值你妈下岗，而你爸微薄的工资，显然不够你出入卡拉OK、酒吧、餐厅。在这样的状况下，你不仅没有半句安慰，居然破天荒来了一封长信，大谈别人的老爸老妈如何大方。你给我和你妈心上戳了重重一刀，还撒了一把盐。最令我伤心的是，今年暑假，你居然偷改入学收费通知，虚报学费。这之前，我在报纸上已看到这种事情。没想你也同时看到这则新闻，一时间相见恨晚，及时娴熟地运用这一招，来对付生你养你爱你疼你的父亲母亲。虽然，得知真相后我并没发作，但从开学到今天，两个月里，我一想到这事就痛苦，就失眠。这已经成为一种心病，病根就是你——我亲手抚养大却又倍感陌生的大学生儿子。不知在大学里，你除了增加文化知识和社交阅历之外，还能否长一丁点善良的心？

一位辛酸的父亲

在现代文明社会，知道感谢，怀有一颗感恩之心是很必要的，可促进社会各成员、群体、阶层、集团之间的关系相处融洽、协调，促进人与人之间互相尊重、信任、帮助，大学生要注重培养感恩意识。

1. 常怀感恩之心

事实上，我们无时无刻不在受着别人的恩惠。恩惠往往是十分平凡的，看似举手之劳、微不足道，但却非常珍贵。感恩应该是一种心情和一种心境，只有深刻感受到被恩情浸透时才会自然而然产生回报的愿望和行为。感恩是需要培养，需要学习的。人，不是生来就会感恩，而是先学会了抱怨。因而许多时候，幸福似乎离我们那么遥远。所以，培养感恩之心需要停止抱怨，以宽容的心看待一切。

佛家有这样一个传说：一个寺庙的住持给寺院立了一条规矩：每年年底，寺庙里的和尚都要对住持说两个字，类似我们的年终总结。第一年年底，住持问一个新来的小和尚最想说的是什么，小和尚说："床硬。"第二年年底，住持又问小和尚最想说什么，小和尚说："食劣。"到了第三年年底，还没等住持提问，小和尚就说："告辞。"住持望着小和尚离去的背影摇头道："心中有魔，难成正果，可惜！可惜！"

小和尚心中有"魔"，就是他心中没完没了的抱怨，就是他还没有学会感恩。在感恩的学习过程中，让我们一同以斯蒂芬·霍金的例子共勉。

霍金是一位可以与爱因斯坦齐名的杰出的英国科学家，对现代物理学有突出的贡献。但是他在21岁时就诊断出患肌萎缩性侧索硬化症（卢伽雷病），到后来全身只有几个手指能够活动。有一次，在霍金学术报告结束之际，一位年轻的女记者捷足跃上讲坛，面对这位已在轮椅里生活了三十余年的科学巨匠，在深深景仰之余，又不无悲悯地问：霍金先生，卢伽雷病已将你永远固定在轮椅上，你不认为命运让你失去太多了吗？这个问题显然有些突兀和尖锐，报告厅内顿时鸦雀无声，一片静谧。霍金的脸庞却依然充满恬静的微笑，他用还能活动的手指，艰难地叩击键盘，于是，随着合成器发出的标准伦敦音，宽大的投影屏上缓慢然而醒目地显示出如下一段文字：

我的手指还能活动；

我的大脑还能思维；

我有终生追求的理想，

有我爱和爱我的亲人和朋友；

对了，我还有一颗感恩的心……

会场终于掌声雷动……

2. 常怀感恩之情

培养感恩意识，首先是知恩知报。“知报”的前提是“知恩”。要认识到别人为自己付出的一切并非天经地义、理所当然的。无论是父母给予我们生命，老师教给我们知识，还是朋友给予我们友情以及其他人给予的帮助，这一切都是“恩情”。

(1)父母情。父母给予我们躯体，养育我们的躯体和完善我们的心灵，花尽心血，这个养育之恩不能不知。因为有了父母才有了我们，才使我们有机会在这五彩缤纷的世界里体味人生的冷暖，享受生存的快乐与幸福，是父母给了我们生命，给了我们享受世界万物的基础。因此，不管父母的社会地位、知识水平以及其他因素如何，他们都是我们今生最大的恩人。

“妈妈，让我再背你一次！”这是浙江林学院刘霆同学在中山医院病房依依不舍地对妈妈说的一句话。6 年了，刘霆一直都是背着妈妈上学的，为了报答母亲的恩情，刘霆没有放弃过罹患尿毒症的母亲，历尽千辛万苦。6 年里，刘霆是这样走过来的：每天六点半，天才蒙蒙亮，19 岁的刘霆就要起床了，他要做的第一件事，就是为母亲热药袋子，做肾脏的物理透析。刘霆的母亲得了尿毒症，由于住不起医院，所以刘霆只能自己学着在家里给母亲治疗。7 点以前他必须把妈妈的一切都安排好。中午吃饭的时候，刘霆要给食堂打扫卫生，因为这样每月可以拿到 50 元报酬和免费的三餐。母亲患病后，一家人花光了积蓄，父亲出走了。2005 年，刘霆考上了浙江林学院。他决定背着母亲去上大学。刘霆在日记上写道：“我是不幸的，过早体悟了生活的艰辛；但我又是幸运的，幸得慈祥的母亲和许多陌生人的支持与帮助！”

从我们出生那一刻起，就已经给父母增添了一种负担，然而，父母对我们是无私的、慷慨的，他们毫无怨言地抚养我们，为了给我们一个舒适的生活环境，他们会努力做到最好。小时候，我们把这当成天经地义，因为我们不了解也不知道父母的辛苦，现在，我们长大了，我们应该怀着感恩之心去体谅关心父母。

生活并非像想象中那样完美，父母的辛勤是我们无法体会的，但我们在生活上可以让父母少操心。当父母生病时，我们应担起责任，照顾他们。要知道，哪怕一句关心的话语，哪怕一碗自己做好的方便面，都会慰藉父母曾为我们百般焦虑的心。

父母是我们人生的导师，我们孝敬父母的同时，也应懂得去和父母交流，假若我们不善于去和父母交流，他们总把我们当作小孩儿看待，不放心让我们做一些与众不同的事。如果我们经常与父母交流自己的生活体会，学习经验，同时也听听父母工作、生活中的烦恼，发表我们对一些事的看法，那么我们将会在这种交谈中增长见识，积累经验，父母也会看到我们的成熟，理解我们的想法，也愈加感到温暖了。

(2)恩师情。师生情是亲情和友情的统一体。在人的成长过程中，每一次收获、每一次进步、每一次成功都离不开老师的谆谆教诲和无私帮助，而对于错误、不足或过失，除了父母还有老师会给予中肯的批评，并给予最大限度的帮助。从老师那里，我们不仅可以学习到科学文化知识，了解科学研究的方法，还可以学习老师崇尚科学、追求真知的科学精神，学习老师甘为人梯、甘作绿叶衬托红花的品质。所以，这个教育之恩不能不知。但是，有时就是一声简单的"谢谢"学生也那么难说出口。

(3)同学情。同学情是什么？为什么总叫人时常想起，难以忘怀？那是因为，同学情至纯至真，像玉壶冰心，似银色月光，让人心透明，让人生温馨。没有名利的杂质，没有物欲的浊流，只有共同走过的一段黄金岁月。聚在校园，同学立志："为了中华民族之崛起"而学习；散在四方，同学互相打气："有志者事竟成"、"海阔天高，鹏程万里"。逆境中，同学是一把火，燃烧你的激情，教你屡败屡战，永不放弃；顺境里，同学是一块冰，劝你头脑别发热，宠辱不惊。风雨中，同学是相携相扶的臂膀，是遮风挡雨的那把伞；阳光里，同学是蓝天上飘荡的白云，是雨后的那道彩虹。取得成绩了，最想与同学分享，最想回报给母校；遇到挫折了，最想倾诉给同学，最想得到大家的安慰。无论是富有还是贫穷，无论是事业有成还是无成，相互之间总是默默地关心、支持、理解、帮助……这就是纯真的同学情！

感恩人生历程中相识相知的同学，不论富贵贫贱，我们曾一起走过很多岁月，一起开心，一起悲伤。感恩同学们很多无私的给予与帮助，感恩同学在我们人生的低潮时给予的鼓励，风雨中有些痛不算什么。同学之情在人生中如那潮水，连绵不断，将伴我们走过今生。

[案例]

486次鞠躬难换一句感谢

2007年7月3日，巴蜀小学举行2007级毕业班的毕业典礼，该校六年级10个班共计486名毕业生，在典礼台上接受校长亲自颁发的毕业证书。据该校办公室主任叶茂介绍，为给学生们的小学生涯留下一个难忘的记忆，该校一个月前就在筹备此次毕业典礼。典礼上，所有毕业学生身着由该校专门定做的黑色博士服，戴着博士帽。校方甚至给学生和家长准备了各色水果、点心和饮料。

简短的祝词之后，在乐曲《感恩的心》悠扬的旋律中，校长廖文胜亲自为毕业生们颁发毕业证书。尽管天气闷热，廖文胜仍然身着正装、打着领带。他对每一个孩子都是远远地就用右手做"请"的姿势，待其走到面前时再双手捧上毕业证书，微笑地祝福："同学，祝贺你！"当学生接过证书之后，廖文胜会深深地弯腰鞠躬。

486个学生，廖文胜就鞠了486个躬。灼热的聚光灯下，廖文胜的白色衬衣被汗水湿透，紧紧贴在身上。但他仍然精神饱满地面对每一个学生，双手捧证、微笑、鞠躬、真诚地祝福。

然而，486名毕业生都是从廖文胜的手中接过毕业证书后，转身就走，连一句简单的"谢谢"都几乎听不到。

面对486个鞠躬却几乎没有换回一句感谢的尴尬，廖文胜显得很宽容："可能是孩子们太紧张了吧。"他同时表示，他的每一个动作其实都是在给孩子们做示范，希望孩子们能有所领悟。“但似乎能领悟到的孩子太少了。”廖文胜望着操场上一张张兴奋的童脸，表情显得有些复杂。

此次毕业典礼上，来自美国俄克拉何马州的 Heritage Hall 学校校长布瑞博作为特邀嘉宾发表了祝词，他告诉现场所有的孩子，“谢谢”和“我爱你”是人生中最重要的两个词。他希望孩子们能在毕业典礼这个特殊的时刻，亲吻一下身边的妈妈、拥抱一下爸爸，对老师说一句“谢谢”，以表示自己对他们的感谢。

但是直到典礼结束，整个现场没有一位学生对就在身边的父母或老师有这样的表示。该校六年级二班一位 11 岁的女生说：“我不说谢谢他们，他们也会高兴，因为我的成绩很好。”

3. 常为感恩之行

人生在世，你的每一步成长、每一项成功都是社会的、自然的种种力量的合力所致，都是在亲情、友情、爱情的烘托下取得的，因此你应该感谢一切帮助过你的人、事、物。感谢养育之恩、知遇之恩、培育之恩、提携之恩、救命之恩……有颗感恩的心不是瞬间所得，要在日常中去感悟体会。感恩是一种处世哲学，是一种人生态度，更是一种人生智慧。

[心理故事]

面包中的秘密

一个家庭殷实而且心地善良的面包师把最穷的几十个孩子聚集到一块，然后拿出一个盛有面包的篮子，对他们说：“篮子里的面包你们一人一个，并且你们每天都可以来拿一个面包。”

瞬间，这些饥饿的孩子仿佛一窝蜂一样拥了上来，他们围着篮子推来挤去大声叫嚷着，谁都想拿到最大的面包。当他们每人都拿到了面包后，大都没有向这位好心的面包师说声谢谢就走了。

但是有一个叫凯蒂的小女孩却例外，她只是谦让地站在一步以外，等别的孩子都拿到以后，才把剩在篮子里最小的一个面包拿起来。她并没有急于离去，而是向面包师致谢后再离去。

第二天，面包师又把盛面包的篮子放到了孩子们的面前，其他孩子依旧如昨日一样疯抢，羞怯、可怜的凯蒂只得到一个比头一天还小一半的面包。当她回家以后，妈妈切开面包，许多崭新、发亮的银币掉了出来。

妈妈惊奇地叫道：“立即把钱送回去，一定是揉面的时候不小心揉进去的。赶快去，凯蒂赶快去！”当凯蒂把妈妈的话告诉面包师的时候，面包师面露慈爱地说：“不，我的孩子，这没有错。是我把银币放进小面包里的，我要奖励你。愿你永远保持现在这样一颗平安、感恩的心。回家去吧，告诉妈妈这些钱是你的了。”

这是凯蒂拥有感恩之心得到的回报。多一份感恩，就少一份贪婪；多一份感恩，就少一份索取，能留下更多的奉献！感恩的心，永远年轻！感恩的人，永远快乐！

一杯牛奶

一个生活贫困的男孩为了积攒学费，挨家挨户地推销商品。他的推销进行得很不顺利，傍晚时他疲惫万分，饥饿难耐，绝望地想放弃一切。

走投无路的他敲开一扇门，希望主人能给他一杯水。开门的是一位美丽的年轻女子，她笑着递给了他一杯浓浓的热牛奶。男孩和着眼泪把它喝了下去，从此对人生重新鼓起了勇气。许多年后，他成了一位著名的外科大夫。

一天，一位病情严重的妇女被转到了那位著名的外科大夫所在的医院。大夫顺利地为妇女做完手术，救了她的命。无意中，大夫发现那位妇女正是多年前在他饥寒交迫时给过他那杯热牛奶的年轻女子！他决定悄悄地为她做点什么。

一直为昂贵的手术费发愁的那位妇女硬着头皮办理出院手续时，在手术费用单上看到的是这样七个字：手术费，一杯牛奶。

感恩的方式有很多，如：学会感恩——学会不忘恩负义；学会感恩——学会谦虚之德；学会感恩——学会敬畏之心；学会感恩——学会爱多于恨；学会感恩——学会懂得忏悔；学会感恩——学会不沉溺于财富和权力；学会感恩——永远也不要忘了说一声“谢谢”。

让我们一起来试试：

(1)为感谢农民，吃多少盛多少，把饭菜吃光，不浪费一粒粮食。

(2)为感谢社会，见到任何违法事情，立即阻止，不行就打“110”。

(3)为感谢母亲，在过年时，陪她逛逛街，为她做件力所能及的家务，说几句温馨的话语，让她过一个美好的春节。

(4)为感谢父亲，为他倒杯茶，捶捶背，汇报学习情况，好好谢谢他为了自己的学业努力工作。

(5)为感谢老师，上课认真听讲，作业好好完成，不惹他生气。

(6)为感谢上司，写一张纸条给上司，告诉他你是多么热爱自己的工作，多么感谢工作中获得的机会。

(7)为感谢同事，为他解决工作中的烦恼，找个机会大家一同 HAPPY，不钩心斗角，不打击报复。

(8)为感谢同学，为他解决学习中的困难，同学有事时，帮他买饭，不拉帮结派。

(9)为感谢花草树木，爱护他们，不随意采摘，不攀爬，多种植。

(10)为感谢动物，不残杀野生动物，更不能把他们当成美食。

(11)为感谢水源，不浪费、不污染它们，并倡议他人也不要浪费和破坏。

(12)为感谢秩序，不做有损社会公德的事情，不随地吐痰，不乱穿马路。

我们要感谢父母，他们给了我生命，给了我们情深似海永不图回报的父爱和母爱。他们哺育我们，培养我们，他们教我们做事的原则、做人的品性，他们让我们从一个嗷嗷待哺的孩子成为一个个有血有肉、有情有义的男子汉。在成长过程中，有多少人去真正考虑过父母为我们付出了多少。一份相关的“亲情问卷”显示，79% 的新生到校后和家里联系3次以上,约七成新生是因为缺零花钱,要求父母往银行卡里充钱或汇款而与父母联系,99%的学生首选联系方式为电话。尽管电话、手机短信、电子邮件已成为人们的主要联系方式,打一次电话要好几元钱,寄封信却只要花八角钱,你有没有给自己的父母写过家信?

我们可以为父母做的事:“替长辈过一个生日”、“为父母洗一次脚”、“筹备一顿温馨晚餐”、“写一封温情家书”、“递上一份满意的成绩单”、“向他们汇报开心的事情”……

一个懂得感恩的人,会在心田里生发出香气,然后弥散到举手投足之间,进而浸润到人生每一个足迹之中。那是一种灵魂的香味,会贯穿生命的始终。

课后自我心理训练

1. 学习《感恩的心》手语操。
2. 给父母写一封信。

【训练有感】

亲爱的妈妈,感谢一路有您!

——某高校学生小丽

亲爱的妈妈,十九年的漫漫成长之路上,感谢您不离不弃的陪伴和支持。

出生时的茫然与对于这个新的世界的好奇已不再现,因为有您,我亲爱的妈妈。您几乎用尽了您的一切来爱我。您用您的大手抱我,牵引我,指导我,您的双手上的厚茧便是岁月奖予您的证明。

亲爱的妈妈,我们母女真的像得无以复加。您的固执,您的沉默……怎么说呢?很多很多的甜言蜜语,到了嘴边,却又会咽下,因为我们都太像了,总以为,行动上的含义会让对方明白对彼此的爱。可女儿知道错了,女儿忘了您也需要言语的安慰,需要一个贴心人……

那一年,我四岁,可我那时已知道,在这个幸福的小家里,慈父严母的概念已深入我心了。于是乎,一年年的成长历程,我这个任性的女儿只会把娇撒到慈父身上,而忽视了我亲爱的妈妈。

那一年,我十四岁。变故不是一瞬间的,它一点一滴地侵蚀了我幼小脆弱的心,女儿成了一只很会将自己的心隐藏起来的小刺猬,对试图掀开我心底伤痛的一切事物竖起利刺,包括您——我的妈妈。真的很对不起。

女儿忘了,当时,妈妈的伤才是最痛的,可妈妈却丝毫不介意,这令女儿现在想起来更加心痛。

妈妈,女儿好久没回去了,好想您!

那一年的变故,在我的意料之中,却又在意料之外。疼爱我的爸爸,他丝毫不留恋地撇下了这个家——与他携手二十载的妻和对他疼爱有加的女儿。

我无助,我迷茫!我试着将伤痛掩埋在落日的西碧河里——在那里,我可以走,一直走……有时候，真的想走到世界的尽头，将所有的一切抛弃。

可我放不下！妈妈，我们太像了，您我都放不下！所以，我选择了坚强。我试着将别人异样的目光忘却，试着忍耐那些不断飘进耳中的闲言碎语，我告诉自己，我应该长大，我应该肩负起所应肩负的——做个好姐姐，做个好女儿。我在心底对自己说："妈妈，有一天，总有一天，女儿会让您过上无忧无虑的日子！"

妈妈，女儿爱您！那种爱，是一种从小积累起的敬爱，成长路上的敬爱；那种爱是同甘共苦之后，体会至深的亲人之爱。那种爱，铭心刻骨！

妈妈，此刻，眼前似乎又浮现出了您日渐斑白的双鬓，与日俱增的皱纹；此刻，眼前又浮现出妈妈娇小的身影在烈日下劳累的场景，又浮现出昏暗的日光灯下，妈妈为女儿一针一针地织着毛衣的身影……

热泪盈眶，却不想让它流出，我要告诉自己也对妈妈说，女儿要和妈妈一样坚强！

妈，还记得吗？那一年，我十七岁，那个冬天很冷，远离家乡的我，在一个雪天给您送回一副皮手套时的场景吗？当时，妈妈脸上洋溢着少见的幸福光芒令女儿也幸福了，虽然妈妈在嘴上怪女儿不应省吃俭用就为了买一副手套，可女儿知道，这是女儿第一次给妈妈买东西，惭愧着，又幸福着。

妈妈，这几年来，我们相依为命，相互鼓励。您说："女儿，要坚强！"我说："妈妈，要快乐，要健康！"

虽然在外求学，很少见面，但是，妈妈您放心，我会坚强的，所以，您也要保重哦！女儿会经常打电话回家的，到时候，可别说女儿爱撒娇了哦！

亲爱的妈妈，我们又一同迎来了一年新的春暖花开，一同迎来了一季新的鸟语花香，一同迎来了这个属于天下所有妈妈的节日，在此，女儿要大声地向您说：

妈妈，我爱您！母亲节快乐！

感谢一路上有您，我最亲爱的妈妈！您的爱，将会陪伴我一生，照亮我曾经冰冷的心！妈妈，有您的爱，我会幸福的！

妈，我爱您！I'll love you forever！

我们感谢生活，感谢世界，感谢所有被我们记住或记住我们的人，我们感谢那些我爱过的或者爱过我的人，我还感谢那些伤害过我或者是被我伤害的人。我们永远用一种感恩的心在看自然，在看人类，在看命运，所以我们才学会了厚待，学会了对灾难和伤害不再耿耿于怀。感恩，让我们变得富有，知道了快乐，享受到了温暖；感恩，让我们成熟，让我们完美，让我们目光富有魅力。感谢天地，感谢命运，感谢一切一切的所有，天地虽宽，道路坎坷，但是只要心中有爱，心存感恩，就会努力做好自己，花开花落也一样会珍惜。感恩是积极向上的思考和谦卑的态度，它是自发性的行为。当一个人懂得感恩时，便会将感恩化做一种充满爱意的行动，实践于生活中。一颗感恩的心，就是一粒和平的种子，因为感恩不是简单的报恩，它是一种责任、自立、自尊和追求一种阳光人生的精神境界！感恩是一种处世哲学，感恩是一种生活智慧，感恩更是学会做人，成就阳光人生的支点。从成长的角度来看，心理学家们普遍认同这样一个规律：心的改变，态度就跟着改变；态度的改变，习惯就跟着改变；习惯的改变，性格就跟着改变；性格的改变，人生就跟着改变。愿感恩的心改变我们的态度,愿诚恳的态度带动我们的习惯,愿良好的习惯升华我们的性格,愿健康的性格收获我们美丽的人生!

感恩,是人生的最大智慧;感恩,是人生的一大美德。常怀感恩之心,我们便能够无时无刻地感受到家庭的幸福和生活的快乐。如果你是一个苦恼的人,你应该学会感恩,因为感恩是驱除你苦恼的一剂良方妙药;如果你是一个对生活心灰意冷的人,你应学会感恩,因为感恩的时候就是你的身心得到温暖的时候;如果你是一个郁郁不得志的人,你应学会感恩,因为感恩会使你的心情渐渐舒畅,渐渐平和;如果你是一个被生活压得喘不过气来的人,你应学会感恩,因为感恩会使你逐步释放重负、放松身心;如果你是一个只顾索取的人,你更应学会感恩,因为感恩会使你变得会适当地给予;如果你是一个快乐的人,你也应学会感恩,这样,你的快乐就会取之不尽……对别人感恩,相应会得到他人对你的感恩,所以你得到了两份好心情。学会感恩,就是学会了长存感激之情,永存爱心。爱的力量是非凡的,它会把一个人塑造得更为完美。

人们往往会牢记自己的付出,却容易忘记感恩。爱因斯坦说过:"每天我都要无数次地提醒自己,我的内心和外在的生活,都是建立在其他人的劳动的基础上。我必须竭尽全力,像我曾经得到的和正在得到的那样,做出同样的贡献。"我们只是个普通的人,不可能像伟人那样对人类有卓越的贡献。但当我们赤裸裸地来到人世,从无知直到长大成人,每时每刻都在享受着大自然、亲朋和无数陌生人给予的一切,我们被爱紧紧围绕着,许许多多人在为我们的成长、我们的生活奉献与付出,我们难道不应该永远记住所有人和事,所有爱和恩,为此承担一份歉疚,珍惜、知足现有的一切吗?感恩是爱和善的基础,我们虽然不可能变成完人,但常怀着感恩的情怀,至少可以让自己活得更加美丽,更加充实。而感恩是需要学习、需要培育的。西方的父母从孩子很小的时候就要求他们写感恩日记,感恩阳光、感恩自然、感恩一切给予微笑和爱的人。所以培育感恩情结,并非是一朝一夕的工夫,如果人人都有一颗感恩的心,那么天天都是感恩节,这世界就会变得更加美丽。但即使有感恩的心,人们也常常是只记得感谢给予过我们关心、帮助和掌声的人,在他们需要帮助的时候也会助一臂之力。而少有人去感激伤害、欺骗、打击过我们的人,我们却常常对他们是报以怨恨。其实,对那些伤害过我们、带给我们疼痛的人,我们也应该记得:正是他们让我们对这个世界有了一个更深刻的认识,我们不仅要学会用一颗感恩的心去体会真情,更要学会用一颗感恩的心去驱逐伤害。愿人人都拥有一颗感恩的心!

参考文献

[1] 李冬生,阮奎. 大学生的心理健康与心理卫生[J]. 山东医科大学学报(社会科学版),1995(02)

[2] 黄轲. 大学生的心理健康初探[J]. 宜春医专学报,2000(S1)

[3] 李世芬. 试论大学生的心理健康[J]. 现代大学教育,1999(06)

[4] 张海莹. 大学生健康心理养成的途径和方法[J]. 中国成人教育,2006(02)

[5] 李长文,时长江. 大学生如何增进心理健康[J]. 黑龙江高教研究,1994(05)

[6] 张小明. 大学生心理健康状况的分析[J]. 广西大学梧州分校学报,2002(03)

[7] 李新红. 大学生心理健康之我见[J]. 内江师范高等专科学校学报,1999(02)

[8] 马存根. 大学生心理健康教育. 北京:人民卫生出版社,2005

[9] 聂振伟. 大学生心理健康教程. 西安:陕西科学技术出版社,2005

[10] 张运生. 大学生心理健康. 开封:河南大学出版社,2009

[11] 张大均,吴明霞. 大学生心理健康. 北京:清华大学出版社,2007

[12] 郑日昌. 大学生心理健康:自主与自助手册. 北京:高等教育出版社,2007

[13] 王伟. 心理卫生. 杭州:浙江大学出版社,2007